高等学校土建类专业实践性教学系列指导书

给排水科学与工程专业
毕业设计指导

主　编　李倩倩　陈金楠　武　利
副主编　苏　雷　刘　丹

武汉理工大学出版社
·武　汉·

内容简介

本书主要介绍给排水科学与工程专业毕业设计的基本知识，包括给水工程毕业设计内容、要求及方法；排水工程毕业设计内容、要求及方法；建筑给水排水工程毕业设计内容、要求及方法。本书还提供了给水工程毕业设计、排水工程毕业设计及建筑给水排水工程毕业设计的设计实例。

本书可以作为给排水科学与工程专业毕业设计的参考书，也可以供给排水科学与工程专业学生做课程设计时使用。

图书在版编目（CIP）数据

给排水科学与工程专业毕业设计指导 / 李倩倩，陈金楠，武利主编. -- 武汉：武汉理工大学出版社，2024. 11. -- ISBN 978-7-5629-7231-0

Ⅰ. TU991-41

中国国家版本馆 CIP 数据核字第 2024EV9272 号

项目负责人：王利永（027-87290908）
责 任 编 辑：黄玲玲
责 任 校 对：余士龙
版 式 设 计：正风图文
出 版 发 行：武汉理工大学出版社
地　　　址：武汉市洪山区珞狮路 122 号
邮　　　编：430070
网　　　址：http://www.wutp.com.cn
经　　　销：各地新华书店
印　　　刷：武汉市籍缘印刷厂
开　　　本：787mm×1092mm　1/16
印　　　张：21.75
字　　　数：543 千字
版　　　次：2024 年 11 月第 1 版
印　　　次：2024 年 11 月第 1 次印刷
定　　　价：53.00 元

前　言

给水排水设施是城市主要基础设施之一。随着社会经济和城市建设的不断发展,城市基础设施及功能的不断完善,对给水排水工程的设计与建设也提出了更高要求。

给排水科学与工程专业毕业设计是培养具有创新精神和工程实践能力的应用型工程技术专业人才不可缺少的重要实践教学环节,是教学计划的重要组成部分,是对学生进行综合训练的重要阶段。通过毕业设计,能够培养学生对给排水科学与工程专业及相关知识的综合运用能力和工程实践能力,增强学生的工程意识。本书就是为了配合给排水科学与工程专业学生进行毕业设计而编写的,也是作者多年来指导毕业设计的经验总结。本书的最大特点是突出实用性、完整性和系统性。

本书主要介绍给排水科学与工程专业毕业设计的基本知识,包括给水工程毕业设计内容、要求及方法;排水工程毕业设计内容、要求及方法;建筑给水排水工程毕业设计内容、要求及方法。本书还提供了给水工程毕业设计、排水工程毕业设计及建筑给水排水工程毕业设计的设计实例。本书可以作为给排水科学与工程专业毕业设计的参考书,也可以供给排水科学与工程专业学生做课程设计时使用。

本书由李倩倩、陈金楠、武利主编,各章编写分工如下:第1章由王璐编写;第2章由王俊琳编写;第3～9章由李倩倩编写;第10章由苏雷编写;第11～13章由陈金楠编写;第14章由张颖编写;第15章由刘丹编写;第16章由王志博编写;第17～19章由武利编写。全书由李倩倩统稿。

因编者水平所限,书中缺点错误在所难免,恳请读者批评指正。

编　者
2024 年 7 月

目 录

第一篇 总论

第二篇　给水工程毕业设计

第三篇　排水工程毕业设计

第四篇　建筑给水排水工程毕业设计

第一篇 总论

1 概 论

毕业设计是高等院校培养具有创新精神和实践能力的高级工程技术人才不可缺少的重要实践教学环节,是教学计划的重要组成部分,是对学生进行综合训练的重要阶段。通过毕业设计,能够培养学生综合运用专业知识的能力和工程实践能力,在查阅中外文献、收集资料及调查研究、计算机编程及应用、工程设计及图纸绘制、设计计算说明书的撰写等方面的能力得到一定程度的提高,进而提高学生适应实际工作需要的能力。

1.1 给排水科学与工程专业毕业设计基本要求及目标

给排水科学与工程专业毕业设计是在学生完成教学计划规定的全部课程后所必须进行的一个重要实践教学环节。主要内容包括给水工程规划及净水厂工艺设计、排水工程规划及污水处理厂工艺设计、建筑给水排水工程设计以及居住小区给水排水工程设计等。其目的是通过毕业设计增强学生的工程意识,培养学生给排水科学与工程专业相关知识的综合运用能力和工程实践能力。

1.1.1 给排水科学与工程专业毕业设计基本要求

(1) 主要任务

学生应在教师指导下,独立完成一项给定的设计任务,主要包括绘制一定数量的工程技术设计图纸,编写符合要求的设计计算说明书。

(2) 知识要求

学生在毕业设计过程中,应能综合运用给排水科学与工程专业的基本理论、基本知识和基本技能,去分析和解决给水排水工程中的实际问题;能够运用计算机知识进行设计计算和绘图;能够独立翻译外文资料。

(3) 能力培养要求

学生应学会依据毕业设计任务,进行资料调研、收集、加工与整理,能够正确运用工具书;掌握给水排水工程设计程序、方法和技术规范,提高给水排水工程设计计算、图表绘制、设计计算说明书编写的能力;不仅能够用计算机绘图,而且能独立编程进行设计计算。

（4）综合素质要求

通过毕业设计,使学生树立正确的设计思想,认真的科学态度和严谨求实的科学作风,能遵守纪律,善于与他人合作,具备敬业精神,树立正确的工程观点、生产观点、经济观点和全局观点。

1.1.2 给排水科学与工程专业毕业设计目标

给排水科学与工程专业毕业设计目标如下:

① 培养学生调查研究、资料收集及整理加工的能力;

② 培养学生创新意识和独立工作能力;

③ 培养学生综合运用所学的基本理论、基本知识和基本技能,分析解决实际问题的能力;

④ 培养学生的工程意识,增强学生的工程实践能力;

⑤ 培养学生设计运算能力,学会给排水设计手册的使用方法;

⑥ 培养学生计算机操作及应用能力;

⑦ 培养学生方案分析论证能力;

⑧ 通过毕业设计,学生应熟悉并掌握与给水排水工程建设有关的方针政策、标准规范;

⑨ 培养学生工程制图及设计计算说明书的编写能力;

⑩ 培养学生阅读外文资料及翻译能力。

1.2 给排水科学与工程专业毕业设计题目的内容及来源

给排水科学与工程专业毕业设计题目一般可分为三个方面,即建筑给水排水工程设计、城市给水工程规划与给水处理厂工艺设计、城市排水工程规划与污水处理厂工艺设计。有时也包括工业企业给水处理工艺设计、工业企业废水处理工艺设计以及居住小区给水排水工程设计等方面的内容。

给排水科学与工程专业毕业设计题目可以是来源于工程建设的实际课题,也可以是有明确工程背景和实际意义的模拟课题。无论是哪种课题,都应满足毕业设计的教学基本要求,保证毕业设计质量。

1.3 给排水科学与工程设计期的阶段划分及毕业设计应达到的深度

给排水科学与工程基本建设的工作程序可归纳成四大部分,即工程项目建设的前期工作、勘察及设计期的工作、项目建设实施期的工作和建成投产后的工作。图 1-1 所示为基本建设程序示意框图。

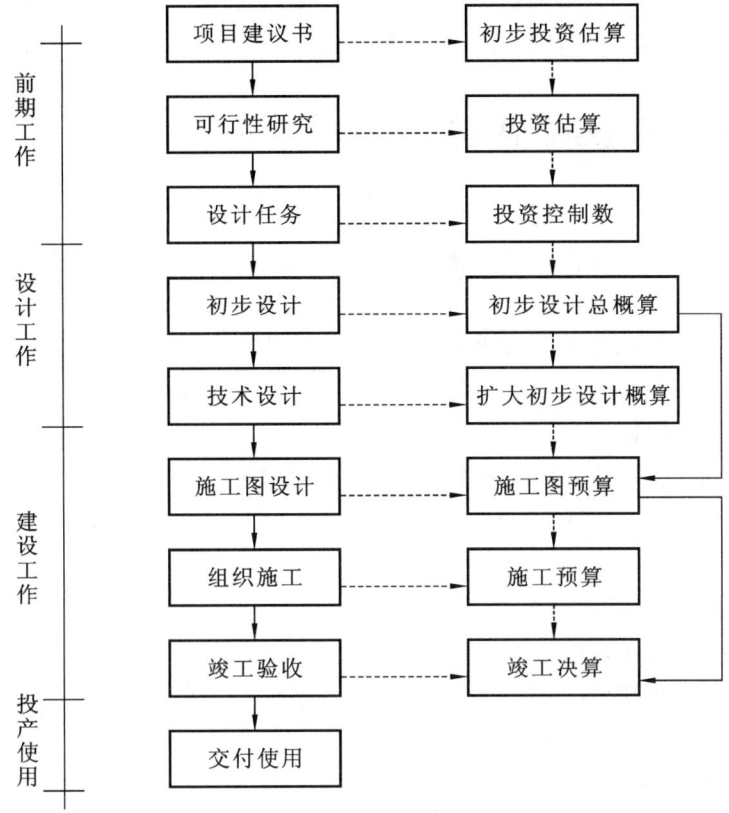

图 1-1　基本建设程序示意框图

给排水科学与工程专业的毕业设计主要是设计期的工作。

1.3.1　设计阶段的划分

给排水科学与工程设计期的工作与其他建设工程的设计工作一样是分阶段进行的,以便在每一个阶段的设计工作完成之后,对建设工程的可行性进行审查并做出决策。

建设项目设计工作按建设项目的规模、重要性、技术复杂程度、设计部门的技术水平、施工部门的技术水平以及建筑安装的工程环境和社会环境等情况可分为两阶段设计和三阶段设计。一般大中型项目采用两阶段设计,即:初步设计和概算;施工图设计和工程预算。对于一些技术复杂、工艺新颖、建设工程环境和社会环境多变、缺乏设计经验的重大工程项目,可根据行业特点和要求,采用三阶段设计,即:初步设计和概算;技术设计(扩大初步设计)和修正概算;施工图设计和工程预算。对特殊的大型项目,如联合企业、矿区、水利水电枢纽等,为解决总体部署和开发问题,可在初步设计之前,进行总体规划设计或总体设计,但总体设计不作为一个阶段,仅作为初步设计的依据。当工程规模较小,技术简单,设计牵涉面较小,各方面的意见比较一致或工程进度紧迫时,在征得上级同意后,可以简化设计程序,在设计方案得到上级批准后直接进行施工图设计。

每个设计阶段的设计内容和深度,都要较前一个阶段扩大和深化,各阶段的设计工作必须是在上阶段设计文件(包括计划任务书)得到上级主管部门批准后方允许进行。

1.3.2 各阶段的设计内容

(1) 初步设计

初步设计是根据已获批准的项目建设内容和相应的勘察资料进行编制的。它的任务是保证拟建项目在技术上的可能性和经济上的合理性,确定项目建设的主要技术方案、工程总投资和主要技术经济指标以及建设进度计划等。

初步设计的主要内容有:

① 建设工程的说明;

② 确定建设地点,并说明勘察所提供的建设区的情况;

③ 工艺设计和其他功能的设计方案;

④ 建筑物、构筑物的建筑设计方案和结构设计方案;

⑤ 给水、排水、消防设计方案;

⑥ 能源、照明设计方案;

⑦ 供暖、通风设计方案;

⑧ 总平面设计;

⑨ 污染预防和治理方案;

⑩ 其他土建设计方案;

⑪ 工程总工期;

⑫ 工程总概算。

初步设计提出的设计文件应包括:设计说明书、设计图纸、主要工程数量、主要材料设备及工程总概算。整个文件应满足建设项目审批要求,并应满足下一阶段设计工作的需要。

(2) 技术设计

技术设计是三阶段设计的第二个阶段,是在初步设计获得批准以后进行的。技术设计是施工组织总设计的基础资料之一,也是预定设备、征购建设用地、银行拨款等一系列开工前工作的依据。技术设计的主要内容包括:

① 工艺技术方案的确定;

② 主要生产设备和装置的型号、规格、数量的选定;

③ 确定给水排水工程及相关工程的方案和主要技术数据;

④ 确定配套工程项目、规模及要求建成的期限;

⑤ 编制工程投资修正总概算。

技术设计提出的设计文件应该比初步设计文件更加详尽,编制深度应视具体项目情况、特点和要求确定,应能据此编制出建设工程所需的材料、构件、设备、劳动力、施工机械的数量,工程投资修正总概算,并能指导施工图设计。技术设计文件要报主管部门批准。

（3）施工图设计

施工图设计是工程项目施工的依据,是根据建筑施工、设备安装和组件加工的需要,在批准的初步设计或技术设计的基础上进行详细而具体的设计。施工图广度和深度的标志是:施工与安装部门根据施工图中所载明的结构或系统的形式、尺寸、材料、做法,能顺利地或比较顺利地编制出工程的施工组织设计,即能满足施工、安装、加工及施工预算编制的要求。其内容主要有:

全项目性文件:设计总说明,总平面布置图及说明,各专业全项目的说明及室外管线图;工程总预算等。

各建筑物、构筑物的设计文件:建筑、结构、水、暖、电气、工艺等专业图纸及说明,以及公用设施,工艺设计和设备安装,非标准设备制造详图,单项工程预算等。

以上介绍的是三阶段设计的各设计阶段的主要内容。在设计实践工作中,有时也采用两阶段设计。两阶段设计一般是将技术设计阶段的内容大部分转入到初步设计阶段,成为扩大初步设计。因此,扩大初步设计阶段的内容与三阶段设计中的技术设计阶段的内容大体相当。

1.3.3　给排水科学与工程专业毕业设计应达到的深度

高等学校学生的毕业设计应根据各专业培养目标的要求,保证学生得到基本工程训练,掌握本专业的基本功。因此,毕业设计的深度要求不能完全等同于实际工程设计。另外,毕业设计在时间上、人力投入以及资料收集等方面均有许多限制,学生也不可能面面俱到。

给排水科学与工程专业的毕业设计应根据不同的设计题目,有针对性地提出具体要求。总的来说,毕业设计总体应达到扩大设计阶段要求,部分内容应达到施工图设计阶段要求,这样就可以使学生得到比较全面的训练。

1.4　给排水科学与工程设计所需原始资料

给排水科学与工程实际项目设计所需的基础资料一般应由建设单位和城市规划部门提供。给排水科学与工程专业毕业设计所需的原始资料一般由指导教师提供。

1.4.1　实际工程设计所需的基础资料

实际工程设计所需的基础资料主要包括以下几个方面:

① 有关设计任务的资料:包括设计范围和设计题目;城市的给水排水现状;城市总体规划及相关专业规划;城市水环境现状。

② 一般自然条件的资料:包括地区气象资料,如温度、风向、降水量、土壤冰冻资料等;

水文及水文地质资料,如水位、水质、水量、流速、含砂量、库容、地下水储量以及河流的一些概况资料等;地质资料,如土壤的性质、地基承载力、地下水位等;地震资料,如地震基本烈度及地震史料。

③ 城市规划资料:包括城市规划总图(1∶10000~1∶5000);城市的地形图(1∶10000~1∶5000)或某区域地形图(1∶5000~1∶2000);城市人口分布及用水情况,如人口密度、用水量标准、建筑物高度及房屋卫生设备情况等资料。

④ 给水排水设施现状资料:包括供水情况,如取水方式、净水厂的处理工艺、供水水质与水压、制水成本及水价、供水范围、管网系统及布局等资料;排水情况,如排水管道系统及走向、污水处理厂的处理工艺及处理效果、污水回用及综合利用情况等资料。

⑤ 供电资料:包括电源电压、可靠程度、供电方式及电力安装费用等。

⑥ 概算、预算资料:包括概算、预算的定额资料,建筑材料及设备供应情况和价格,施工技术水平及设备情况,劳动力的来源及工资水平,征地拆迁等方面规定,交通运输费计算方法等。

⑦ 有关法规的资料:包括国家关于给水排水工程方面的法律、政策、规范标准;地方关于给水排水工程方面的规定、条例、标准。

实际工程设计时,设计人员应对所收集的资料进行分析整理,同时应进行现场查勘,对现有资料进行核实,使设计方案更加切合实际。

1.4.2　给排水科学与工程专业毕业设计所需的原始资料

毕业设计不同于实际工程设计,设计所需原始资料大多由指导教师提供。

1.4.2.1　给水工程毕业设计所需原始资料

给水工程毕业设计的主要内容一般包括城市给水工程规划,城市输水管与给水管网设计,净水厂工艺设计等。完成给水工程毕业设计一般需要如下原始资料:

① 设计题目及设计任务。

② 城市的地形与总体规划平面图,比例为1∶5000、1∶10000。

③ 城市各分区居住人口及房屋卫生设备,包括人口密度、房屋卫生设备情况、各区房屋的平均层数等。

④ 工业企业与公共建筑的位置、用水量及变化规律、水质资料等,包括最大日用水量、最大日最大时用水量、最大日平均时用水量、主要的水质指标以及用水量变化规律等。

⑤ 气象资料,包括城市最高温度、平均温度、最低温度、夏季主导风向、冬季主导风向、年降水量等。

⑥ 土壤资料,包括土壤的性质、地下水位深度、冰冻深度、承载力等。

⑦ 地表水水源资料,包括水源水质分析资料、最大流量、最小流量、最大流速、最小流速、最高水位、常水位、最低水位、冰冻期水位、冰的最大厚度、最低水位时间、河流的宽度及河流航运等资料。

⑧ 地下水水源资料,包括水文地质钻孔柱状图和表,地下水的储量及可开采量,抽水实验资料及水源水质分析资料等。

⑨ 城市用水量逐时变化情况。

⑩ 编制概算、预算所需的资料。

⑪ 其他补充资料。

1.4.2.2　排水工程毕业设计所需原始资料

排水工程毕业设计的主要内容包括城市排水工程规划,城市排水管网设计,污水处理厂工艺设计等。完成排水工程毕业设计一般需要如下原始资料:

① 设计题目及设计任务。

② 城市地形与总体规划平面图,比例为 1∶10000～1∶5000。

③ 城市各分区居住人口及污水量标准,包括人口密度、污水量标准等。

④ 工业企业与公共建筑的位置及排水量、水质资料,包括:排水量,如最大日排水量、最大日最大时排水量、最大日平均时排水量等;水质,如 $BOD5$、COD、pH、总氮、总磷、水温等。

⑤ 城市各分区中各类地面与屋面所占的比例。

⑥ 气象资料,包括气温资料,如年平均气温、年最高气温、年最低气温、日最高气温、日平均气温、日最低气温等;降雨量、年蒸发量等;夏季主导风向、最大风速等。

⑦ 土壤资料:包括土壤的性质、冰冻深度、地下水位、承载力等。

⑧ 受纳水体水文与水质资料,包括河流的流量、流速、最高水位、最低水位、常水位以及几项主要的水质指标等。

⑨ 工程概算、预算所需的资料等。

⑩ 其他补充资料等。

1.4.2.3　建筑给水排水工程毕业设计所需原始资料

建筑给水排水工程毕业设计的主要内容包括建筑给水系统设计,建筑消防给水系统设计,建筑排水系统及雨水系统设计,建筑热水系统设计等。完成建筑给水排水工程毕业设计一般需要如下原始资料:

① 设计题目及设计任务。

② 建筑物所在地的总平面图。

③ 建筑物的结构、层数、建筑面积以及用途。

④ 建筑物建筑图、立面图、剖面图以及各层的平面图。

⑤ 室外给水管道(或水源)的位置、管径、管材、常年所能提供的自来水资用水头以及相关规划资料。

⑥ 室外排水管道的位置、埋深、管径、管材以及相关规划资料。

⑦ 气象资料,包括气温资料、降雨资料以及最大降雪厚度等。

⑧ 土壤资料,包括土壤的性质、冰冻深度、承载力等。

⑨ 工程概算、预算所需的资料等。

⑩ 其他补充资料等。

1.5 给排水科学与工程专业毕业设计所需的参考资料

设计题目不同,所需要的参考资料就不完全相同。总的来说,给排水科学与工程专业毕业设计一般需要如下一些参考资料:

① 与设计内容相关的给水排水设计手册。

② 与设计内容相关的给水排水设计规范及其条文解释。

③ 给水排水制图标准。

④ 给水排水工程概预算及经济评价手册。

⑤ 给水排水工程结构设计规范。

⑥ 与设计内容相关的标准图集。

⑦ 排水工程单项构筑物技术经济指标。

⑧ 给水排水工程施工手册。

⑨ 给水排水工程快速设计手册。

⑩ 其他一些相关的设计手册。

⑪ 与给水排水工程相关的期刊。

⑫ 相关教材。

⑬ 其他一些设计资料。

2 给排水科学与工程专业毕业设计图纸与说明书

2.1 给水排水工程制图的基本知识

2.1.1 图幅、标题栏及图框

（1）图幅

给水排水工程制图所用图纸幅面的尺寸应符合表 2-1 的规定及图 2-1 或图 2-2 的格式。

表 2-1 图纸幅面尺寸（单位：mm）

尺寸代号	幅面代号				
	A0	A1	A2	A3	A4
$b \times l$	841×1189	594×841	420×594	297×420	210×297
c	10			5	
a	25				

毕业设计中常采用 A0、A1、A2 三种幅面，并不需要画出会签栏。

有时，因为特殊需要，可以加长图纸的长边，但应符合表 2-2 的规定。

表 2-2 图纸长边加长尺寸（单位：mm）

幅面代号	长边尺寸	长边加长后尺寸
A0	1189	1338　1487　1635　1784　1932　2081　2230　2387
A1	841	1051　1261　1472　1682　1892　2102
A2	594	743　892　1041　1189　1338　1487　1635　1784　1932　2081
A3	420	631　841　1051　1261　1472　1682　1892

（2）标题栏（图标）

标题栏（图标）应画在图纸的右下角，其格式有几种形式，毕业设计建议采用图 2-3 所示的格式（供参考）。

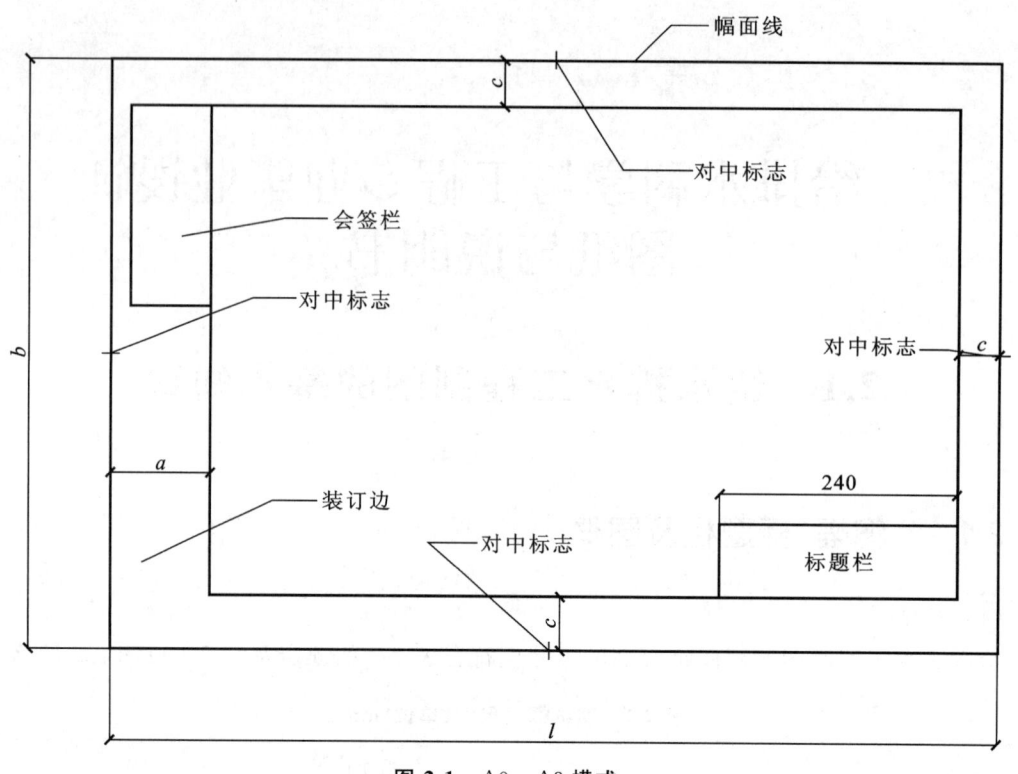

图 2-1 A0～A3 横式

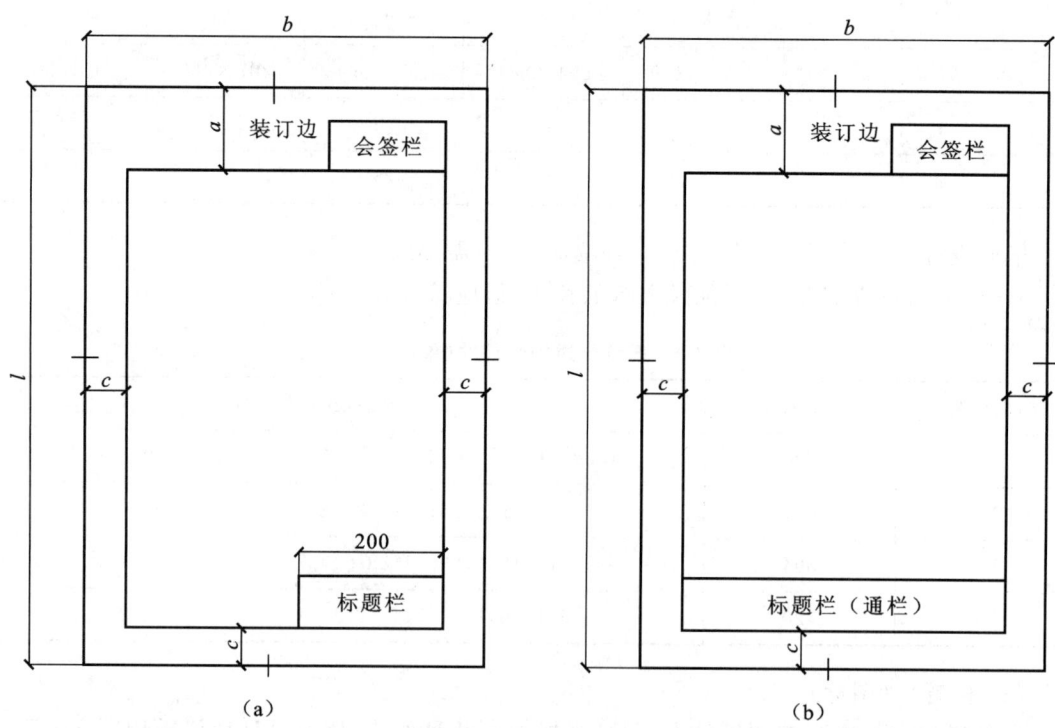

（a）　　　　　　　　　　　　　（b）

图 2-2 A0～A4 立式

（a）A0～A3；（b）A4

××××学校××××专业 毕业设计		图号	
		比例	
制图			
日期		（图名）	
指导教师			

图 2-3　标题栏形式

（3）图框

图框线、标题栏外框线和标题栏分格线的线宽要符合表 2-3 的规定。

表 2-3　图框和标题栏的线宽（单位：mm）

图幅代号	图框线	标题栏	
		外框线	分格线
A0　A1	1.4	0.7	0.35
A2　A3　A4	1.0	0.7	0.35

2.1.2　绘图比例、线型及基本图例

（1）绘图比例

绘图时所用的比例，应根据图面的大小及内容复杂程度，以图面布置适当图形能表示清晰为原则，给排水科学与工程设计中各种图纸比例一般可按表 2-4 选用。

表 2-4　常用比例

序号	图纸名称	比例	备注
1	区域规划图 区域位置图	1：50000、1：25000、1：10000、1：2000 1：5000、1：2000	宜与总图专业一致
2	总平面图	1：1000、1：500、1：300	宜与总图专业一致
3	污水（给水）处理厂（站）平面图	1：500、1：200、1：100	
4	水处理构筑物、设备间、 卫生间、平剖面图	1：100、1：50、1：40、1：30	
5	泵房平剖面图	1：100、1：50、1：40、1：30	
6	管道纵断面图	横向：1：1000、1：500、1：300； 纵向：1：200、1：100、1：50	

续表2-4

序号	图纸名称	比例	备注
7	建筑给水排水平面图	1∶200、1∶150、1∶100	宜与建筑专业一致
8	建筑给水排水轴测图	1∶150、1∶100、1∶50	宜与建筑专业一致
9	详图	1∶50、1∶30、1∶20、1∶10、 1∶5、1∶2、1∶1、2∶1	

在管道纵断面图中，可根据需要对纵向与横向采用不同的组合比例。

在建筑给水排水轴测图中，如局部表达有困难时，该处可不按比例绘制。

建筑给水排水系统原理图、水处理流程图、水处理高程图均不按比例绘制。

绘制同一系统或多系统的各个视图时，应采用相同的比例。

当整张图纸采用一种比例或无比例时，可在标题栏（图标）的比例栏中统一说明（如1∶100 或"无"）。

当一张图纸上画有两个以上图形，且各自采用不同的比例时，比例应分别标注在图名下面，此时标题栏（图标）的比例栏中可注"见图"或空着不写。

（2）线型

绘制图纸时要采用不同线型、不同线宽来表示不同的含义。绘图中常用的线型有实线、虚线、点画线、双点画线、折断线、波浪线等，线宽应根据图形大小选择，但在同一张图中，各类线型的线宽应有一定的比例，这样才能保证图面层次清晰。给排水科学与工程专业制图常用的各种线型宜符合表2-5的规定，其中线宽 b 宜为 0.7 或 1.0 mm。

表 2-5 各类线型及线宽

名称	线型	线宽	用途
粗实线	——————	b	新设计的各种排水和其他重力流管线
粗虚线	— — — — —	b	新设计的各种排水和其他重力流管线的不可见的轮廓线
中粗实线	——————	$0.75b$	新设计的各种给水和其他压力流管线；原有各种排水和其他重力流管线
中粗虚线	– – – – –	$0.75b$	新设计的各种给水和其他压力流管线及原有各种排水和其他重力流管线的不可见的轮廓线
中实线	——————	$0.50b$	给水排水设备、零（附）件的可见的轮廓线；总图中新建的建筑物和构筑物的可见的轮廓线；原有各种给水和其他重力流管线

名称	线型	线宽	用途
中虚线	▬ ▬ ▬ ▬ ▬	0.50b	给水排水设备、零(附)件的不可见的轮廓线;总图中新建的建筑物和构筑物的不可见的轮廓线;原有各种给水和其他重力流管线不可见的轮廓线
细实线	————————	0.25b	建筑的可见轮廓线;总图中原有的建筑物和构筑物的可见轮廓线;制图中的各种标注线
细虚线	- - - - - - - -	0.25b	建筑的不可见轮廓线;总图中原有的建筑物和构筑物的不可见的轮廓线
单点长画线	—·—·—·—·—	0.25b	中心线、定位轴线
折断线	———／\———	0.25b	断开界限
波浪线	∿∿∿∿∿	0.25b	平面图中水面线;局部构造层次范围线;保温范围示意线

(3) 基本图例

管线、设备、附件、阀门、仪表、管道连接配件等均有常用的图例,设计时可以选用。表2-6～表2-10摘录了部分图例,更多的图例请参见给水排水制图标准或给水排水设计手册第一分册及相关规范。

应该说明的是,当使用的不是常用的图例时,在绘图时应加以说明。

表 2-6　管道常用图例(摘录)

名称	图例	名称	图例
生活给水管	—— J ——	凝结水管	—— N ——
热水给水管	—— RJ ——	废水管	- - F - -
热水回水管	—— RH ——	压力废水管	—— YF ——
中水给水管	—— ZS ——	通气管	—— T ——
循环给水管	—— XJ ——	污水管	- - W - -
循环回水管	—— XH ——	压力污水管	—— YW ——
热煤给水管	—— RM ——	雨水管	- - Y - -

续表2-6

名称	图例	名称	图例
热煤回水管	—— RMH ——	压力雨水管	—— YY ——
蒸汽管	—— Z ——	膨胀管	—— PZ ——
保温管	———————		

表 2-7　管道附件与管道连接常用图例（摘录）

名称	图例	名称	图例
清扫口		套管伸缩器	
通气帽		存水弯	
雨水斗		刚性防水套管	
排水漏斗		柔性防水套管	
圆形地漏		承插连接	
方形地漏		可曲挠橡胶接头	
活接头		管道固定支架	
管堵		管道滑动支架	
减压孔板		立管检查口	
法兰连接		偏心异径管	
同心异径管		偏心异径管	平面　系统
正四通		乙字管	

名称	图例	名称	图例
转动接头		喇叭口	平面　　系统

表 2-8　阀门及给水配件常用图例（摘录）

名称	图例	名称	图例
闸阀		自动排气阀	
角阀		浮球阀	
旋转水龙头		延时自闭冲洗阀	
混合水龙头		隔膜阀	
截止阀		气开隔膜阀	
电动阀		气闭隔膜阀	
液动阀		温度调节阀	
气动阀		压力调节阀	
减压阀		电磁阀	
旋塞阀		止回阀	
底阀		消声止回阀	
球阀		蝶阀	

续表2-8

名称	图例	名称	图例
放水龙头	平面 系统	脚踏开关	平面 系统
皮带龙头		化验龙头	
浴盆带喷头混合水龙头			

表 2-9　消防设施常用图例（摘录）

名称	图例	名称	图例
消火栓给水管		自动喷洒头（闭式）	
自动喷水灭火给水管		侧墙式自动喷洒头	
室外消火栓		侧喷式喷洒头	
室内消火栓（单口）		雨淋灭火给水管	YL
室内消火栓（双口）		水幕灭火给水管	SM
水泵接合器		水炮灭火给水管	SP
自动喷洒头（开式）		干式报警阀	
预作用式报警阀		水炮	
遥控信号阀		湿式报警阀	

名称	图例	名称	图例
水力警铃	△	水流指示器	 ——(L)——

表 2-10　卫生设备及水池常用图例(摘录)

名称	图例	名称	图例
立式洗脸盆		立式小便器	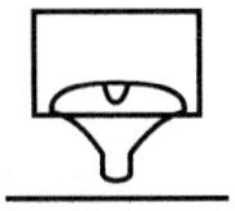
台式洗脸盆	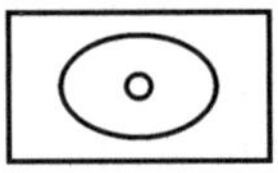	挂式小便器	
盥洗槽	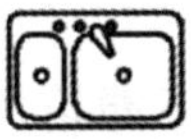	蹲式大便器	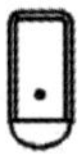
浴盆		坐式大便器	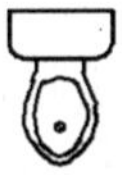
化验盆、洗涤盆	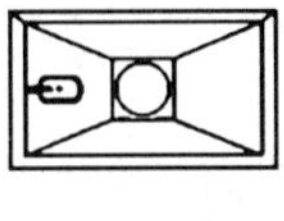	污水池	
淋浴喷头	 ●—平面 　　系统		

（4）剖切符号

画剖面图时,必须用剖切符号指明剖切位置和投影方向,还要对每个剖切符号进行编号,并在剖面下标注相应的名称。

剖切符号由剖切位置线和剖视方向线表示。剖切位置线用两段粗实线绘制,在图中不得与其他图线相交,一般至多转折一次。剖视方向线应与剖切位置线垂直相交,其中投影方向上的线段应长一些,并在其端部标注上剖切符号的编号。剖切符号的编号要用阿拉伯数字按顺序由左至右,由下至上连续编排,编号数字一律水平书写。剖切符号的画法参见图2-4。

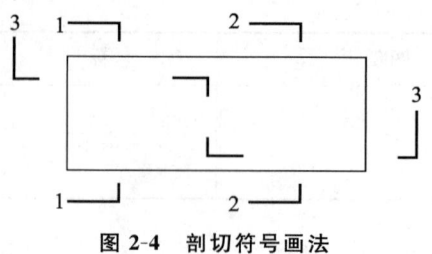

图 2-4　剖切符号画法

2.1.3　尺寸标注及标高

2.1.3.1　尺寸标注

在图样上标注尺寸,应包括尺寸界线、尺寸线、尺寸起止符号和尺寸数字四个要素。

(1) 尺寸界线、尺寸线

尺寸界线、尺寸线用细实线绘制。尺寸界线一般应与被注线段垂直,其一端应离开图形轮廓线不小于 2 mm,另一端应超出尺寸线 2~3 mm。必要时,中心线、图形轮廓线可作为尺寸界线。

尺寸线应与被注线段平行,且不宜超过尺寸界线。不能用图样中的其他图线替代尺寸线。尺寸线与图形最外轮廓的距离,不宜小于 10 mm。互相平行的尺寸线,间距应一致,宜为 7~10 mm。

(2) 尺寸起止符号

尺寸起止符号用中粗斜短线绘制,其倾斜方向应与尺寸界线成顺时针 45°角,长度 2~3 mm。标注半径、直径、角度、弧长等尺寸时,尺寸起止符号用箭头表示。尺寸界线、尺寸线及尺寸起止符号的标注方法参见图 2-5。

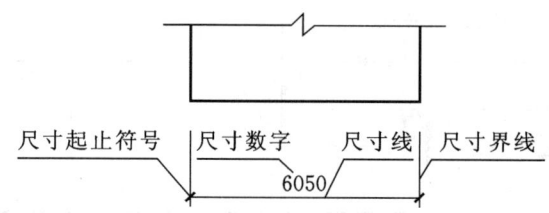

图 2-5　尺寸界线、尺寸线及尺寸起止符号的标注方法

(3) 尺寸数字

尺寸数字一律用阿拉伯数字。图样上的尺寸单位,除标高及总平面图以米为单位外,其余均以毫米为单位。尺寸数字应根据其读数的方向注写在靠近尺寸线上方中部,且相距 1 mm。如没有足够的注写位置,最外边的尺寸数字可注写在尺寸界线的外侧,中间相邻的尺寸数字可引出注写,参见图 2-6。

当尺寸线不在水平位置时,尺寸数字按图 2-7 规定的方向注写,尽量避免在斜线范围内

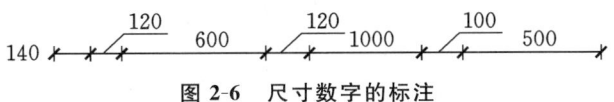

图 2-6 尺寸数字的标注

注写尺寸数字。

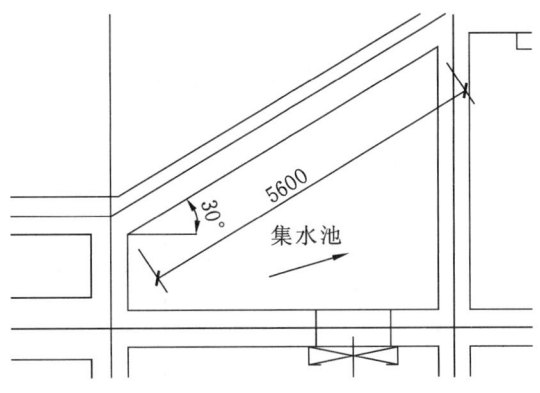

图 2-7 非水平位置尺寸数字的标注

2.1.3.2 标高及标注方式

（1）标高

标高一律以米为单位，标注到小数点后三位。在一个详图上表示几个不同标高时，构筑物一般用"标高"名称，高程图可用"高程"名称。

标高有相对标高和绝对标高两种，零点的标高应表示为±0.000。

室外工程宜采用绝对标高，当无绝对标高资料时，也可采用相对标高，但须和专业一致。

室内工程应采用相对标高，建筑给排水系统以一楼室内地坪为±0.000，并与建筑图采用的相对标高一致。建在室内的房间以室内地坪为±0.000，反应沉淀池、滤池、曝气池等构筑物以池底标高为±0.000。

值得说明的是，采用相对标高表示的构筑物，均需在图中说明相对标高与绝对标高的关系。

（2）标注方式

标高的标注方式应符合下列规定：

① 压力管道应标注管道中心的标高；沟渠和重力流管道宜标注沟（管）内底的标高。

② 在平面图中，管道标高应按图 2-8 所示的方式标注。

图 2-8 平面图中管道标高的标注

③ 在平面图中,沟渠标高应按图 2-9 所示的方式标注。

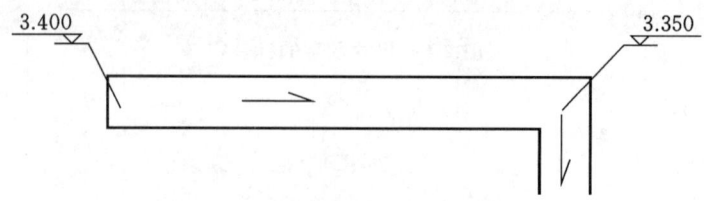

图 2-9　平面图中沟渠标高的标注

④ 在剖面图中,管道及水位的标高应按图 2-10 所示的方式标注。

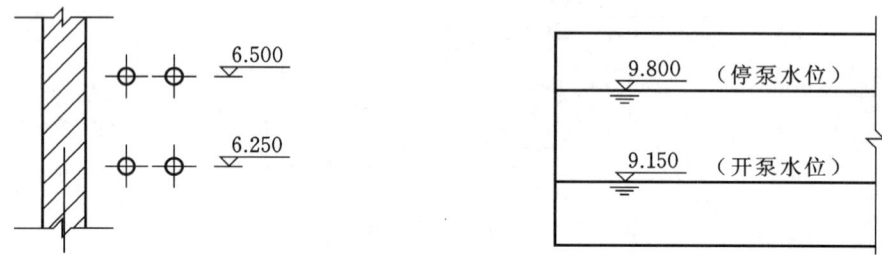

图 2-10　剖面图中管道及水位标高的标注

⑤ 在轴测图中,管道标高应按图 2-11 所示的方式标注。

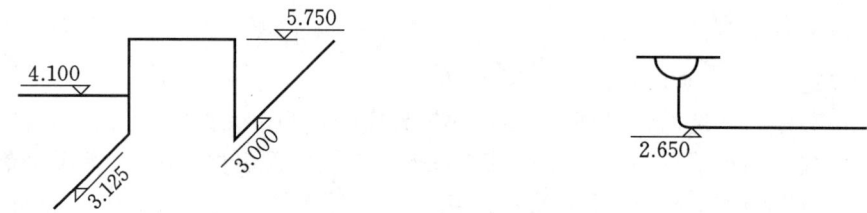

图 2-11　轴测图中管道标高的标注

各种水处理构筑物均应注明其主要结构部位标高,如池顶、池底、出水堰等。必须注明主要水位标高,如进出口水位、构筑物中的水位。同时应标注各种进出管道的位置标高。

泵站应注明进水水位标高、泵站底板标高、集水池最高水位标高、最低水位标高、泵轴标高、水泵机组标高、泵站室内地坪标高以及室外地面标高等。

沟渠和重力流管应标注起讫点、转角点、连接点、变坡点、变尺寸(管径)点及交叉点的标高。

2.1.3.3　管径的表达方式及标注

在给水排水工程中,管径应以 mm 为单位。

各种管径的表达方式应符合下列规定:

① 水煤气输送管(镀锌或不镀锌)、铸铁管等管材,管径宜以公称直径 DN 表示(如 DN150、DN50);

② 耐酸陶瓷管、混凝土管、钢筋混凝土管、陶土管、缸瓦管等管材,管径宜以内径 d 表示

（如 $d100$、$d150$）；

③ 焊接钢管（直缝或螺旋缝）、无缝钢管、铜管、不锈钢管等管材，管径宜以外径 $D×$壁厚表示（如 $D130×6$）；

④ 塑料管材，管径宜按产品标准的方法表示；

⑤ 当设计均用公称直径 DN 表示管径时，应有公称直径 DN 与相应产品规格对照表。

单根管管径的标注方法是管线上方直接标注。多根管管径的标注方法如图 2-12 所示。

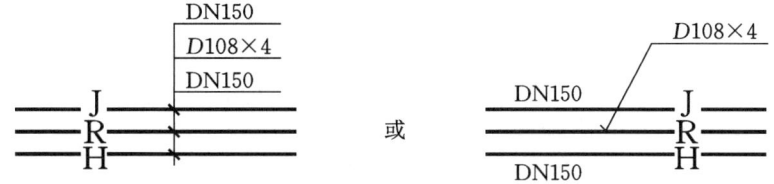

图 2-12　多根管管径标注法

2.1.3.4　编号

当图纸中的构筑物、管道或设备的数量超过 1 个时，宜对这些构筑物、管道或设备进行编号，编号的方法及标注方式如下：

① 建筑物的给水引入管或排水排出管的编号宜按图 2-13 的方法表示。

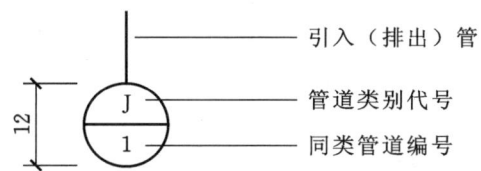

图 2-13　给水引入管或排水排出管编号的表示法

② 建筑物内穿越楼层的立管的编号宜按图 2-14 的方法表示。

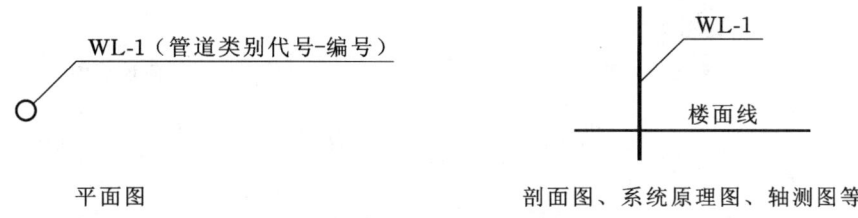

图 2-14　立管编号的表示法

③ 在总平面图中，构筑物的编号方法为：构筑物代号-编号。其中给水构筑物的编号顺序宜为：从水源到干管，再从干管到支管，最后到用户；排水构筑物的编号顺序宜为：从上游到下游，先干管后支管。

④ 设备与管件的编号用引出线及水平粗线表示，见图 2-15。

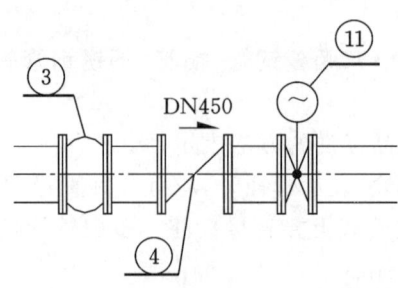

图 2-15　设备和管件引出线示意图

2.1.3.5　常用的标志及符号

（1）指北针

指北针用细实线绘制，表达形式如图 2-16 所示。圆的直径为 24 mm，指针尾部宽度为 3 mm，需要用大直径指北针时，指针尾部宽度宜为直径的 1/8。

（2）风向玫瑰图

风向常用风向玫瑰图或风向频率玫瑰图表示。风向玫瑰图是利用风向次数计算出来的；风向频率玫瑰图是将风向发生的次数，用百分数来表示，所以两者的图形是相同的。图 2-17 所示为某地区的风向玫瑰图。

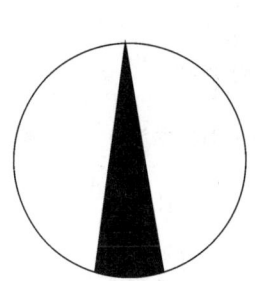

图 2-16　指北针示意图

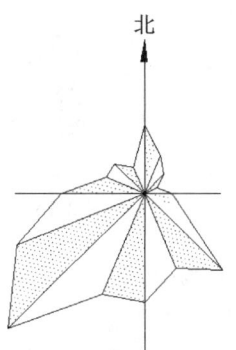

图 2-17　风向玫瑰图

玫瑰图上所表示的风的吹向，是指从外面吹向地区（玫瑰）中心的。

风向玫瑰图按气象观测记载的期限，可分为月平均、季平均和年平均三种。

（3）对称符号

对于对称布置的平面，绘制平面图时可以省略对称部分，但在平面中轴线上用对称符号标明。对称符号如图 2-18 表示。

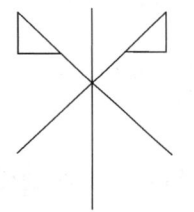

图 2-18　对称符号示意图

（4）索引标志

当图中某一部分或某一构件另有详图时，应在其具体位置标明索引标志。索引标志具体有三种表示方法。

① 所索引的详图与原图画在同一张图纸上时,表示方法如图 2-19 所示。

② 所索引的详图与原图不画在同一张图纸上时,表示方法如图 2-20 所示。

图 2-19　详图编号(一)　　　　　　　图 2-20　详图编号(二)

③ 所索引的详图是标准详图时,表示方法如图 2-21 所示。

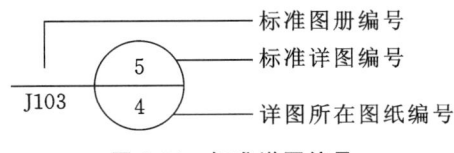

图 2-21　标准详图编号

索引标志的圆圈一般用细实线绘制,圆圈直径以 8～10 mm 为宜。

当某一局部剖面另有详图时,也可以采用局部剖面的详图索引标志注明。但由于剖面图有剖示方向,因此索引标志中也应有方向标志。

当索引的局部剖面详图与原图画在同一张图纸上时,索引标志表示方法如图 2-22 所示。

图 2-22　剖面详图的编号(一)

粗线表示剖面的剖示方向。如粗线在引出线之上,即表示该剖面的剖视方向是向上,其余类推。粗线必须贯穿所切剖面的全面。

当索引的局部剖面详图与原图不画在同一张图纸上时,索引标志表示方法如图 2-23 所示。

图 2-23　剖面详图的编号(二)

(5) 详图的标志

详图标志用双圆圈表示。外圈用细实线绘制,直径一般为 16 mm,内圈用粗实线绘制,直径一般为 14 mm。详图的编号写在圆圈中心。

2.2 给排水科学与工程专业毕业设计绘图

设计图纸是表达工程设计的基本文件。给排水科学与工程毕业设计图纸是工程设计图纸,但受到毕业设计时间、毕业设计教学基本要求等因素的限制,因此,不能全部按照施工图的要求绘制,其中有一部分可以按照初步设计(或扩大初步设计)的要求绘制。

绘图是工程设计的基本训练,毕业设计中鼓励学生用计算机绘图,同时也要求学生要有一定数量的手工绘图。

2.2.1 图面布置

图面编排要求比例恰当,布置紧凑合理。图与图之间、图与表之间的间距要适当。图幅选择应合适,能用 2 号图表达清楚的,就不用 1 号图。图面布置要有层次,突出重点。图 2-24 所示为构筑物设计图图面布置的两种常用形式。

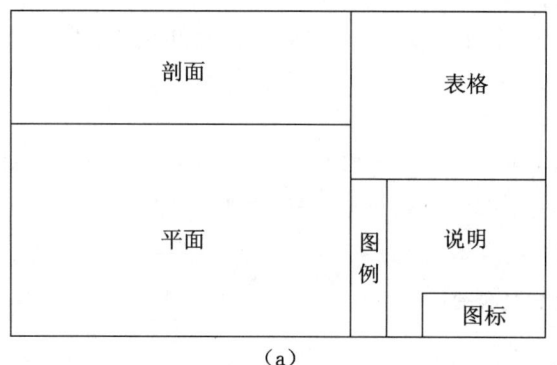
(a)

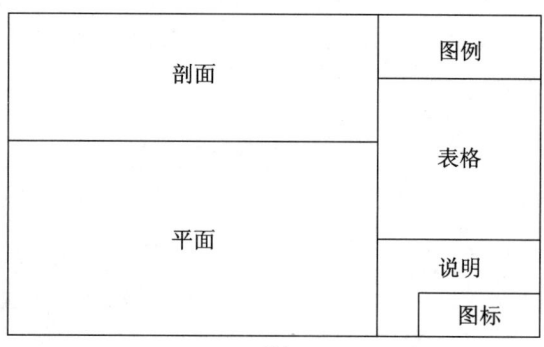
(b)

图 2-24 构筑物设计图的图面布置

图 2-25 所示为污水处理厂平面图图面布置常用的一种形式。

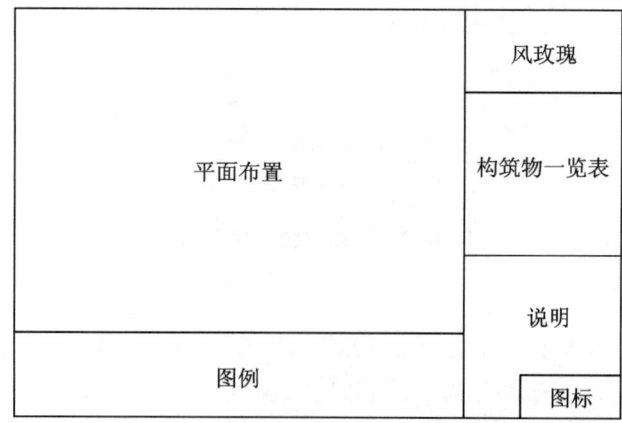

图 2-25 污水处理厂平面图图面布置形式

2.2.2 绘图

给排水科学与工程专业毕业设计由于时间有限,不能把所有工程图纸全部绘制出来,因此,各设计组应结合设计题目的特点,明确哪些图纸必须绘制,哪些图纸可以选做。给水工程、排水工程以及建筑给水排水工程三个方向在图纸方面的要求在以后各章中均有详细的叙述,在此仅介绍一些绘图基本原则。

2.2.2.1 绘图的一般规定

绘制设计图纸时,应遵守下列规定:

① 在同一工程项目的设计图纸中,图纸、术语、绘图表示方法一致。

② 在同一工程子项的设计图纸中,图纸规格应一致,如有困难时,不宜超过两种规格。

③ 图纸图号应按下列规定编排:

a. 系统原理图在前,平面图、剖面图、放大图、轴测图、详图依次在后;

b. 平面图中应地下各层在前,地上各层依次在后;

c. 水处理流程图在前,平面图、剖面图、放大图、详图依次在后;

d. 总平面图在前,管道节点图、阀门井示意图、管道纵断面图或管道高程表、详图依次在后。

2.2.2.2 平面图的绘制

给水排水工程平面图主要是用来说明建筑物、构筑物的平面位置及各类管道的平面布置情况,绘制时应满足下列规定:

① 建筑物、构筑物、道路的形状、编号、坐标、标高等应与总图专业图纸相一致。

② 在平面布置图上应注明管道类别、坐标、控制尺寸、节点编号及各建筑物、构筑物的管道进出口位置。在水厂平面布置图上应标出各处理构筑物以及建筑物的坐标。

③ 在不绘制管道纵断面图的给水管道平面图上,应将各种管道的管径、坡度、管道长度、标高等标注清楚。

2.2.2.3 系统原理图的绘制

给水排水管道系统原理图的绘制一般采用"正面斜等轴测",即 Y 轴与水平线成 $45°$,三个轴的变形系数均用 1。绘制时应满足下列规定:

① 系统图上管道用粗实线表示,并应标明管径、坡度、标高及建筑物轴线号等。

② 以平面图左端立管为起点,顺时针自左向右按编号依次均匀排列,不按比例绘制。

③ 横管以首根立管为起点,按平面图的连接顺序,水平方向在所在层与立管连接,如水平呈环状管网,绘两条平行线并于两端封闭。

④ 立管上的引出管在该层水平绘出,如支管上的用水或排水器具另有详图时,其支管可在分户水表后断掉,并注明详见图号。

⑤ 管道阀门及附件、各种设备及构筑物均应示意绘出。

⑥ 楼地面线、层高相同时应等距离绘制，夹层、跃层、同层升降部分应以楼层线反映，在图纸的左端注明楼层层数和建筑标高。

2.2.2.4　单体构筑物图

单体构筑物一般需要绘制平面图和剖面图来表明工艺布置情况。在平面图上，按照不敷土的情况将地下管道画成实线，对所取平面以上的部分，如清水池的检修孔、通风孔等，如确需要表示，可用虚线绘制。

对于工艺布置较复杂的构筑物，可以用几个平面图表示，但应标明各层平面图的位置。

一个平面图上也能表示两个不同位置的平面位置，具体作法是在剖面图上用转折的剖切线表明其位置。

当构筑物的平面是对称布置时，绘制平面图可以省略其对称部分，但应在平面对称的中轴线上用对称符号表明。参见图 2-26。

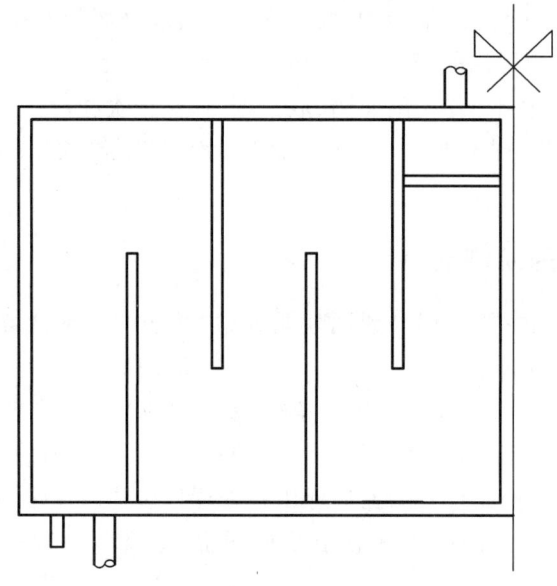

图 2-26　对称布置图

当构筑物的平面尺寸过大，在图上难以全面绘制时，在不影响所表示的工艺部分内容前提下，其间可用折线断开，但其总尺寸仍须注明。具体参见图 2-27。

构筑物进水管、出水管（渠）、溢流管等管道名称应在图上标明。用双线画的管道，当管壁间净距不小于 3 mm 时，应画出管道中心线，参见图 2-28。管道横剖图上圆的直径不小于 4 mm 时，应画出十字形的管道中心线，见图 2-28。

穿墙管预留孔洞以及墙壁上的穿墙孔洞如图 2-29 所示。

对于被剖切的池壁、池底、墙及井壁等，应分别绘出其建筑材料及土壤符号。

管道中的水流方向，以及水处理构筑物的进水、出水方向均应以箭头表示，并标明构筑物进水来源及出水去向，如来自沉砂池，去曝气池等。

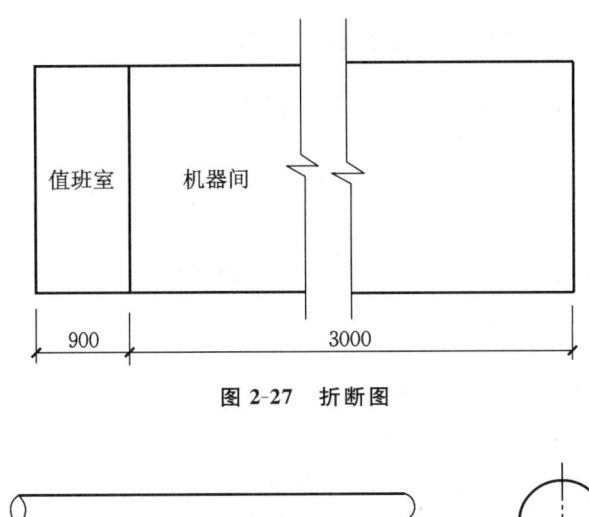

图 2-27　折断图

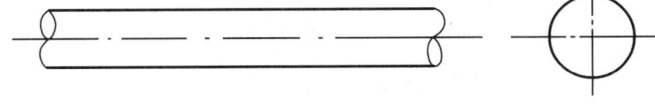

图 2-28　管道表示方法

图 2-29　穿墙孔洞

2.2.2.5　管道纵断面图

管道纵断面图是用来表示管道纵向布置情况的,绘制时应满足下列规定:

① 压力管道用单粗实线绘制。

② 重力管道宜用双粗实线绘制,但对应平面示意图中用单粗实线绘制。

③ 绘制与本管道相交的道路、铁路、河谷、建筑物、构筑物以及其他专业管道、管沟及电缆等的水平距离和标高。

④ 纵断面图中应标明地面标高、管道标高、坡度、管径等。

2.2.2.6　给水管道节点详图

管道节点详图能够表示节点上配件和管件的设置情况,绘制时应满足下列规定:

① 节点详图不按比例绘制,配件和管件用标准符号表示。

② 管道节点位置、编号应与总平面图一致。

③ 管道应注明管径、管长。

④ 节点应绘制所包括的平面形状和大小、阀门、管件、连接方式、管径及定位尺寸。

2.2.2.7　净水和水处理工艺流程图的绘制

净水和水处理工艺流程图宜按下列规定绘制：

① 净水和水处理工艺流程图可不按比例绘制。

② 处理设备(构筑物)及附加设备按设备形状以细实线绘制。

③ 处理设备(构筑物)之间的管道以中粗实线绘制，辅助设备的管道以中粗实线绘制。

④ 各种设备用编号表示，并应附设备编号与名称对照说明。

2.2.2.8　取水、水处理厂高程图

取水、水处理厂高程图宜按下列规定绘制：

① 构筑物之间的管道以中粗实线绘制。

② 各种构筑物必要时按形状以单细实线绘制。

③ 各种构筑物的水面、底、顶以及管道应注明标高。

④ 各种构筑物下方应注明构筑物名称。

2.2.2.9　建筑给水排水平面图的绘制

建筑给水排水平面图应按下列规定绘制：

① 建筑物轮廓线、轴线号、房间名称、绘图比例等均应与建筑专业一致，并用细实线绘制。

② 各类管道、用水器具及设备、消火栓、喷洒头、雨水斗、阀门、附件、立管位置等应按图例以正投影法绘制在平面图上。

③ 安装在下层空间或埋设在地面下而为本层使用的管道，可绘制于本层平面图上，如有地下层，排出管、引入管、汇集横干管可绘于地下层内。

④ 各类管道应标注管径。

⑤ 立管应按管道类别和代号自左向右分别进行编号，且各层楼相一致；消火栓可按需要分层按顺序编号。

⑥ 排出管、引入管应注明与建筑轴线的定位尺寸、穿建筑物外墙标高、防水套管形式。

⑦ ±0.000 标高层平面图应在右上方绘制指北针。

2.2.2.10　图纸上各种表格、表头的绘制

在给水排水工程的设计图纸上，应绘制一些必要的表格。常用表格表头的格式可参照表 2-11～表 2-14。

表 2-11　设备表

序号	名称	规格	数量	备注

表 2-12　材料表

序号	名称	规格	单位	数量	备注

表 2-13　管件

序号	名称	规格	材料	单位	数量	备注

表 2-14　闸门井

序号	名称	主要尺寸	结构型式	单位	数量	选用	图号	备注

2.3　给排水科学与工程专业毕业设计计算说明书编写及要求

2.3.1　毕业设计计算说明书的主要内容

毕业设计计算说明书与一般工程设计说明书有一定的差别。毕业设计计算说明书不仅要有完整的设计计算过程,还应包括与设计题目有关的资料汇总,可供选择的方案比较,选择方案的依据,以及对所选方案的论述。由于毕业设计时间有限,一般不要求完成全部设计工作的设计计算,可只进行主体工程或部分有特色工程的设计计算(由指导教师确定)。

毕业设计计算说明书是毕业设计的重要书面文件,其内容应包括以下几个方面:

① 中文摘要;

② 外文摘要;

③ 目录;

④ 正文;

⑤ 补充部分;

⑥ 参考文献;

⑦ 致谢。

中文摘要和外文摘要是毕业设计的内容不加注释和评论的简短陈述,具有独立性。其内容应说明与设计有关的设计成果,不要解释或说明为什么要这样设计,更不要写成文献综述。中文摘要一般不少于 400 字,并译成外文。

摘要后面应有 3～5 个关键词。

正文是设计计算说明书的核心,正文中的主要内容应包括以下几个方面:

① 概述。包括设计任务、设计依据、主要设计资料等。

② 工程设计说明。包括工程概况、设计方案的选择、设计说明、技术经济分析等。

③ 详细的设计计算书。

④ 对所完成设计的总结和自我评价。

2.3.2　毕业设计计算说明书正文的编写格式

正文的编写格式，可以采用以下两种体例中的一种。

第一种是按章、节、段等编排，具体形式见表 2-15。

表 2-15　正文的编写格式（一）

第×章　　×××××（居中）

第×节　　×××××（居中）

一、×××××（单占一行）

（一）×××××（单占一行）

1. ×××××（单占一行）

（1）×××××□×××××××××××××××××××××××××××××

××××（题后空一字接正文）

第二种是按不同位数的阿拉伯数字编排，具体形式见表 2-16。

表 2-16　正文的编写格式（二）

1□×××××（单占一行）

1.1□×××××（单占一行）

1.1.1□×××××（单占一行）

1.1.1.1□×××××（单占一行）

（1）□×××××××□××××××××××××××××××××××××××

××××（题后空一字接正文）

毕业设计计算说明书要结构严谨、层次分明、语言流畅、简图合理、计算正确，符合学科、专业的有关要求。

毕业设计计算说明书的用语、表格、计量单位、符号、插图应规范标准，符合给水排水专业国家标准。

毕业设计计算说明书应采用统一的毕业设计用纸，并按统一规格装订成册。

3　给水工程毕业设计主要内容及要求

3.1　给水工程毕业设计选题

给水工程毕业设计选题应面向工程实际,并符合该专业本科教学基本要求,全面调动学生所学习的专业知识和技能,使学生能够得到全面、综合的训练。同时注意工作量要适中,确保学生在毕业设计时间内完成设计任务。

指导教师依据上述原则选定学生的毕业设计题目,规定每个设计题目的设计内容和要求。

给水工程毕业设计题目主要有以下几种类型:

① 城镇给水工程规划设计;

② 取水、输配水工程设计;

③ 城镇给水处理厂工艺设计;

④ 居住小区、工厂区给水工程设计;

⑤ 工业给水处理厂(站)工艺设计。

3.2　给水工程毕业设计主要内容及要求

给水工程毕业设计通常包括以下几部分设计内容。

3.2.1　城镇给水工程规划设计

给水工程规划在城镇总体规划和详细规划阶段,规划设计依据和设计深度均有所不同。这两个阶段的给水工程规划在实际工作中都将由给水排水专业人员承担,本设计题目将这两个阶段的给水工程规划内容合并,而规划设计深度按详细规划阶段的要求,即达到城镇给水工程初步设计的深度。其设计主要内容包括:

① 计算城镇设计用水量,确定给水系统各组成部分的设计流量;

② 选择给水水源,确定取水位置和取水构筑物型式;

③ 确定水源地、给水厂、加压泵站和厂外调节构筑物等枢纽工程的位置;

④ 确定输水管、配水管网的定线位置,并进行水力计算;

⑤ 确定各枢纽工程的工艺流程,构筑物选型及设计计算,设备的配置及计算;

⑥ 计算工程概算和制水成本。

3.2.2 取水、输配水工程设计

本设计题目包括了给水工程大部分专业内容。其设计主要内容包括:

① 计算设计用水量,确定设计流量;

② 选择给水水源、取水位置和取水构筑物型式;

③ 取水构筑物设计计算;

④ 输水管定线布置和水力计算;

⑤ 一级泵站(取水泵站)设计计算;

⑥ 配水管网定线布置和水力计算;

⑦ 确定调节构筑物型式、位置和设计计算;

⑧ 二级泵站设计计算;

⑨ 计算工程概算和制水成本。

3.2.3 城镇给水处理厂工艺设计

本设计题目仅包括给水工程中给水处理的专业内容。因此,可以考虑原水水质较复杂的水处理。如:铁锰超标,水源遭受微污染,低温低浊,高含沙量原水等。其设计主要内容包括:

① 确定设计水量;

② 确定水处理、预处理、沉泥处理等工艺流程;

③ 选定各类构筑物型式和设备及其工艺设计计算;

④ 厂内各类管线的定线和水力计算;

⑤ 选定辅助构筑物和建筑物;

⑥ 给水处理厂工艺平面和高程布置;

⑦ 计算工程概算和水处理成本。

各类给水工程毕业设计要求每位学生根据所承担的设计题目、设计任务与内容,提出两个以上备选方案,经方案比较后,从中选定设计方案,并经指导教师确认。要求学生采用的设计基础数据准确;选取的计算方法和参数正确;计算步骤清晰完整;计算结果满足绘制设计图纸的要求;计算手段现代化。

3.3　给水工程毕业设计图纸绘制

给水工程毕业设计图纸是以图样的方式对所设计的给水工程进行描述,它是给水工程设计计算的结果,也是毕业设计成果重要组成部分。

给水工程毕业设计图纸的深度应相当于初步设计的工程图纸深度。根据设计内容和时间,绘图侧重于对不同图示方法的训练,不追求对设计对象的全面详尽的描述。绘图标准应按工程图纸有关标准执行。

3.3.1　绘图的基本要求

给水工程毕业设计图纸所采用的比例、标高、管径、编号和图例等应符合《建筑给水排水制图标准》(GB/T 50106—2010)的有关规定。

3.3.2　设计图及图示内容

(1)设计图

根据给水工程毕业设计内容,毕业设计图通常有:

① 区域给水工程规划图;

② 枢纽工程平面图、流程图或系统原理图;

③ 输、配水管道平面图,纵断面图;

④ 给水构筑物平面图,剖面图;

⑤ 管道节点详图;

⑥ 管线系统图;

⑦ 设备加工图等。

(2)各类图的图示内容说明

① 区域给水工程规划图

根据区域大小的不同,区域给水工程规划图的图示范围可以是一座城镇或流域内相毗邻的几座城镇,也可以是一个居住小区、一个厂区或一个开发区范围内的给水工程规划,图名为"×××给水工程规划图"。该图属于平面图。该图是在区域建设总体规划图(常称之为条件图)的基础上绘制的,因此要保留条件图上与规划的给水工程相关的必要内容,如:风玫瑰或指北针,坐标网,等高线或标高点,街坊,路网,水体和其他地物等,并且对保留内容通过改变其线型为细线予以简化。还要删除一些不必要的内容,如条件图上的文字标注等。对条件图的简化或删除,一方面可以准确表达所规划的给水工程与其周围环境的关系;另一方面可醒目地再现所规划的给水工程,并使图面重点突出。在经上述编辑的条件图上,用图例或用中粗线按比例缩小后将水源地、净水厂、配水厂、加压泵站等枢纽工程绘出,并标注枢纽工程名称;用粗线绘出输水管、配水管网等管线,并标注管径、长度。还要用一定的方式表示所规划的给水工程近、远期分期情况。在图面的适当位置上列出给水工程项目表和必要的文字说明。

② 枢纽工程平面图和流程图

给水工程包括若干枢纽工程,如水源地、净水厂、配水厂、泵站或加压泵站、工业给水处理厂(站)等。它们的图示方法相同,均以平面图和流程图表示其工程内容。居住小区、厂区给水工程平面图也可归并到枢纽工程图中。

枢纽工程平面图是在工程所占地块的场地建筑总平面图基础上绘制的。因此,绘图时也是要对条件图进行编辑,再将枢纽工程与整个给水系统的关系和枢纽工程内的给水构筑物、设备及辅助构筑物、建筑物用中粗线绘于图上。用粗线在构筑物、建筑物之间绘出各种连接管道和节点索引编号。图中还应有风玫瑰或指北针,场地和室内标高,场地内道路,场地四界,围墙和大门。图中要标注构筑物、建筑物、设备、管道等的定形定位尺寸(用建筑坐标表示)。标注构(建)筑物名称、管线的管径、管长、坡度、坡向,列出构(建)筑物一览表和工程量表,编制图例和必要的文字说明。

该平面图是工艺平面图,给排水科学与工程专业人员完成工艺设计后,总图人员据此进行总图设计,完成枢纽工程建筑总平面图。生产设计中,建筑总平面图是绘制给水枢纽工程平面图的条件图,但毕业设计往往做不到这一点。居住小区建筑总平面图由总图人员直接确定。工厂区建筑总平面图除了考虑给水工艺布置外,着重考虑工业生产工艺布置。

枢纽工程流程图(高程图)图样是由各单体构筑物、建筑物剖面图,设备和连接其间的管道、渠道组成。它从高程上反映了枢纽工程的组成部分之间的水力关系。绘图时,构筑物、建筑物的剖面图可不按比例绘制,但在高程上采用合适的比例绘制,并且详细标注出各种管道轴线,水泵轴线,吊车高度,设备基础,室内外地面,水体水位等的标高。还要标注构筑物和设备等的名称,管道管径等。编制必要的文字说明,如说明标高的换算关系等。

工业给水处理厂(站)工艺图也属于枢纽工程图,但有其特点。这类工艺图一般是先绘制系统原理图,根据系统工艺原理进行各种设备、管道布置,再绘出平面图、剖面图、各种详图等。如除盐水系统原理图,它是将该除盐水系统所实有的各种设备、管道、仪器、仪表、管道附件等不按实际的空间位置,平展在一个绘图平面内,真实地再现出系统各组成部分之间的连接关系。设备上加注名称,管道上加注管径和介质流动方向,仪器仪表和管道附件用图例表示。图面其他位置绘出图例和设备一览表以及系统操作运行的文字说明。

③ 输配水管道平面图、纵断面图

输水管平面图以输水条状通道的地形图为条件图。对该地形图编辑后,应保留风玫瑰或指北针、等高线、道路、铁路、水体、村落等。绘出输水管,绘出附属构筑物、管道附件、配件的位置及详图索引编号,绘出穿越铁路、公路、河流、山峰等障碍物的位置及详图索引编号。管道上标注管径、管长、坡度、坡向。管道定位尺寸可标注管道定线控制点的相对位置或建筑坐标。沿输水管全长对节点统一编号,为编制工程量表和绘制纵断面图做准备。当输水管较长时,平面图可加长或分段绘制。

输水管纵断面图是沿输水管轴线剖切的剖面图,可以与平面图相对应地绘制,如绘制在平面图的下方。该图横向比例同平面图,竖向比例为 1:100 或 1:200。图中绘出原地面、设计地面、输水管及轴线、与其交叉的其他管线断面、各附件及阀门井、穿越障碍物的构造等。图样下方按节点分段列表标注出管道轴线标高、管长、管径、管材、坡度及坡向、接口形式、管道基础形式等。对于较简单的输水管建议将纵断面图简化为标高表。标高表的内容同上述的列表内容。

配水管网平面图以配水区建设总体规划图为条件图。条件图经编辑后应保留风玫瑰或指北针、设计高程点、道路网及街坊、用水户位置等。用粗线绘出配水管网,绘出附属构筑物、附件、配件节点及详图索引。其他图示内容与输水管平面图相同。当采用较大的比例尺绘制配水管网平面图时,难以在一张图纸内绘制,常采用分幅图的方式绘制,这时应注明分幅图的区域位置。

配水管网纵断面图应逐管段绘制,图示方法与输水管纵断面图相同。

④ 给水构筑物平面图、剖面图

给水构筑物包括:取水构筑物,水处理构筑物,泵站,调节构筑物,加药间,加氯间,水处理间及各类阀井等单体构筑物。

设计这类单体构筑物的图纸包括:工艺图、建筑图、结构图、建筑设备图等。这里只讨论工艺图的绘制。工艺图可由若干个平面、剖面图组成。

给水构筑物平面图、剖面图是在该单体建筑结构方案已定(根据工艺人员提出的工艺空间布置确定方案)条件下,图示出给水工艺的池体、设备和管道的布置图。图中用细线绘出建筑或结构物的轮廓线和建筑轴线;用中粗线绘出设备轮廓;用粗线(单线或双线)绘出管道。设备、管道、管件应编号。图中应标注出池体、设备、管道的定型和定位尺寸和标高。在平面图或剖面图中的设备和管道密集处可灵活运用剖切面,采取全剖、半剖、局部剖、旋转剖、阶梯剖等图示方法绘制剖面图,更清晰地表达工艺空间。

⑤ 节点详图

前述的枢纽工程平面图、输配水管道平面图,因绘图比例较小而无法清楚表达管道所连接的附件和配件。在那些图中将其作为一个节点看待,经编号索引到节点详图。节点详图是用管道附件和配件的标示图例表达其相互之间或与管道的连接关系,图中标注出附件、配件的名称、型号、规格和数量等。此图可不按比例绘制,可与平面图同绘于一张图上,也可以单独绘制。图中还应配有附件、配件一览表。

⑥ 管线系统图

管线系统图也称管道轴测图。在给水构筑物工艺图中,可能由于管线多而集中布置,各种管线在空间上相互交叉,在某投影方向上相互遮挡、重叠,仅绘制平面、剖面图难以清楚表达其空间关系。因此,可用绘制轴测图方法将这个管系图示出来。常采用斜二测轴测轴绘图,采用与平面、剖面图相同的比例绘图。图中标注管道的管径、管轴线标高等。

设备加工图的绘制参见机械制图。

3.3.3 给水工程毕业设计图纸量

根据给水工程毕业设计内容、设计时间,指导教师可在上述设计图纸中选定图纸数量。一般常规定:

① 给水工程规划图 1 张(A0 或 A1);

② 枢纽工程工艺图 2 张(A1);

③ 输配水管道工艺图 2 张(A0 或 A1);

④ 给水构筑物工艺图 4 张(A1 或 A2)。

其他设计图纸数量由指导教师指定。

3.4　给水工程毕业设计计算说明书的编制

给水工程毕业设计计算说明书的格式及主要内容见第二章,正文部分内容按下列要求编写。毕业设计内容不同,设计计算说明书的编写内容也有所不同,下面以城镇给水工程设计为例说明。

第一篇　设计说明

第一章　概述

第一节　城镇自然条件

概述城镇地理位置,地形特点,气候条件,水文、水文地质、工程地质等条件。

第二节　城镇建设规划

概述城镇建设总体规划内容,包括近远期规划年限、人口数量、工业规模、城镇功能分区、交通等。

第三节　工程设计

简述本项设计任务和内容。

第二章　设计水量

第一节　设计用水量

说明设计用水量内容、数量及确定的依据。

第二节　确定设计水量

说明用水量变化情况或小时变化系数的选取及设计水量的确定。

第三章　给水工程规划

第一节　给水工程方案

说明所拟定的各备选方案的内容。包括水源选择,水处理工艺选择,输配水管线布置等。

第二节　给水工程设计方案

说明各方案技术经济及可靠性分析比较的过程及结果,说明采用的设计方案。

第四章　给水水源及取水工程

第一节　给水水源

说明水源种类、设计水位、设计取水量、原水水质、取水位置(水源地选位)等。

第二节　取水工程

说明采用的取水方法和取水构筑物型式,列出取水构筑物基本尺寸。

第五章　输配水工程

第一节　取水泵站(一级泵站)

说明取水水泵的选择、取水泵站的型式及工艺布置。列出水泵性能参数和取水泵站基本尺寸。

第二节　输水工程

说明输水方式、输水管渠的形式及结构、输水管渠的过水断面、管渠长度、管道接口方式及管材、附属构筑物、附件的设置等。

第三节　配水工程

说明配水管网的布置及定线,管网图形结构,管径、管长、管材及接口,管网总长度,附属构筑物,附件的设置等。

第四节　调节构筑物

说明厂内调节构筑物的型式、容积及基本尺寸,厂外调节构筑物的位置、型式、容积、高程及基本尺寸。

第五节　二级泵站

说明水泵的选择,二级泵站工艺布置及型式,泵站运行方式,水泵性能参数和泵站基本尺寸。

第六章　水处理工程

第一节　水处理工艺流程

说明原水水质及其特点,所采用水处理工艺流程的针对性。

第二节　水处理构筑物

说明水处理构筑物的形式,设计参数,基本尺寸,操作运行。

第三节　给水处理厂

说明水处理构筑物、辅助构筑物、建筑物等的平面及高程布置,水厂占地面积及远期预留面积。

第七章　设计中存在的问题与建议

第二篇　设计计算

第八章　设计水量计算

第一节　最高日用水量计算

第二节　设计流量确定

第九章　取水工艺计算(以河床式取水构筑物为例)

第一节　取水头部设计计算

第二节　进水管设计计算

第三节　集水间设计计算

第十章　输配水工艺计算

第一节　输水管设计及水力计算

第二节　取水水泵选配计算及一级泵站工艺布置

第三节　配水管网设计及水力计算

第四节　送水水泵选配计算及二级泵站工艺布置

第五节　调节构筑物计算

第十一章　给水处理厂工艺计算

第一节　投药工艺计算

4 给水工程设计水量计算

4.1 设计用水量计算

设计给水工程首先要确定设计水量。通常将设计用水量作为设计水量。

设计用水量是根据设计年限内用水单位数、用水定额和用水变化情况所预测的用户日用水总量。设计用水量包括下列用水：

① 综合生活用水量 Q_1，包括居民生活用水量和公共建筑及设施用水量。

② 工业企业生产用水量 Q_2。

③ 工业企业工作人员生活用水量 Q_3。

④ 浇洒道路和绿地用水量 Q_4。

⑤ 未预见水量及管网漏失量 Q_5。

⑥ 消防用水量 Q_x。

4.1.1 各项用水量计算

（1）综合生活用水量 Q_1

$$Q_1 = f \cdot q_1 \cdot N_1 \quad (\text{m}^3/\text{d}) \tag{4-1}$$

式中　f——给水普及率，%；

　　　q_1——最高日综合生活用水定额，m^3/d，见表 4-1；

　　　N_1——设计年限内计划人口数。

表 4-1　最高日综合生活用水定额 [单位：L/（人·d）]

城市规模	超大城市	特大城市	Ⅰ型大城市	Ⅱ型大城市	中等城市	Ⅰ型小城市	Ⅱ型小城市
一区	250～480	240～450	230～420	220～400	200～380	190～350	180～320
二区	200～300	170～280	160～270	150～260	130～240	120～230	110～220
三区				150～250	130～230	120～220	110～210

注：① 超大城市指城区常住人口 1000 万及以上的城市，特大城市指城区常住人口 500 万以上 1000 万以下的城市；Ⅰ型大城市指城区常住人口 300 万以上 500 万以下的城市；Ⅱ型大城市指城区常住人口 100 万以上 300 万以下的城市；中等城市指城区常住人口 50 万以上 100 万以下的城市；Ⅰ型小城市指城区常住人口 20 万以上 50 万以下的城市；Ⅱ型小城市指城区常住人口 20 万以下的城市。

② 一区包括：湖北、湖南、江西、浙江、福建、广东、广西、海南、上海、江苏、安徽；二区包括：重庆、贵州、四川、云南、黑龙江、吉林、辽宁、北京、天津、河北、山西、河南、山东、宁夏、陕西、内蒙古河套以东和甘肃黄河以东的地区；三区包括：新疆、青海、西藏、内蒙古河套以西和甘肃黄河以西的地区。

③ 经济开发区和特区城市，根据用水实际情况，用水定额可酌情增加。

④ 当采用海水或污水再生水等作为冲厕用水时，用水定额相应减少。

（2）工业企业生产用水量 Q_2

$$Q_2 = q_2 \cdot N_2(1-n) \quad (\text{m}^3/\text{d}) \tag{4-2}$$

式中　q_2——工业万元产值用水量，$\text{m}^3/$万元；

　　　N_2——设计年限内日计划万元产值，万元/d；

　　　n——工业用水重复利用率，%。

（3）工业企业工作人员生活用水量 Q_3

$$Q_3 = \sum (q_3' \cdot N_3' \cdot M_3' + q_3'' \cdot N_3'' \cdot M_3'') \quad (\text{m}^3/\text{d}) \tag{4-3}$$

式中　q_3'——生活用水定额，一般车间 25 L/(人·班)；高温车间 35 L/(人·班)；小时变化

　　　　　系数 2.5～3.0；

　　　N_3'——每班工作人数，人/班；

　　　M_3'——每日工作班数，班/d；

　　　q_3''——淋浴用水定额，L/(人·班)，见表 4-2；

　　　N_3''——每班淋浴人数，人/班；

　　　M_3''——每日工作班数，班/d；

　　　$\sum$——各工业企业生活用水量求和。

表 4-2　工业企业内工作人员淋浴用水量

分级	车间卫生特征			用水量/ [L/(人·班)]
	有毒物质	生产粉尘	其他	
1级	极易经皮肤吸收引起中毒的剧毒物质（如有机磷、三硝基甲苯、四乙基铅等）		处理传染性材料、动物原料（如皮、毛等）	60
2级	易经皮肤吸收或有恶臭的物质，或高毒物质（如丙烯腈、吡啶、苯酚等）	严重污染全身或对皮肤有刺激的粉尘（如炭黑、玻璃棉等）	高温作业、井下作业	60
3级	其他毒物	一般粉尘（如棉尘）	体力劳动强度Ⅲ级或Ⅳ级	40
4级	不接触有毒物质及粉尘、不污染或轻度污染身体（如仪表、机械加工、金属冷加工等）			40

（4）浇洒道路和绿地用水量 Q_4

$$Q_4 = q_4' \cdot N_4' \cdot M_4' + q_4'' \cdot N_4'' \cdot M_4'' \quad (\text{m}^3/\text{d}) \tag{4-4}$$

式中　q_4', q_4''——浇洒道路和绿地用水定额，L/(m²·次)；

　　　N_4', N_4''——道路和绿地面积，m²；

M'_4，M''_4——每日浇洒道路和绿地次数，次/d。

（5）未预见水量和管网漏失水量 Q_5

$$Q_5=(15\%\sim25\%)(Q_1+Q_2+Q_3+Q_4)\quad（m^3/d）\tag{4-5}$$

（6）消防用水量 Q_x

$$Q_x=q_x\cdot N_x\quad（L/s）\tag{4-6}$$

式中　q_x——一次灭火用水量 L/s，见表4-3；

　　　N_x——同一时间内火灾次数，见表4-3。

表 4-3　城镇、居住区室外的消防用水量

人数/万人	同一时间内的火灾次数/次	一次灭火用水量/(L/s)
$N\leqslant1.0$	1	15
$1.0<N\leqslant2.5$	1	20
$2.5<N\leqslant5.0$	2	30
$5.0<N\leqslant10.0$	2	35
$10.0<N\leqslant20.0$	2	45
$20.0<N\leqslant30.0$	2	60
$30.0<N\leqslant40.0$	2	75
$40.0<N\leqslant50.0$	3	75
$50.0<N\leqslant70.0$	3	90
$N>70.0$	3	100

4.1.2　最高日用水量 Q_d

最高日用水量，是指设计年限内用水最多一日的用水量，可由上述各项用水量求和得到：

$$Q_d=(1.15\sim1.25)(Q_1+Q_2+Q_3+Q_4)\quad（m^3/d）\tag{4-7}$$

一般最高日用水量中不计入消防用水量，这是由于消防用水量是偶然发生的，其数量占总用水量比例较小。但是对于较小规模的给水工程，消防用水量占总用水量比例较大时，应将消防用水量计入最高日用水量。

给水工程设计将最高日用水量作为设计用水量，即设计水量。

4.2　设　计　流　量

给水工程各组成部分设计流量依据最高日用水量、用户用水量变化情况确定。

4.2.1 用水变化曲线

给水工程毕业设计应推求用水量变化曲线。生产设计可搜集条件相似地区已建给水工程的用户用水变化曲线作为参考。

计算逐时用水量,可采用表 4-4 进行计算。

表 4-4 逐时用水量计算表

时间/h	综合生活用水		A 厂			B 厂			...	浇洒道路	浇洒绿地	未预见及漏失	每小时用水量	
	%	m³	生活	淋浴	生产	生活	淋浴	生产	...				m³	%
			m³			m³				m³	m³	m³		
0～1 1～2 ⋮ 22～23 23～24									...					
∑	100%	Q_1	Q_3		Q_2	Q_3		Q_2	...	Q_4		Q_5	Q_d	100%

绘制用水变化曲线,以 24 h 为横坐标,以每小时用水量为纵坐标,将表 4-4 中每小时用水量绘入坐标图内,描点连线即可得到用水量变化曲线。

4.2.2 确定设计流量

设计流量可根据用水变化曲线确定;当没有用水量变化资料时,可选定小时变化系数确定设计流量。城市用水小时变化系数为 1.3～1.6,特大和大城市宜取下限,中小城市宜取上限。

(1) 根据用水曲线确定设计流量

① 取水构筑物,一级泵站,原水输水管,水处理构筑物设计流量 Q_I

$$Q_I = \alpha \frac{Q_d}{T} \quad (\text{m}^3/\text{d}) \tag{4-8}$$

式中 Q_d——最高日用水量,m³/d,见式(4-7);

T——给水系统连续制水小时数,h/d,一般给水系统 24 h 连续工作,可减小构筑物规模,并使构筑物稳定运行;

α——自用水系数,为 1.05～1.10,应视给水系统中水处理情况确定,如取地下水而不需复杂处理的可取 α=1.00。

将 Q_I 绘制到用水曲线图上,即可得到制水曲线。

② 二级泵站设计流量 Q_{II}

二级泵站设计流量(供水量)应逐时等于用水量。

当配水管网中不设调节构筑物，二级泵站设计流量 Q_{II} 等于逐时用水量。这可通过水泵调速实现或多水源管网分时分级供水解决。其设计水量为 Q_h，见式（4-9）。

当配水管网中设置调节构筑物，二级泵站可实行分级供水，即在不同时段供应不等的水量，每日逐时供水量之和仍等于最高日用水量。一般二级泵站分级数不大于3，即二级泵站设计流量可为 Q'_{II}、Q''_{II}、Q'''_{II}。

将 Q'_{II}、Q''_{II}、Q'''_{II} 绘制到用水曲线图上，即可得到供水曲线。

③ 清水输水管设计流量

清水输水管设计流量与二级泵站设计流量密切相关。应取二级泵站最大供水量作为其设计流量。如果二级泵站之前的水厂内调节构筑物（清水池）储存有消防水量，其设计用水量还应考虑消防用水量 Q_x。

④ 配水管网设计流量

配水管网应保证在任何情况下满足用户用水量。因此，其设计流量按最高日最高时用水量 Q_h 确定。

$$Q_h = \frac{1000 \times K_h \cdot Q_d}{24 \times 3600} = \frac{K_h \cdot Q_d}{86.4} \quad (\text{L/s}) \qquad (4-9)$$

式中　K_h——用水量小时变化系数。

配水管网设计还应满足消防时、转输时、事故时等工况的水量和水压校核。所以还要确定上述工况的计算流量。

转输时计算流量，由二级泵站供水曲线与用水曲线比较确定最大转输时，二级泵站供水量即为转输时管网计算流量。

消防时计算流量即由 $Q_h + Q_x$ 确定。

事故时计算流量为 $70\% Q_h$。

配水管网各管段的计算流量见第六章。

配水管网分区时的设计流量讨论如下：

并联分区时，各分区的设计流量可由各区的用水曲线、制水曲线、供水曲线按前述方法确定。

串联分区时，低区管网设计流量可按高低区全天用水量，即 Q_d 的平均时流量确定。这样低区管网全天都会向高区转输水量，形成转输水量曲线，将该曲线视为高区的"制水"曲线，再根据高区用户用水曲线，拟定高区的供水曲线，也就是调节水池泵站的供水曲线。有了高区的三条曲线即可按照上述方法确定高区管网的设计流量。还可以确定调节水池和高区网中调节构筑物的调节容积。

（2）根据小时变化系数确定设计流量

① 取水构筑物，一级泵站，原水输水量，水处理构筑物设计流量 Q_I

Q_I 按式（4-8）计算。

② 二级泵站设计流量 Q_{II}

当配水管网中不设置调节构筑物时，其设计流量为 Q_h，见式（4-9）。

当配水管网设置调节构筑物时，其分级供水设计流量由于无用水变化曲线只能参照相似地区资料确定，但有一定不确定性。

③ 清水输水管设计流量

清水输水管设计流量为最高日最高时用水量 Q_h，见式（4-9）。或者按照二级泵站最大一级供水量确定，还应考虑消防用水量 Q_x。

④ 配水管网设计流量

配水管网设计流量按最高日最高时用水量 Q_h 确定，见式（4-9）。管网校核计算流量同前。

该种确定流量的方法在生产设计中常用。

（3）居住小区配水管网设计流量

小区配水管网设计流量，既不同于室内建筑给水管道的设计流量，也不同与城镇配水管网设计流量。可按照以下三种情况确定：

① 居住小区配水管网供应人数 3000 人以内，其设计流量可按管网负载供应的卫生器具给水当量总数所计算的建筑给水设计秒流量确定。

② 居住小区配水管网供应人数 3000～12000 人，其设计流量可按建筑最大小时流量确定。

③ 居住小区配水管网供应人数大于 12000 人，其设计流量可按前述的城镇配水管网设计流量确定；

工厂区配水管网设计流量可参照居住小区确定。

5 取水工程设计计算

5.1 给水水源选择

5.1.1 选择给水水源的原则

毕业设计中选择给水水源,一般应考虑以下原则:

① 所选水源应当水质良好,水量充沛,便于卫生防护。水质良好,要求原水水质符合《生活饮用水卫生标准》(GB 5749—2022)中的有关规定或符合《生活饮用水水源水质标准》(CJ 3020—93)的规定;水量充沛,要求地下水取水量小于或等于允许开采量,地表水取水量小于或等于其枯水期的可取水量;水源可取水量既要保证近期用水量,也要满足远期用水量;便于卫生防护,要求所选水源卫生防护地带设置符合《生活饮用水卫生标准》(GB 5749—2022)中的有关规定。

② 符合卫生要求的地下水,宜优先作为生活饮用水水源。

③ 所选水源可使取水、输水、净化设施安全经济和维护方便。

④ 所选水源有条件时应集中与分散取水,地下与地表取水相结合。

⑤ 所选水源具有施工条件。

根据毕业设计任务书给出的水文条件、水文地质条件,运用上述原则,经多方案比较(见第八章)选定给水水源。

5.1.2 取水位置选择

给水水源确定后,应进一步确定取水位置。对于不同种类的水体,选择取水位置应考虑的因素有所不同。但相同的都是尽可能充分利用有利取水条件,避开不利的取水条件。下面分别介绍取集地下水和取集江河水选位应考虑的因素。

(1)取集地下水选位应注意的因素

① 取水点应位于城镇和工矿企业上游,特别是取集潜水含水层地下水更是如此。

② 取水点应位于补给条件好,渗透性强,水质和卫生环境良好的地点。

③ 取水点应尽可能靠近用水区。

④ 取水井应尽可能垂直于地下水流向布置。

⑤ 取水点应尽可能考虑防洪。

⑥ 取水点的选择应考虑施工、维护、运转管理方便。

（2）取集江河水选位应注意的因素

① 取水点应避开污水排放口、泥沙沉积区、河水回流区、死水区，选在水质良好的河段。

② 取水点应位于河岸、河床稳定，靠近主流，有足够水深的河段。

③ 取水点应具有良好的工程地质、地形和施工条件。

④ 取水点应尽量靠近用水区。

⑤ 取水点应避开人工或天然障碍物的影响。

⑥ 取水点应避开冰凌的影响。

取水应根据毕业设计任务书提供的水文地质勘察资料，如水文地质图、水文地质剖面图、钻孔柱状图、河流水文、地质、冰冻、河床、地质等资料，综合考虑选位的各种因素，正确地确定取水位置。

5.2 取水构筑物设计计算

5.2.1 取水构筑物选型

根据所确定的取水位置，应考虑地下水埋深、含水层厚度及层数、含水层岩性等因素确定地下水取水构筑物的形式，见表 5-1。应考虑取水河段的水深、水位及其变化幅度，岸坡、河床的形状，河水含沙量分布，冰冻与漂浮物，取水量及安全度等因素确定江河水取水构筑物形式，见表 5-2～表 5-7。

表 5-1　地下水取水构筑物的种类和适用范围

形式	尺寸	深度	水文地质条件			出水量
			地下水埋深	含水层厚度	水文地质特征	
管井	井径为 50～1000 mm，常用为 150～600 mm	井深为 10～1000 m，常用为 300 m 以内	在抽水设备能解决的情况下不受限制	厚度一般在 5 m 以上	适用于任何砂、卵、砾石层、构造裂隙、岩溶裂隙	单井出水量为 500～6000 m³/d，最大为 30000 m³/d
大口井	井径为 2～12 m，常用为 4～8 m	井深为 20 m 以内，常用为 6～15 m	埋深较浅，一般在 10 m 以内	厚度为 5～15 m	适用于任何砂、卵、砾石层，渗透系数最好在 20 m/d 以上	单井出水量为 500～1000 m³/d，最大为 30000 m³/d

形式	尺寸	深度	水文地质条件			出水量
			地下水埋深	含水层厚度	水文地质特征	
辐射井	同大口井	同大口井	同大口井	同大口井,能有效地开采水量丰富、含水层较薄的地下水和河床下渗透水	含水层最好为中粗砂或砾石,不得含有漂石	单井出水量为5000～50000 m³/d
渗渠	管径0.45～1.5 m,常用为0.6～1.0 m	埋深为7 m以内,常用为4～6 m	埋深较浅,一般在2 m以内	厚度较薄,为4～6 m	适用于中砂、粗砂、砾石或卵石层	为10～30 m³/d·m,最大为100 m³/d·m

表5-2 岸边式取水构筑物形式、特点和适用条件

形式		特点	适用条件
合建式		(1) 集水井与泵房合建,设备布置紧凑,总建筑面积较小; (2) 吸水管路短,运行安全,维护方便	(1) 河岸坡度较陡,岸边水流较深,且地质条件好以及水位变幅和流速较大的河流; (2) 取水量大和安全性要求较高的取水构筑物
合建式分为三种	底板呈阶梯布置	(1) 集水井与泵房底板呈阶梯布置; (2) 可减小泵房深度,减少投资; (3) 水泵起动需采用抽真空方式,起动时间较长	具有岩石基础或其他较好的地质,可采用开挖施工
	底板水平布置（采用卧式泵）	(1) 集水井与泵房布置在同一高程上; (2) 水泵可设于低水位下,起动方便; (3) 泵房较深,巡视检查不便,通风条件差	在地基条件较差,不宜作阶梯布置以及安全性要求较高、取水量较大的情况,可采用开挖或沉井法施工
	底板水平布置（采用立式泵）	(1) 集水井与泵房布置在同一高程上; (2) 电气设备可布置于最高水位以上,操作管理方便,通风条件好; (3) 建筑面积小; (4) 检修条件差	在地基条件较差,不宜作阶梯布置以及河道水位较低的情况下

续表5-2

形式	特点	适用条件
分建式	（1）泵房可离开岸边，设于较好的地质条件下； （2）维护管理及运行安全性较差，一般吸水管布置不宜过长	（1）在河岸地质条件较差，不宜合建时； （2）建造合建式对河道断面及航道影响较大时； （3）水下施工有困难，施工装备力量较差时

表 5-3　斗槽式取水构筑物形式、特点和适用条件

形式	特点	适用条件
顺流式斗槽	（1）斗槽中水流方向与河流流向一致； （2）由于斗槽中流速小于河水的流速，当河水正向流入斗槽时，其动能迅速转化为位能，在斗槽进口处形成壅水与横向环流； （3）由于大量的表层水流进入斗槽，流速较小，大部分悬移质泥沙下沉；河底推移质泥沙随底层水流出斗槽，故进入斗槽泥沙较少，潜冰较多	冰凌情况不严重，含沙量较高的河流
逆流式斗槽	（1）斗槽中水流方向与河流流向相反； （2）水流顺着堤坝流过时，由于水流的惯性，在斗槽进口处产生抽吸作用，使斗槽进口处水位低于河流水位； （3）由于大量的底层水流进斗槽，故能防止漂浮物及冰凌进入槽内，并能使进入斗槽中的泥沙下沉，潜冰上浮，故泥沙较多，潜冰较少	冰凌情况严重，含沙量较少的河流
侧坝进水逆流式斗槽	（1）在斗槽渠道的进口端建两个斜向的堤坝，伸向河心； （2）斜向外侧堤坝能被洪水淹没，斜向内侧堤坝不能被洪水淹没； （3）发洪水时，洪水流过外侧堤坝，在斗槽内产生顺时针方向的环流，将淤积于斗槽内的泥沙带出槽外，另一部分河水顺着斗槽流向取水构筑物	含沙量较高的河流
双向进水斗槽	（1）具有水流式和逆流式斗槽的特点； （2）当夏秋汛期河水含沙量大时，可利用顺流式斗槽进水，当冬春冰凌严重时，可利用逆流式斗槽进水	冰凌情况严重，同时含沙量亦较高的河流

表 5-4　河床式取水构筑物形式、特点及适用条件

形式	特点	适用条件
自流管取水	(1) 集水井设于河岸上,可不受水流冲刷和冰凌碰击,亦不影响河床水流; (2) 进水头部深入河床,检修和清洗方便; (3) 在洪水期,河流底部泥沙较多,水质较差,集水井常沉积大量泥沙不易清除; (4) 冬季保温,防冻条件比岸边好	(1) 河床较稳定,河岸平坦,主流距河岸较远,河岸较浅; (2) 岸边水质较差; (3) 水中悬浮物较少
自流管及设集水孔进水井取水	(1) 在非洪水期,利用自流管取得河心水质较好的水;而在洪水期利用集水井上进水孔取得上层水质较好的水; (2) 比单用自流管进水安全可靠	(1) 河岸较平坦,枯水期水流离岸边又较远的情况下; (2) 洪水期含沙量较大
虹吸管取水	(1) 减少水下施工工作量和自流管的大量挖方; (2) 虹吸进水管的施工质量要求高,在运行管理上亦要求保持管内严密不漏气; (3) 需装设一套真空管路系统,当虹吸管路较大时,起动时间长,运行不便	(1) 在河流水位变化幅度较大,河滩宽阔,河岸又高,自流管埋深较深时; (2) 枯水期时,主流离岸较远而水位较低; (3) 受岸边地质条件限制,自流管需埋设在岩层时; (4) 在防洪堤内建泵房又不可破坏防洪堤时
水泵吸水管直接取水	(1) 不设集水井,施工简单,造价低; (2) 要求施工质量高,不允许吸水管漏气; (3) 在河流泥沙颗粒粒径较大时,易堵塞且水泵叶轮磨损较快; (4) 吸水管不宜过长; (5) 利用水泵吸高,可减小泵房埋深	(1) 水泵允许吸高较大,河流漂浮物较少,水位变幅不大; (2) 取水量小
桥墩式取水	(1) 取水构筑物建在河心,需较长引桥,由于减少了水流断面,使构筑物附近造成冲刷,故基础埋置较深; (2) 施工复杂,造价较高,维护管理不便; (3) 影响航运	(1) 取水量较大,岸坡较缓,不宜建岸边取水构筑物时; (2) 河道内含沙量较高,水位变幅较大; (3) 河床地质条件较好

续表5-4

形式	特点	适用条件
淹没式泵房取水	（1）集水井、泵房常年位于洪水位以下,洪水期处于淹没状态; （2）泵房深度浅,土建投资较省; （3）建筑物隐蔽好; （4）泵房通风条件差,噪音大,操作管理及设备检修运输不方便; （5）洪水期格栅难以起吊、冲洗	（1）河岸地基较稳定; （2）水位变幅大,但洪水期时间较短,长时间为平枯水期水位的河流; （3）含沙量较少的河流
湿式泵房取水	（1）泵房下部为集水井,上部（洪水位以上）为电动机操作室,运行管理方便; （2）采用深井泵可减少泵房面积,水泵检修麻烦,井筒淤沙难以清除; （3）在河水含沙量和沙粒粒径较大时,需采用防沙深井泵或采取相应措施（如用斜板取水头部）	水位变幅大（大于 10 m）,尤其是骤长骤落（每小时水位变幅大于 2 m）,水流流速较大

表 5-5　底栏栅式取水构筑物的特点和适用条件

特点	适用条件
（1）利用带栏栅的引水廊道垂直于河流取水; （2）常发生坝前泥沙淤积,格栅堵塞	（1）适用于河床较窄,水深较浅,河底纵向坡较大,大颗粒推移质特别多的山溪河流; （2）要求截取河床上径流水及河床下潜流水之全部或大部分的流量

表 5-6　移动式取水构筑物形式、特点和适用条件

形式	特点	适用条件
缆车式取水	（1）施工较固定式简单,水下工程量小,施工期短; （2）投资小于固定式,但大于浮船式; （3）比浮船式稳定,能适应较大风浪; （4）生产管理人员较固定式多,移动困难,安全性差; （5）只能取岸边表层水,水质较差; （6）泵车内面积和空间较小,工作条件差	（1）河水水位涨落幅度较大（在 10～35 m 之间）,涨落速度不大于每小时 2 m; （2）河床比较稳定,河岸工程地质条件较好,且岸坡有适宜的倾角（在 10°～28° 之间）; （3）河流漂浮物较少,无冰凌,不易受漂木、浮筏、船只撞击; （4）河段顺直,靠近主流; （5）由于牵引设备的限制,泵车不宜过大,故取水量较小

形式	特点	适用条件
浮船式取水	(1) 工程用材少、投资小，无复杂水下工程，施工简便、上马快； (2) 船体构造简单； (3) 在河流水文和河床易变化的情况下，有较强的适应性； (4) 水位涨落变化较大时，除摇臂式接头形式外，需要更换接头，移动船位，管理比较复杂，有短时停水的缺点； (5) 船体维修养护频繁，怕冲撞，对风浪适应性差，供水安全性差	(1) 河流水位变化幅度在10～35 m或更大范围，水位变化速度不大于2 m/h，枯水期水深不大于1 m，且流水平稳，风浪较小，停泊条件良好的河段； (2) 河床较稳定，岸边有较适宜的倾角，当联络管采用阶梯式接头时，岸坡角度以20°～30°左右为宜；当联络管采用摇臂式接头时，岸坡角度可达60°或更陡些； (3) 无冰凌、漂浮物少的河流。没有浮筏，船只和漂木等撞击的可能
潜水泵直接取水	(1) 施工简单，水下工程量小，施工方便； (2) 投资较省	(1) 临时供水； (2) 漂浮物和泥沙含量较少； (3) 取水规模小

表 5-7　低坝式取水构筑物的特点和适用条件

形式	特点	适用条件
固定低坝式	在河水中设置垂直于河床的固定式低坝，以提高水位，在坝上游岸边设置进水闸或取水泵房；常发生坝前泥沙淤积	适用于枯水期流量特别小，水浅，不通航，不放筏，且推移质不多的小型山溪河流
活动低坝式（水力自动翻板闸低坝式取水）	利用水力自动启闭的活动阀门，洪水时能自动而迅速地开启，泄洪排沙；水退时能迅速自动关闭，抬高水位满足取水需要，大大减少了坝前泥沙淤积，取水安全可靠	适用于枯水期流量特别小，水浅，不通航，不放筏的小型山溪河流
活动低坝式（橡胶低坝）	利用柔性薄壁材料做成的橡胶坝改变挡水高度，充水（气）可挡水，以提高水位，满足取水要求，排水（气）可泄洪； 坝体可预先加工，施工安装简便，可大大缩短工期，节省劳动力，可节省大量建筑材料及投资，止水效果好，抗震性能好； 坚固性及耐久性差，且易受机械损伤，破裂后水下粘补技术尚未解决，检修困难	适用于枯水期流量特别小，水浅，不通航，不放筏，且推移质较少的小型山溪河流

5.2.2 水源地工艺设计

确定了取水构筑物型式后,应根据近、远期取水量确定地下水取水管井数量,即井群及其布置;确定江河水取水构筑物的远期预留;确定其他辅助构筑物和建筑物;确定水源地卫生防护地带;进行水源地平面和高程布置。

5.2.3 取水构筑物设计计算

5.2.3.1 管井及井群设计计算

（1）设计计算依据

设计计算依据包括含水层影响半径 R,渗透系数 K,d_{50},允许降深,试验井结构、间距,抽水试验资料和钻孔柱状图。

（2）设计计算方法与内容

① 利用单井抽水试验资料,选用经验公式,见表 5-8,计算单井出水量。当设计井与试验井井径不同时可用下面公式修正设计井单井出水量。

表 5-8 井的出水量 Q 和水位降落值 S 曲线

	经验公式	Q-S 曲线	转化后的公式	转化后的曲线
直线型	$Q=qS$	$Q=qS$		
抛物线型	$S=aQ+bQ^2$	$S=aQ+bQ^2$	$S_0=a+bQ$ $S_0=S/Q$	$S_0=a+bQ$
幂函数型	$Q=nS^{1/m}$	$Q=n\cdot\sqrt[m]{S}$	$\lg Q=\lg n+1/m\lg S$	$\lg Q=\lg n+\dfrac{1}{m}\lg S$

	经验公式	Q-S 曲线	转化后的公式	转化后的曲线
半对数型	$S=a+b\lg S$		$Q=a+b\lg S$	

在透水性较好的承压含水层：

$$Q_1/Q_2 = r_1/r_2 \qquad (5\text{-}1)$$

在无压含水层：

$$Q_1/Q_2 = \sqrt{r_2}/\sqrt{r_1} - n \qquad (5\text{-}2)$$

式中　Q_1,Q_2——设计井和试验井出水量，$\mathrm{m^3/d}$；

　　　　r_1,r_2——设计井和试验井的半径，m；

　　　　n——系数，$n=0.021(r_2/r_1-1)$。

② 根据设计取水量和单井出水量，初定井群数量和井群排列方式。

③ 利用互阻抽水试验资料，进行井群互阻计算，确定井数和井群布置方案。按10%的水量设置备用井。

5.2.3.2　河床式取水构筑物设计计算

（1）设计计算依据

设计计算依据河流取水断面的水位：$P=1\%$最高水位，$P=90\%\sim97\%$最低水位，水位变化速度；取水断面的河岸、河床断面图，河床底质组成；取水断面的泥沙、漂浮物的分布，冰冻情况等。

（2）设计计算方法与内容

① 取水头部设计

取水头部形式选择见表5-9、表5-10，外形选择见表5-11。

表 5-9　固定式取水头部特点、设计要求及适用条件

形式	特点及设计要求	适用条件
管式取水头部（喇叭管取水头部）	（1）构造简单。 （2）造价较低。 （3）施工方便。 （4）喇叭口上应设置格栅或其他拦截粗大漂浮物的措施。 （5）格栅的进水流速一般不宜过大，必要时还应考虑有反冲或清洗措施	（1）顺水流式：一般用于泥沙或漂浮物较多的河流。 （2）水平式：一般用于纵坡较小的河段。 （3）垂直式（喇叭口向上）：一般用于河床较陡、河水较深处，无冰凌、漂浮物较少，而又较多推移质的河流。 （4）垂直式（喇叭口向下）：一般用于直吸式取水泵房

续表5-9

形式	特点及设计要求	适用条件
蘑菇取水头部	（1）头部高度较大,要求在枯水期仍有一定水深。 （2）进水方向系自帽盖底下曲折流入,一般泥沙和漂浮物带入较少。 （3）帽盖可做成装配式,便于拆卸检修。 （4）施工安装较困难	适用于中小型取水构筑物
鱼形罩及鱼鳞式取水头部	（1）鱼形罩为圆孔进水;鱼鳞罩为条缝进水。 （2）外形圆滑,水流阻力小,防漂浮物、草类效果较好	适用于水泵直接吸水式的中小型取水构筑物
箱式取水头部	钢筋混凝土箱体可采用预制构件,根据施工条件作为整体浮运或分成几部分在水下拼接	适用于水深较浅,含沙量较少,以及冬季潜冰较多的河流,且取水量较大时
岸边隧洞式喇叭口形取水头部	（1）倾斜喇叭口形的自流管管口;进水部分采用插板式格栅。 （2）根据岸坡基岩情况,自流管可采用隧洞掘进施工,最后再将取水口部分岩石进行爆破通水。 （3）可减少水下工作量,施工方便,节省投资	适用于取水量大,取水河段主流近岸,岸坡较陡、地质条件较好时
桩架式取水头部	可用木桩和钢筋混凝土桩,打入河底柱的深度视河床地质和冲刷条件决定。 框架周围宜加以防护,防止漂浮物进入。 大型取水头部一般水平安装,可向下弯	适用于河床地质宜打桩和水位变化不大的河流

表 5-10 活动式取水头部特点及设计要点

形式	特点及设计要点
软管活动取水头部	（1）软管式活动取水头部采用橡胶管,利用一个浮筒带一个取水头部,橡胶管一端与取水头联结,一端接入钢制叉形三通,焊接在自流管进口的喇叭口支座上。 （2）为保证枯水期取水,取水头下缘距河底的距离不小于 0.5 m。 （3）注意水流流向的稳定性

形式	特点及设计要点
伸缩罩活动取水头部	(1)取水头部的取水喇叭口向上,进水活动罩卡在喇叭口上,活动罩上有格栅顶盖,以防止漂浮物进入头部。 (2)活动罩用钢丝绳与钢浮筒连接,随着水位升降改变进水口高程。 (3)适用于枯水水深大于1 m时

表 5-11　取水头部外形

平面外形	图示	要点
长圆形	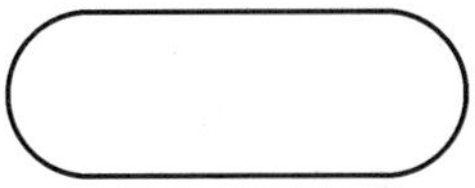	$\dfrac{L}{D}$宜取2.5～4.0,水力条件稍差,但施工、设备布置和安装方便
多边形	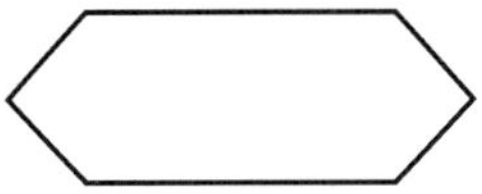	α宜取60°～90°,水力条件较好,施工、设备布置和安装方便
矩形	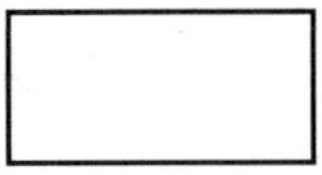	$\dfrac{L}{B}$宜取2.5～4.0,水力条件差,但施工、设备布置和安装方便
方形		水力条件差,施工较方便
圆形	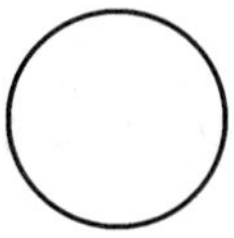 常用	施工方便,适用于主流多变
尖圆形	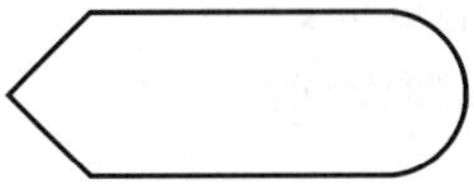	水力条件好,适用于冰势较强,冰层厚度小于0.75 m的河流。外形尺寸要求:上游尖端角在岩石层时采用90°～100°;在土质层时采用70°～80°;其直线交角的圆弧半径不小于0.5 m;下游端做成半圆形
六边形	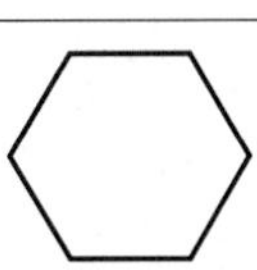	用于水库、湖泊取水
流线形		水力条件好,但施工不便

续表5-11

平面外形	图示	要点
卵形		水力条件较好,可减少漂浮物挂堵,但施工不便
水滴形		水力条件较好,但施工和设备布置安装不便,α 宜取 20°

② 进水孔设计

a. 进水孔布置。当河水含沙量大,且竖向分布不均匀,应顶部开孔;当有漂浮物或流冰应侧面开孔;当泥沙和漂浮物较少时应在背水面开孔;不宜在迎水面开孔。

b. 进水孔高程。确定进水孔在最低水位下的淹没深度和进水孔下缘距河床的高度。

c. 确定进水孔、格栅面积。

d. 确定取水头部构造尺寸。

③ 进水管设计

a. 确定进水管型式。进水管有自流管和虹吸管两种。自流管取水可靠性较高,敷设管道土石方和水下施工量大。虹吸管取水头部可靠性不如自流管,敷设管道土石方和水下施工量小,可减少集水间深度。

b. 进水管水力计算。计算确定管径及水头损失。按水力学简单管路水头损失计算方法计算。

c. 进水管校核计算。计算 70% 设计取水量通过一根进水管时的水头损失。

d. 确定进水管安装高程。

④ 集水间设计

a. 确定集水间型式。集水间可分为淹没式和非淹没式,集水间也可分为合建式和分建式。

b. 确定格网面积。

c. 确定集水间平面尺寸。确定进、吸水室宽度和隔墙间距。

d. 集水间标高计算。计算集水间最低水位,底部、顶面标高。

e. 确定格网起吊设备。

f. 起吊架标高计算。根据集水间顶面标高、格网高度和起吊设备最小高度计算。

g. 冲洗、排泥等设备选配。

6 输配水工程设计计算

输配水工程由输水管、配水管网、泵站和调节构筑物组成。输配水工程设计是给水工程毕业设计内容之一。

6.1 输水管设计计算

6.1.1 设计计算依据

输入管设计计算依据设计流量,输水水质,输水区地形图及工程地质资料,输水起点、终点高程等。

6.1.2 设计计算方法与内容

根据输送水量、水质,输水距离,输水地形和城乡建设规划,考虑采用的输水管渠型式,输水方式,输水安全度(见表6-1),附属构筑物、附件的设置,在地形图上初定几种可能的定线方案,经方案比较后,选定输水方案。

表 6-1 输水管渠适用条件

分类依据	种类	适用条件及特点
管渠形式	明渠或河道	适用输送大流量原水,损耗大,易污染,造价低
	暗渠或隧洞	适用输送大流量原水,损耗小,不易污染,造价高
	管道	适用输送小流量清水、原水,无损耗,不宜污染,常用
输水方式	压力	适用输水起点低于输水终点或地势平坦,常用
	重力	适用输水起点高于输水终点
	压力-重力	适用输水地形起伏变化
输水安全	单管	适用于多水源,单水源时安全性差。
	单管加水池	适用于工程建设初期,具有一定安全性
	双管加连接管	适用于单水源,事故检修便于切换,安全性高

输水管渠定线原则如下：

① 沿现有道路或规划道路；

② 尽量缩短输水距离；

③ 充分利用地形高差，优先考虑重力输水；

④ 尽可能避开障碍物和工程地质条件不良地区；

⑤ 减少拆迁，少占农田，不占良田；

⑥ 便于施工、运行、维护。

6.1.3　输水管水力计算

（1）输水管管径 D

$$D=\sqrt{\frac{4Q}{\pi v_e}}　（\text{mm}）\qquad(6\text{-}1)$$

式中　Q——输水管设计流量，m^3/s；

　　　　v_e——平均经济流速，m/s，$D=100\sim400$ mm，$v_e=0.6\sim0.9$ m/s；$D\geqslant400$ mm，$v_e=0.9\sim1.4$ m/s。

（2）输水管水头损失 h

$$h=(1.05\sim1.10)il　（\text{m}）\qquad(6\text{-}2)$$

式中　i——水力坡度，可查水力计算表；

　　　　l——计算管段长度，m；

　　　　$1.05\sim1.10$——局部水头损失系数。

6.1.4　加压泵站或分区水池设计

当输水管需分段时作此项设计计算。

6.1.5　管材选择与附件、配件布置

管材、输水管阀门、配件选用可参照《给水排水设计手册》第 12 册。

6.2　配水管网设计计算

6.2.1　设计计算依据

配水管网设计计算依据设计计算流量和校核计算流量，建设规划资料（路网、竖向规划、

管线综合等),用户分布及用水状态,配水源及网中调节构筑物形式与位置等。

6.2.2 设计计算方法与内容

6.2.2.1 确定配水管网方案

根据设计依据资料,确定配水管网方案,应考虑城镇地形的影响。在城镇竖向规划基础上,利用高地实现部分或全部重力配水,防止低地配水管网水压过高,地形起伏变化的可采取分区配水。

应考虑配水管网适当的可靠度。有条件的应采取多水源配水,环状与树状相结合配水。如建设初期采用树状网,远期连接成环。城市中心地带常采用环状网,边缘地带采用树状网。

应考虑用户的水质、水压要求不同,地形起伏变化,天然障碍物分隔等因素,采用分质、分压、分区配水,各区之间可以串联、并联或串、并联结合。

应考虑给水工艺要求,配水管网遍布整个给水区,设置必要的加压泵站、调节水池泵站、补压井、高地水池等附属构筑物和附件。

应考虑随着城市的发展配水管网分期建设的可能与安排。

配水管网方案的确定应经多方案比较,全面考虑上述因素。

6.2.2.2 配水管网定线

配水管网由干管和分配管组成,干管定线应满足下列要求:

① 干管的延伸方向应当与二级泵站供水到用户、大用户和网中调节构筑物的水流方向一致;

② 沿水流方向平行布置数条干管,干管间距为 500~800 m;

③ 垂直干管延伸方向平行布置数条连接管,使干管成环。连接管间距为 800~1000 m;

④ 干管应布置在两侧均有用户的现有或规划道路上,并符合城市管线综合要求;

⑤ 干管应尽量避免穿越障碍物,穿越时应按有关技术规范执行。

分配管是指连接于干管,直至用户的管道。城市配水管网定线仅限于干管,居住小区或厂区配水管网定线则还包括分配管。

6.2.2.3 配水管网水力计算

管网水力计算的目的,是确定管网各管段的管径和水头损失或管网水头损失,为选配二级泵站提供依据。

管网水力计算,按配水源数目不同,可分为单水源管网、多水源管网计算;按管网图形结构不同,可分为树状管网、环状管网和混合管网计算;按管网工况可分为最高日用水时、消防时、转输时、事故时管网计算;按管网是否分区可分为统一管网、并联分区、串联分区管网计算;按管网规模不同可分为城市管网、小区管网、厂区管网计算。不同的计算课题,计算方法有所不同。

（1）树状管网水力计算

① 根据管网定线图，划分出所谓干线和支线。干线是指自配水源至控制点沿线的管段。

② 根据不同工况的配水源配水量，计算节点流量。利用下式计算各管段流量：

$$Q_i + \sum q_{ij} = 0 \qquad (6\text{-}3)$$

式中　Q_i——管网第 i 节点的节点流量，L/s；

　　　q_{ij}——与第 i 节点相接的管段流量，L/s；

　　　$\sum$——与第 i 节点相接的各管段流量代数和，管段水流流向节点的取负号，反之取正号。

树状管网管段流量也可以直接用计算得到节点流量确定，即任一管段流量等于其下游节点流量之和。

③ 按最高日用水时计算确定干线各管段管径和水头损失，可用式（6-1）、式（6-2）计算。按下式计算管网水头损失 h_n：

$$h_n = \sum_{ij \in LM} h_{ij} \qquad （\text{m}） \qquad (6\text{-}4)$$

式中　h_{ij}——管段水头损失，m；

　　　LM——干管管段集合。

④ 支线水力计算，根据支线起点即干线已知节点水压和支线终点的服务水头以及支线长度，计算支线水力坡度，选定支线管径。支线水力计算也可按串联管道分段计算。

树状管网还应进行不同工况的水量水压校核计算，详见环状管网计算。

（2）环状管网水力计算

环状管网计算有多种方法，但基本的计算方法有三种：

① 解管段方程组法。管段方程组由 $J-1$ 个节点方程［见式（6-3）］和 L 个环方程组成：

$$\left. \begin{array}{l} Q_i + \sum q_{ij} = 0 \\ \vdots \end{array} \right\} J-1 \text{ 个}$$

$$\left. \begin{array}{l} \sum h_{ij} = \sum s_{ij} q_{ij}^n = 0 \\ \vdots \end{array} \right\} L \text{ 个}$$

式中　s_{ij}——ij 管段摩阻；

　　　n——水头损失计算指数；

　　　其余符号含义同前。

将 L 个关于 q_{ij} 非线性方程组线性化后，方程组为 $P(P=L+J-1)$ 个关于 q_{ij} 的线性方程组成，解此线性方程组即可得到 P 个管段流量。进一步计算确定各管段和水头损失，管网水头损失 h_n 按下式计算：

$$h_n = \sum_{ij \in LM} h_{ij} \tag{6-5}$$

式中 LM——从管网配水点至控制点任一路径上管段集合。

由于管网的管段数众多,该方法计算工作量会很大,不宜手工计算,可经编程利用计算机计算。现已有编制好的程序供使用。

② 解节点方程组法。将 $J-1$ 个节点方程中的管段流量利用压降方程代换为节点水压,即可得到以节点水压为未知量的节点方程组:

$$\left. \begin{array}{c} Q_i + \sum \left(\dfrac{H_i - H_j}{s_{ij}} \right)^{\frac{1}{n}} = 0 \\ \vdots \end{array} \right\} J-1 \text{ 个} \tag{6-6}$$

式中 H_i, H_j——ij 管段两端点的节点水压标高,m。

该方程组的解法很多,常用哈代-克罗斯迭代法。方程组的解是节点水压,进一步计算确定各管段管径和水头损失、管网水头损失,见式(6-6)。该计算方法,工作量仍然很大,也不宜手工计算,可经编程利用计算机计算。现已有编制好的程序供使用。

③ 解环方程组法。对于 L 个环方程,见式(6-5),引入一个基环校正流量,使之满足:

$$\sum h_{ij} = \sum s_{ij} (q_{ij} + \Delta q_i)^n = 0 \tag{6-7}$$

式中 Δq_i——管网各基环的校正流量,$i=1,2,\cdots,l$。

解该方程组得到 $\Delta q_1, \Delta q_2, \cdots, \Delta q_i$。哈代-克罗斯迭代法的校正流量为:

$$\Delta q_i = -\frac{\Delta h_i}{2 \sum (sq)_i} \quad i=1,2,\cdots,l \tag{6-8}$$

或

$$\Delta q_i = -\frac{\Delta h_i}{n \sum |sq^{n-1}|_i} \quad i=1,2,\cdots,l \tag{6-9}$$

式中 Δh_i——基环水头损失闭合差,即由初分管段流量计算的基环各管段水头损失代数和。基环管段水流向顺时针取正号,反之取负号。

满足式(6-8)所确定的管径和水头损失即是计算结果,管网水头损失仍按式(6-6)计算。该种计算方法计算工作量相对较少,因此可以手工计算,也可以编程后利用计算机计算。现已有编制好的程序供使用。

下面主要介绍以解环方程组法为基本方法的管网水力计算。

A. 单水源环状管网水力计算

a. 计算最高用水时节点流量;

b. 按式(6-3)初分管段流量,按式(6-1)确定管段管径;

c. 上机准备。

进一步计算分析系统水压关系。以设有对置水塔管网为例:

最高用水时是配水管网设计工况,此时管网的配水量 Q_p,管网所需水压 H_p,是选配水泵进行二级泵站工艺设计的依据,水塔高度 H_t 是设计水塔的依据。因此:

Q_p 为最高用水时条件下二级泵站供水量。

H_p 为最高用水时条件下二级泵站扬程：

$$H_p = Z_c + H_f + h_{np} + h_s + h_d \quad (\text{m}) \tag{6-10}$$

H_t 为最高用水时条件下的水塔高度：

$$H_t = H_f + h_{nt} - (Z_t - Z_c) \quad (\text{m}) \tag{6-11}$$

式中　Z_t, Z_c——分别为水塔设置点、管网控制点与清水池最低水位的高程差，m；

　　　h_{np}, h_{nt}——分别为管网控制点至二级泵站、水塔的管网水头损失，m；

　　　H_f——管网控制点服务水头，m；

　　　h_s——二级泵站吸水管路水头损失，m；

　　　h_d——二级泵站压水管路及清水输水管水头损失，m。

B. 混合管网水力计算

混合管网是由环状和树状管网组成。如仍用前述方法计算，可将管网的环状部分与树状部分分开，分别用前述方法计算。分开时先将树状部分各节点流量累加到与环状网相连接的节点上，进行环状管网水力计算后，再根据连接节点的已知水压，计算树状网，从而完成混合管网的水力计算。

C. 多水源管网水力计算

多水源管网水力计算，除了完成单水源管网计算任务外，还要确定各水源的配水水量和配水压力。具体计算步骤如下：

a. 根据各配水源供水能力，初定配水量和管网供水范围。在范围内分配水量、流量。

b. 进行管网水力计算（方法同前），根据计算结果选择二级泵站水泵或确定水塔高度。

c. 自各配水源或水塔引出虚管线，交汇于虚节点。确定虚管线水压方程：

水泵虚管线水压方程：$H_p = H_b - S_p Q_{p2}$

水塔虚管线水压方程：$H_t = $ 常数

$H_p = H_b - S_p Q_{p2}$ 为所选水泵的特性曲线（并联后的）；H_t 为确定的水塔高度。虚管线水压符号规定：流向虚节点为正；流离虚节点为负。

d. 运用虚环概念，将多水源管网水力计算转化为单水源管网水力计算，计算方法同前。此时的计算实际是考虑了各配水源泵站、管网和水塔联合工作条件。计算得到的泵站配水源配水量和水压，决定了水泵工况点，这可检验水泵的选择，同样也可以进行多水源管网水量水压校核计算。

D. 串、并联分区的管网水力计算

在确定了管网设计水量（配水量）之后，管网的水力计算可按前述单水源管网计算方法在各区分别计算即可。

6.2.2.4　管材选择与管网附件布置

管材选择应根据水压、外部荷载、土的性质、施工维护和材料供应等条件确定。

管网附件布置如下：

① 阀类

配水管网应根据管道连接情况设置分区检修阀门,并且能满足事故管段切断的需要、管网区域检漏的需要。阀门间距不应超过 5 个消火栓的布置长度。配水管道的隆起点应装设排(进)气阀,低凹点应装设泄水阀,限制水流流向处应装止回阀,消火栓前应装设阀门。

② 消火栓

负有消防任务的配水管网应设置消火栓。消火栓间距不应大于 120 m,消火栓接管应为直径不小于 100 mm 的分配管,气候寒冷地区应采用地下式消火栓,气候温暖地区应采用地上式消火栓。消火栓尽可能设在交叉路口,距建筑物不小于 5 m,距车行道边不大于 2 m。

③ 管道配件

根据管材和管道连接情况正确选择配件、标准配件和特种配件。现有标准配件有铸铁配件、钢制配件。

6.3 泵站设计计算

6.3.1 一级泵站(取水泵站)设计计算

6.3.1.1 设计计算依据

一级泵站设计计算依据设计流量,取水河段的 $P=1\%$ 水位和 $P=90\%\sim97\%$ 水位,地下水的设计动水位,原水输水管水头损失,输水终点高程,取水构筑物工艺设计等。

6.3.1.2 设计计算方法与内容

(1)选泵

根据设计流量和设计扬程选择水泵型号和数量。根据水泵串、并联曲线和输水管特性曲线,检查水泵工况点是否位于水泵高效段。对于水源水位变化幅度大的,还应绘制出水源不同水位,特别是常水位的输水管特性曲线,检查此时水泵工况点以及确定一级泵站水量水压调整的方法。

为保证一级泵站取水量均匀,水源水位变化幅度大的应选 $Q\text{-}H$ 曲线陡削型的水泵,水源水位变化幅度小的可选用 $Q\text{-}H$ 曲线平缓的水泵。

为减少泵房面积,地表取水时水泵型号台数不宜过多,选用效率较高的大泵或立式泵,但还需要考虑运行调度方便。管井取集地下水时可选用深井潜水泵。

为减少泵房高度,应选用允许吸上真空大或汽蚀余量小的水泵,以提高水泵的安装高度。

为保证取水安全,应设置一定数量的备用泵。当水源水为高浊度水时,应按设计流量的 $30\%\sim50\%$ 设置备用泵。

（2）水泵安装高度计算

取水泵房卧式离心水泵安装高度，决定了水泵启动方式和泵房高度。根据取水泵房水泵启停不频繁的特点，可考虑水源高水位时自灌启动，即水泵轴心安装高度应满足水泵外壳顶点低于吸水室的高水位；水源低水位时非自灌启动，即可利用允许吸上真空高度的特性，水泵轴心安装高度应满足下式的要求。

$$Z_s < H_s - \frac{v_1^2}{2g} - \left[il + \sum \zeta \frac{v^2}{2g} \right] \quad \text{（m）} \tag{6-12}$$

式中　Z_s——水泵安装高度，m；

$\quad\quad H_s$——水泵样本绘出的最大允许吸上真空高度，水泵若处于非标准状况下工作应对高程和水温进行修正，m；

$\quad\quad v_1$——水泵吸入口流速，m/s；

$\quad\quad i$——水泵吸水管路水力坡度；

$\quad\quad l$——水泵吸水管路长度，m；

$\quad\quad \zeta$——吸水管局部阻力系数；

$\quad\quad v$——吸水管水流速度，m/s。

其他类型水泵的安装详见产品样本中的安装说明。

（3）水泵附属设备选择

水泵附属设备包括动力设备及调速装置，真空引水设备，起重设备，排水设备，通风设备等。

真空引水方式有很多种，其中采用最多、适用性最强的是真空泵直接抽气引水。设备有真空泵和气水分离器。通常采用2台真空泵合用一套气水分离器。真空泵可根据所需抽气流量和最大真空值选用。

① 真空泵抽气流量

$$W = K \frac{W_1 + W_2}{T} \frac{H_g}{H_g + Z_s} \quad \text{（m}^3\text{/min）} \tag{6-13}$$

式中　W_1——吸水管内空气容积，m³，见表6-2；

$\quad\quad W_2$——泵壳内空气容积，m³，大约相当于吸入口面积乘吸入口到阀门的距离；

$\quad\quad H_g$——大气压的水柱高度，取10.33 m；

$\quad\quad Z_s$——水泵安装高度，m；

$\quad\quad T$——水泵抽水时间，不宜超过5 min；

$\quad\quad K$——漏气系数，采用1.05～1.10。

表6-2　水泵管路的空气容量

管径/mm	100	125	150	200	250	300	350	400	450	500	600	700	800	900	1000
空气容量/m³	0.008	0.012	0.018	0.031	0.049	0.071	0.096	0.126	0.159	0.196	0.282	0.385	0.503	0.636	0.785

② 最大真空值

$$H_{Vmax} = Z_s \times 73.6 \quad (\text{mmHg}) \tag{6-14}$$

（4）泵房平面工艺布置

取水泵房布置水泵机组、管路和附属设备时，既要满足操作、检修及发展的要求，又要尽量减小泵房面积，其措施有：

① 卧式水泵机组呈顺倒转双行排列，或机组相互垂直排列；

② 一台水泵的吸、压水管加套管穿越另一台水泵基础；

③ 水泵压水管上的止回阀和转换阀布置在泵房外的阀门井内；

④ 尽量采用非标小尺寸管配件；

⑤ 充分利用空间，将附属设备和配电设备设在不同高度的平台上。

泵房平面尺寸，取决于水泵机组尺寸和吸、压水管路及其附件和配件的布置。水泵机组尺寸可从产品样本获得，吸、压水管管径可根据设计流量和流速（表 6-3）设计确定。附件的设置由检修、运行调度决定，配件的设置由管道连接和走向决定。管道附件和配件的尺寸可从产品样本获得。将上述尺寸沿长度、宽度或直径方向相加，再加上机组必要的间距和人员通行或检修尺寸，即可确定泵房的平面几何尺寸。

表 6-3　吸水管、出水管流速

管径/mm	$d<250$	$250 \leqslant d<1000$	$1000 \leqslant d<1600$	$d \geqslant 1600$
吸水管内流速/(m/s)	1~1.2	1.2~1.6	1.5~2.0	1.5~2.0
出水管内流速/(m/s)	1.5~2.0	2.0~2.5	2.0~2.5	2.0~3.0

泵房工艺平面的形状和尺寸还应与取水构筑物相协调（当两者合建时）。

取集地下水管井井室的平面布置参见给水排水标准图。

（5）泵房吸、压水管道水力计算

根据吸、压水管道的布置和附件、配件的设置，计算确定其管径和沿程、局部水头损失。

（6）泵房高度的确定

泵房高度分地面层以下高度和地面层以上高度，两者之和为泵房总高度。

泵房地面层标高，应分别按下列情况确定：

① 泵房位于渠道边，其标高为设计最高水位加 0.5 m。

② 泵房位于江河边，其标高为设计最高水位加浪高再加 0.5 m。

③ 泵房位于湖泊、水库或海边，其标高为设计最高水位加浪高再加 0.5 m，并应设有防止波浪爬高的措施。

泵房地面层标高减泵房地面标高即为泵房地面层以下高度。

泵房地面标高＝吸水室最低水位标高＋水泵安装高度－水泵轴心至基础顶面高度－基础高出地面高度

上述泵房地面标高计算是当水源低水位时非自灌启动的条件下计算的。

泵房地面层以上的高度，等于泵房内最大一台设备高度加上起吊设备起吊状态下的高度和必要余量。

泵房的高度应与取水构筑物高度相协调（当两者合建时）。

取集地下水管井井室的高度参见给水排水标准图。

（7）变配电间、辅助间布置

为防止洪水影响，取水泵房变配电间应布置在泵房地面层上或高于地面层的岸上。辅助间一般不单独设置，可利用空闲的空间。

取水泵房连同固定式取水构筑物的土建工程一般按远期设计，一次建成。水泵机组等设备可分期安装。

6.3.2　二级泵站设计计算

6.3.2.1　设计计算依据

二级泵站设计计算依据设计流量，清水池或吸水管的最高、最低水位，管网控制点高程和服务水头，清水输水管和管网水力计算结果。

6.3.2.2　设计计算方法与内容

（1）选泵

根据设计流量 Q_p 和设计扬程 H_p 选择水泵型号和数量。绘制满足管网不同工况的不同数量水泵并联曲线，分别为 $Q_p H_p$，$Q'_p H'_p$，$Q''_p H''_p$，$Q'''_p H'''_p$，检验水泵工况点，看其是否位于高效段。当其工况不满足时，可考虑重新选泵，设置专用水泵，选用调速泵或采取其他措施。二级泵站应设一台与最大水泵型号相同的备用泵。

（2）水泵安装高度计算

应根据清水池或吸水井水位高程及其变化，二级泵站启停频繁的特点，采取合理的启动方式。既要考虑水泵启动迅速安全，又要考虑泵站不至于过深。水泵安装高度计算见本章一级泵站设计计算。

（3）泵房平面工艺布置

水泵机组和吸、压水管路是平面工艺布置的重要内容。常见的有直线单行布置，见图 6-1。该种布置泵房跨度小，因此可将转换管路设于泵房内，吸、压水管直进直出，水流条件好，水泵台数较多时，泵房较长。还有交错双行布置，见图 6-2。该种布置，吸、压水管也可以直进直出，水流条件好，一部分水泵要倒转，其他特点与直线单行布置刚好相反。

泵房宽度，可由水泵机组宽度、吸压水管路附件和配件长度、必要的间距、人员通行宽度构成，还应考虑起吊设备的尺寸。

泵房长度，可由水泵机组长、必要的间距、远期预留面积、检修场地构成。泵房有远期预留一端宜设直通室外的门，另一端宜设值班室或变配电间。

附属设备可布置于空闲位置或泵站地面层平台上。

吸水井宜平行于泵房长度方向，设于泵房室外地下。

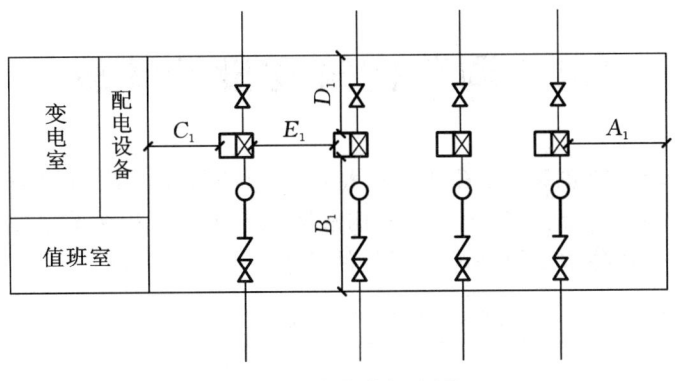

图 6-1 直线单行布置

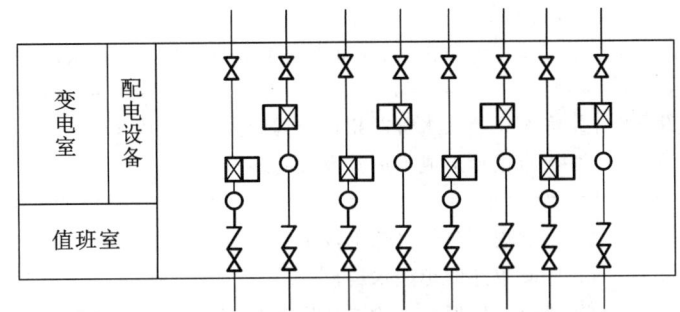

图 6-2 交错双行布置

（4）泵房高度的确定

泵房地面层标高应高于室外地面设计标高，一般可取 200 mm。泵房地面标高的确定与取水泵房相同，两者之差即为泵房地下部分高度。泵房地面层以上高度（即地上部分高度）的确定与取水泵房相同。

（5）吸、压水管路水力计算

根据吸、压水管道的布置和附件、配件的设置，计算确定其管径和沿程、局部水头损失。

（6）吸水井设计计算

吸水井分重力式和压力式两种。

重力式吸水井的设计，先确定吸水井最低水位，再根据吸水喇叭口设置条件及吸水井最高水位，确定吸水井尺寸。根据水泵机组运行情况，吸水井应设置隔墙，隔墙应设连通管和阀。

压力式吸水井相当于一个吸水母管（有工程采用 2 m 直径），各吸水管与其连接。大口径母管可使水流动压转换成静压，保证各吸水管均匀吸水。压力式吸水井改善了水泵启动条件，减少泵房地下深度。由于压力式吸水井不开口，卫生条件较好。但母管内外应防腐，并设置进（排）气阀。

加压泵站、调节水池泵站设计计算可参见二级泵站设计计算。

6.4 调节构筑物设计计算

输配水系统的调节构筑物,起着调节水量和水压的作用。常用的调节构筑物有:清水池,水塔,高位水池,调节水池泵站等。这些构筑物凭一定的容积调节水量,以其位置高度或水泵扬程调节水压。各种调节设施的适用条件见表 6-4。

表 6-4 各种调节设施的适用条件

序号	调节方式	适用条件
1	在水厂设置清水池	① 一般供水范围不很大的中小型水厂,经济技术比较无必要在管网内设置调节水池; ② 需昼夜连续供水,并可用水泵调节负荷的小型水厂
2	配水管网前设调节水池泵站	① 净水厂与配水管网相距较远的大中型水厂; ② 无合适地形或不适宜设置高地水池
3	设置水塔	① 供水规模和供水范围较小的水厂或工业企业; ② 间歇生产的小型水厂; ③ 无合适地形条件建造高位水池,而且调节容量较小
4	设置高位水池	① 有合适地形条件; ② 调节容量较大的水厂; ③ 供水区的要求压力和范围变化不大

调节水量的确定,可根据用水曲线与供水曲线,将连续逐时水量之差绝对值最大的确定为厂外调节水量(网中调节水量),根据供水曲线与制水曲线,将连续逐时水量之差绝对值最大的确定为厂内调节水量(清水池调节水量)。显然供水曲线的拟定,决定了厂内、厂外调节水量的比例。设计者可根据系统的组成及布置,合理地确定两者的比例。在无用水、供水资料情况下,也可根据经验值确定调节水量。

调节水压可根据配水管网最高用水时水力计算结果确定:水塔高度,高地水池标高,加压泵站、调节水池泵站水泵扬程。

6.4.1 水厂清水池

清水池属于水量调节构筑物,还兼有其他作用,其有效容积应考虑各种作用所需容积。

(1)清水池有效容积:

$$W = W_1 + W_2 + W_3 + W_4 \quad (m^3) \tag{6-15}$$

式中 W_1——调节水量,m^3;

W_2——水厂自用水量,应根据水处理工艺实际情况确定,m³;

W_3——安全贮量,为避免清水池抽空,清水池可保留一定水深的容量作为安全贮量,m³;

W_4——消防贮量,根据消防水量与消防历时确定,m³。

当缺乏用水、供水资料时,且网中不设调节构筑物,W 可按(10%～20%)Q_d 估算。

清水池有效容积应保证水处理消毒的接触时间。

清水池的池数或分隔数,一般不少于 2 个。

清水池的高程由水厂高程布置确定,见第 7 章。

(2) 清水池配管及布置

清水池应配置必要的管道:进水管,管径按最高日平均时用水量计算。出水管,管径按最高日最高时用水量计算。溢水管,管径同进水管,管端为喇叭口,管上不得安装阀门。排水管,管径按 2 小时放空计算,但不得小于 100 mm。

进、出水管的布置,应保证池水经常流动,既要保证水流具有一定停留时间,又要防止水流流动不畅。溢水管的布置应杜绝经溢水管污染池水。

清水池还应设有:通气孔,检修孔,导流墙,集水坑,水位尺等。池顶应覆盖一定厚度的土层以抵抗地下水浮力和满足寒冷地区冬季保温的要求。

清水池的设计可参见给水排水有关标准图。

6.4.2　水塔、高地水池

水塔、高地水池属于水量、水压调节构筑物,还兼有贮存消防水作用。

(1) 有效容积

$$W = W_1 + W_2 \quad (\text{m}^3) \tag{6-16}$$

式中　W_1——调节水量,m³,当缺乏用水、供水资料时,可凭运转经验确定,当泵站分级工作时,可按最高日用水量的 2.5%～3% 或 5%～6% 计算;

W_2——消防贮量,一般按 10 min 室内消防水量确定,m³。高地水池可增大其容积,将清水池消防贮量移至此。

(2) 设置高度

根据管网最高用水时水力计算结果,可按式(6-11)计算水塔高度。当式(6-11)等于 0 时可得高地水池标高:$Z_t = H_f + h_{nt} + Z_c$。

(3) 水柜、水池配管

进水管、出水管可合用,管径按最高用水时调节构筑物出水量或最大转输时进水量计算。溢水管、排水管可分设也可合用,管径可与进出水管管径相同或小一号。其他要求见清水池。

水塔的设计参见有关标准图,高地水池设计参见清水池标准图。

6.4.3　调节(水池)泵站

调节泵站由调节水池和加压泵房组成,属水量、水压调节构筑物。它可以灵活地布置在串联分区管网、管网低压区、城市发展新区管网。

(1) 调节水池容积

调节水池容积的确定与水塔和高地水池相类似,计算时应考虑夜间用水低峰时,在不影响水池附近用户用水条件下(水池进水时对管网有泄压作用),允许水池进水时间和进水量;还应考虑日间用水高峰时,需由水池向管网供水的水量和时间。这两个时段的进水量和供水量较大者即为水池的调节容积。具体可根据用水曲线和供水曲线分析计算。

(2) 加压泵站扬程

加压泵站扬程可根据调节水池泵站供水范围内管网水力计算结果确定。可参见二级泵站设计计算。

(3) 工艺布置

调节水池配管和布置参见清水池。但由于水池进水时,水池附近管网水压下降,为防止影响用户和节约能量,采用地上式水池,池高可为 5.5～6.0 m,或将水池设在地势较高处。

7 给水处理厂工艺选择与设计计算

7.1 概 述

7.1.1 设计内容与步骤

给水处理厂设计内容包括设计规模的确定,厂址选择,水处理工艺选择,处理构筑物选择与设计计算,处理用药剂选择与用量确定,二级泵站设计与计算,药剂(包括混凝剂、助凝剂、消毒剂等)配制与投加方式选择和计算,附属建(构)筑物设计,水厂平面和高程布置,厂区道路、管线综合布置,厂区绿化布置,编制水厂定员。

7.1.2 设计原则

给水处理厂设计原则如下:

① 水处理构筑物的生产能力,应以最高日供水量加上水厂自用水量进行设计,并按原水水质最不利情况进行校核。水厂自用水量取决于所采用的处理方法、构筑物类型及原水水质等因素,城镇水厂自用水量一般采用供水量的5%~10%,必要时可通过计算确定。

② 水厂应按近期设计,考虑远期发展。根据使用要求及技术经济合理等因素,对近期工程亦可作分期建设的安排。对于扩建、改建工程,应从实际出发,充分发挥原有设施的效能,并应考虑与原有构筑物的合理配合。

③ 水厂设计中应考虑各构筑物或设备进行检修、清洗及部分停止工作时,仍能满足用水要求。主要设备应有备用量;处理构筑物一般不设备用量,但可通过适当的技术措施,在设计允许范围内提高运行负荷。

④ 水厂机械化和自动化程度,应本着提高科学管理水平和增加经济效益的原则,根据实际生产要求,技术经济合理和设备供应情况,妥善确定,逐步提高。

⑤ 设计中必须遵守有关设计规范的规定。若采用现行规范未列入的新技术(新工艺、新设备和新材料),必须通过科学研究,确定行之有效,方可付诸工程实际。但对于工程实践已经证明确实经济高效的技术,应积极采用。

7.2 设 计 规 模

给水厂处理构筑物设计规模按最高日平均时流量计，即：

$$Q_{处} = \frac{\alpha Q_d}{T} \quad (\text{m}^3/\text{h}) \tag{7-1}$$

式中 Q_d——水厂最高日供水量，m^3/h；

α——自用水系数，取决于处理工艺、构筑物类型、原水水质及水厂是否设有回收水设施等因素，一般在 1.05～1.10 之间；

T——一级泵站每天工作小时数。

水处理构筑物的设计，应按原水水质最不利情况（如沙峰等）时所需供水量进行校核。反冲洗回收水池调节容积可按下式计算：

$$W = 0.06qFtn \quad (\text{m}^3) \tag{7-2}$$

式中 q——反冲洗强度，$\text{L}/(\text{m}^2 \cdot \text{s})$；

F——单个滤池反冲洗面积，m^2；

t——反冲洗历时，$\min$；

n——同时冲洗滤池个数。

7.3 厂 址 选 择

给水处理厂厂址选择应以水厂所在地区或城镇的总体规划为依据，在整个给水系统方案中全面规划，综合考虑，通过技术经济比较确定。一般应考虑以下几个问题：

① 厂址的选择，应使给水系统布局合理。

② 水厂应尽可能选择在不受洪水威胁的地方，否则应考虑防洪措施。

③ 厂址应选择在工程地质条件较好、地下水位低、地基承载能力较大、湿陷性等级不高、岩石较少的地方，以降低施工造价和便于施工。

④ 水厂周围应有良好的卫生环境，并便于设立防护带。

⑤ 应尽量减少拆迁，不占或少占良田。

⑥ 水厂宜选择在交通方便，以及供电安全可靠和水厂生产废水处置方便的地方。

⑦ 当取水地点距离用水区较近时，水厂一般设置在取水构筑物附近，通常与取水构筑物建在一起。当取水地点距离用水区较远时，厂址选择有两种方案，一是将水厂设置在取水构筑物附近，二是将水厂设置在离用水区较近的地方。前一种方案主要优点是，水厂和取水构筑物可集中管理，节省水厂自用水的输水费用并便于水厂排水，但水厂至主要用水区的输水管径增大，输水管道造价较高。后一种方案的优缺点与前者正相反。对于高浊水源，也可将预沉池与取水构筑物建在一起。

7.4　给水处理厂处理工艺

给水处理厂处理工艺流程的确定,应根据水源水质和《生活饮用水卫生标准》(GB 5749—2022)、水厂所在地区的气候情况、设计水量规模等因素,通过调查研究,参考相似水厂的设计运行经验,经技术经济比较确定。以下介绍几种较典型的给水处理工艺流程以作参考。

(1)地表水净化工艺一

$$原水→混合→絮凝沉淀或澄清→过滤→消毒→用户$$

以地表水作为水源时,给水处理工艺通常包括混合、絮凝、沉淀、过滤及消毒。

(2)地表水净化工艺二

$$原水→混合→过滤→消毒→用户$$

当原水浊度较低(一般在 50 度以下,短时间内最高不超过 100 度),且水源未受污染时,可采用直接过滤法。滤池应采用双层或多层滤料,为提高净化效果,可考虑采用高分子助凝剂。

(3)地表水净化工艺三

$$原水→预沉池或沉沙池→混合→絮凝沉淀或澄清→过滤→消毒→用户$$

当原水浊度高,含沙量大时,为达到预期混凝效果,减少混凝剂用量,应增设预沉池或沉沙池。

(4)地表水净化工艺四

$$原水→生物氧化→混合→絮凝沉淀或澄清→过滤→消毒→用户$$

当水源属于微污染水源时,可采用生物氧化预处理工艺,以去除水中有机物及氨氮。

(5)地表水净化工艺五

$$原水→混合→气浮→沉淀或澄清→过滤→消毒→用户$$

当水源为湖泊水库,水中藻类较多时,可采用气浮法去除水中藻类。若原水浊度也较低(小于 100 度),可省去沉淀或澄清单元。

(6)地表水净化工艺六

$$原水→O_3预氧化→混合→絮凝沉淀或澄清→过滤→O_3接触氧化→活性炭吸附→消毒→用户$$

当原水受到严重污染,水中含有有机物、重金属离子时,可在砂滤池后加设臭氧-活性炭处理。

(7)地下水净化工艺一

$$原水→消毒→用户$$

对于除卫生学指标外,其他指标均符合饮用水卫生标准的地下水,可采用简单的消毒工艺。

(8)地下水净化工艺二

$$原水→曝气→接触氧化过滤→消毒→用户$$

当地下水中含有铁、锰时,应进行除铁、除锰处理。

7.5 处理构筑物选择与设计计算

水处理构筑物的选择,应根据原水水质、设计生产能力、处理后水质要求、水厂用地面积和地形条件等,参照相似条件下水厂的运行经验,结合当地条件,通过技术经济比较综合研究确定。

7.5.1 预沉池

当原水含沙量高时,宜采取预沉措施。若有天然地形可以利用且技术经济合理,也可采取蓄水措施,以供沙峰期间取用。

预沉措施的选择,应根据原水含沙量及其组成、沙峰持续时间、排泥要求、处理水量和水质要求等因素,结合地形并参照相似条件下的运行经验确定,一般可采用自然沉淀或凝聚沉淀等。

预沉池一般可按沙峰持续时期内原水日平均含沙量设计(但计算期不应超过一个月)。原水含沙量超过设计值期间,必要时应考虑在预沉池中投加混凝剂或采用其他措施。

预沉池一般有旋流式和平流式。前者用于小型预沉池,后者用于大型预沉池。

平流式沉沙池设计方法与一般平流式沉淀池相同。沉淀时间 15～30 min,水平流速 20 mm/s。因平流式沉沙池池长较短,故进水端需设水流扩散过渡段,务必使进水分配均匀,以保证预沉效果。

7.5.2 加药间及药库

用于生活饮用水的混凝剂或助凝剂,不能使处理后的水质对人体健康产生有害的影响;用于工业企业生产用水的处理药剂,不能含有对生产有害的成分。

7.5.2.1 药剂选择与投药量

混凝剂(表 7-1)和助凝剂(表 7-2)品种的选择及其用量,应根据相似条件下的水厂运行经验或原水凝聚沉淀试验资料,结合当地药剂供应情况,通过技术经济比较确定。可参考有关设计手册。

表 7-1 常用混凝剂

药剂名称	分子式	特性
精制硫酸铝	$Al_2(SO_4)_3 \cdot 18H_2O$	制造工艺复杂,水解作用缓慢; 含无水硫酸铝 50%～52%; 适用于水温为 20～40 ℃; 当 pH＝4～7 时,主要去除有机物; pH＝5.7～7.8 时,主要去除悬浮物; pH＝6.4～7.8 时,处理浊度高、色度低(小于 30 度)的水

药剂名称	分子式	特性
粗制硫酸铝	$Al_2(SO_4)_3 \cdot 18H_2O$	制造工艺简单,价格低; 设计时,含无水硫酸铝一般可采用20%~25%; 含有20%~30%不溶物; 其他同精制硫酸铝
硫酸亚铁	$FeSO_4 \cdot 7H_2O$	絮体形成较快,沉淀时间短; 适用于碱度高、浊度高,pH=8.1~9.6,混凝作用好,但原水色度较高时不宜采用。当pH值较低时,常用氯氧化使铁氧化成三价; 腐蚀性较高
三氯化铁	$FeCl_3 \cdot 6H_2O$	不受水温影响,絮体大,沉淀速度快,效果好; 易溶解,易混合,残渣少; 对金属(尤其对铁)腐蚀性大,对混凝土亦腐蚀,对塑料会因发热而引起变形; 原水pH=6.0~8.4之间为宜,当原水碱度不足时,应加适量石灰; 处理低浊水时,效果不显著
聚合氯化铝(简写PAC)	$[Al_2(OH)_nCl_{6-n}]_m$	净化效率高,用药量少,出水浊度低、色度小,过滤性能好,原水浊度高时净化效果尤为显著; 温度适应性高,pH值使用范围宽(pH=5~9),因而可调pH值; 操作方便,腐蚀性小,劳动条件好;成本低
聚丙烯酰胺(又名三号絮凝剂,简写PAM)	$\left[-CH_2-\underset{\underset{CONH_2}{\mid}}{CH}-\right]_n$	处理高浊度水时效果显著,既可保证水质,又可减少混凝剂用量和沉淀池容积,目前被认为是处理高浊度水最有效的絮凝剂之一; 适当水解后,效果提高; 常与其他混凝剂配合使用或作助凝剂; 其单体丙烯酰胺有毒,用于饮用水净化应控制用量

表 7-2 常用助凝剂

药剂名称	分子式	特性
液氯	Cl_2	当处理高浊度水及用作破坏水中有机物,或去除臭味时,可在投混凝剂前先投氯,以减少混凝剂用量,但应注意消毒副产物问题; 用硫酸亚铁作混凝剂时,用来氧化二价铁
石灰	CaO	用于原水碱度不足,以及去除CO_2,调节pH值

续表7-2

药剂名称	分子式	特性
活化硅酸（活化水玻璃）	$Na_2O \cdot xSiO_2 \cdot yH_2O$	适用于硫酸亚铁与铝盐混凝剂，可缩短混凝沉淀时间，节省混凝剂用量； 原水浊度低、悬浮物含量少及水温较低（约在 15 ℃ 以下）时，效果显著； 可提高滤池滤速； 需注意加注点； 要有适宜的酸化度和活化时间

当采用铝盐（硫酸铝或三氯化铝）作混凝剂时，判断原水碱度大小、是否需要调节水的 pH 值，应按下式计算。

$$c_{CaO} = 3a - x + \delta \qquad (7\text{-}3)$$

式中　c_{CaO}——纯石灰投放量，mmol/L；

　　　a——混凝剂投量，mmol/L；

　　　x——原水碱度，按 mmol/L CaO 计；

　　　δ——保证反应顺利进行的剩余碱度，一般取 0.25～0.5 mmol/L CaO。

石灰宜制成乳液投加。

7.5.2.2　药剂溶解与溶液配置

混凝剂的投配方式可采用湿投或干投。当湿投时，混凝剂的溶解应按用药量大小、混凝剂性质，选用水力、机械或压缩空气等搅拌方式。

湿投混凝剂时，溶解次数应根据混凝剂用量和配制条件等因素确定，一般每日不宜超过 3 次。混凝剂用量较大时，溶解池宜设在地下。混凝剂用量较小时，溶解池可兼作投药池。

溶解池容积 W_1：

$$W_1 = \frac{aQ}{417bn} \qquad (7\text{-}4)$$

式中　W_1——溶解池容积，m³；

　　　Q——设计处理水量，m³/h；

　　　a——混凝剂最大投加量，mg/L；

　　　b——溶液质量浓度，一般取 5%～20%；

　　　n——每日调制次数，一般不超过 3 次。

溶液池容积 W_2：

$$W_2 = (0.2 \sim 0.3)W_1 \qquad (7\text{-}5)$$

7.5.2.3 投药与计量设备

（1）投加与提升设备

① 水泵投加

采用计量泵投药,不需另设计量设备,详见《给水排水设计手册》设备分册。

采用耐酸水泵加转子流量计投药,各种产品规格详见《给水排水设计手册》设备分册,一般用于投药量较大时。

② 水射器投加

采用水射器投药,设备简单,使用方便,但水射器效率较低,且易磨损。水射器的设计与计算详见《给水排水设计手册》专用机械分册。

③ 重力投加

将溶液池架高,利用重力将药液投入水泵压水管或混合设施入口处。这种投加方式安全可靠,但溶液池位置较高。

（2）计量设备

投药计量方式主要有孔口计量、定量投药箱计量、转子计量和计量泵计量。一般新建水厂多采用计量泵自动投加计量。孔口计量也是常用的一种计量方式。

7.5.2.4 加药间及药库布置

（1）加药间

加药间应与药剂仓库毗连,并宜靠近投药点。溶液池边应设工作台,工作台宽度以 $1\sim1.5$ m 为宜。

与混凝剂接触的池内壁、设备、管道和地坪,应根据混凝剂性质采取相应的防腐措施。各种管线应设在地沟内。

加药间必须有保障工作人员卫生安全的劳动保护措施。当采用发生异臭或粉尘的混凝剂时,应在通风良好的单独房间内制备,必要时应设置通风设备。冬季使用聚丙烯酰胺的室内温度不低于 2 ℃。室内应有冲洗设施。

视具体情况应设置机械搬运设备。

加药间的地坪应有不小于 5‰ 的排水坡度。

（2）药库

药剂仓库应根据具体情况,设置计量工具和搬运设备。

药剂仓库的固定储备量,应按当地供应、运输等条件确定,一般可按最大药量的 $15\sim30$ d 用量计算。其周转储备量应根据当地具体条件确定。

计算固体混凝剂和石灰贮藏仓库的面积时,其堆放高度,当采用混凝剂时一般可为 $1.5\sim2.0$ m;当采用石灰时可为 1.5 m。

当采用机械搬运设备时,药剂堆放高度可适当增加。

药剂仓库应有良好的通风条件,并应防止受潮。地坪与墙壁应根据药剂情况采取防腐措施。

7.5.3 混合设施

混合设施的设计应根据所采用的混凝剂品种,使药剂与水进行充分的混合,一般混合时间 10～30 s。混合方式基本分为两大类:水力混合和机械混合。水力混合方式简单,但不能适应流量的变化;机械混合可进行调节,能适应各种流量的变化。具体采用何种混合方式,应根据净水工艺布置、水质、水量、投加药剂品种及数量以及维修条件等因素确定。

7.5.3.1 常用混合设施

几种不同混合方式的主要特点和适用条件参见表 7-3。

表 7-3 常用混合方式及其特点

方式		特点及适用条件	设计要点
管式混合	管道混合	混合简单,无须建混合设施,当流速低时混合不充分	① 药剂加入水厂进水管中; ② 投药后管道内水头损失不小于 0.3～0.4 m; ③ 管道内流速为 1.2～1.5 m/s
	静态混合器	构造简单,无运动部件,安装方便,混合快速均匀。当流量降低时,混合效果下降	水头损失与设置分流板的级数有关,分流板的级数一般可取 3 级
水泵混合		混合效果好,不需增加混合设施,节省动力。但使用腐蚀性药剂时,对水泵有腐蚀作用	① 为防止空气进入水泵吸水管内,需加设恒位水封箱; ② 对于腐蚀性较强的药剂,应注意水泵及管道防腐问题; ③ 泵房距净水构筑物的距离不宜过大
机械混合		混合效果好,且不受水量变化影响,适用于各种规格的水厂,但需增加混合设备和维修工作	① 机械混合搅拌器有桨板式、螺旋桨式和透平式,桨板式适用于容积较小的混合池; ② 搅拌功率按产生的速度梯度 700～1000 s^{-1} 确定; ③ 混合时间控制在 10～30 s 内,最大不超过 2 min

7.5.3.2　机械混合池设计与计算

（1）设计要点

① 为加强混合效果，除池内设有快速旋转桨板外，还可在周壁上设固定挡板四块，每块板宽度 $b=(1/12\sim1/10)D$（D 为混合池直径），其上下缘离静止液面和池底皆为 $1/4D$。

② 混合池内一般设带两叶的平板搅拌器，搅拌器离池底 $0.5\sim0.75D_0$（搅拌器直径）。当 $H:D\leqslant1.2\sim1.3$ 时（H 为有效高度），搅拌器可设 1 层；当 $H:D>1.2\sim1.3$ 时，搅拌器可设 2 层；若 $H:D$ 的比例很大，可多设几层；每层间距 $(1.0\sim1.5)D_0$。相邻两层桨板采用 $90°$ 交叉安装。

③ 搅拌器直径 $D_0=(1/3\sim2/3)D$；宽度 $B=(0.1\sim0.25)D$。

有关机械设计详见《给水排水设计手册》专用机械分册。

（2）计算公式

机械混合池计算公式见表 7-4。

表 7-4　机械混合池计算公式及设计数据

计算公式	说明
$W=\dfrac{QT}{60n}$	W—混合池容积，m^3； Q—设计流量，m^3/h； T—混合时间，min，可采用 1 min； n—池子个数
$n_0=\dfrac{60v}{\pi D_0}$	n_0—垂直轴转数，r/min； v—桨板外缘线速度，$1.5\sim3.0$ m/s
$N_1=\dfrac{\mu WG^2}{102}$	N_1—需要轴功率，kW； μ—水的动力黏度，$km\cdot s/m^2$； G—设计速度梯度，$500\sim1000$ s^{-1}
$N_2=C\dfrac{\gamma\omega^3 ZeBR_0^4}{408g}$	N_2—计算轴功率，kW； C—阻力系数，$0.2\sim0.5$； γ—水的容积密度，1000 kg/m^3； ω—旋转的角速度，rad/s，$\omega=\dfrac{2v}{D_0}$
调整，使 $N_1\approx N_2$。 若 N_1 与 N_2 相差很大，则需改用推进式搅拌器。 $N_3=\dfrac{N_2}{\sum\eta}$	N_3—电动机功率，kW； $\sum\eta$—传动机械效率，一般取 0.85

7.5.4 絮凝设施

7.5.4.1 常用絮凝池及设计要点

絮凝池形式的选择和絮凝时间的采用,应根据原水水质情况和相似条件下的运行经验或通过试验确定。

① 絮凝池流速按由大逐渐变小进行设计。

② 反应时间 $10\sim30$ min,平均 G 值 $20\sim70$ s^{-1},GT 值 $10^4\sim10^5$,以保证絮凝过程的充分和完善。

③ 为使絮粒不致被破坏或产生沉淀,絮凝池内流速必须加以控制,控制值随絮凝池形式而异。

④ 絮凝池宜与沉淀池合建。

⑤ 池数一般不少于 2 个。

常用絮凝池设计要点及特点见表 7-5。

表 7-5 常用絮凝池设计要点及特点

方式		设计要点	特点及适用条件
隔板絮凝池	往复式隔板絮凝池 总水头损失一般在 $0.3\sim0.5$ m	① 廊道流速,起端 $0.5\sim0.6$ m/s,末端 $0.2\sim0.3$ m/s,一般宜分 $4\sim6$ 段; ② 为减少水流转弯处的水头损失,该处过水断面应为廊道流速的 $1.2\sim1.5$ 倍; ③ 絮凝时间 $20\sim30$ min; ④ 隔板净间距一般不宜小于 0.5 m。池底应有 $2\%\sim3\%$ 的坡度,并设不小于 $D150$ 的排泥管	① 反应效果好; ② 构造简单,施工方便; ③ 容积较大; ④ 水头损失大; ⑤ 折转处絮粒易破碎; ⑥ 出水流量不易分配均匀; ⑦ 适用流量大于 3 万 m^3/d 且变化小的水厂
	回转式隔板絮凝池 总水头损失比往复式约小 40%		① 反应效果好; ② 水头损失小; ③ 构造简单,施工方便; ④ 出水流量不易分配均匀
折板絮凝池		① 分段数不宜少于 3 段,各段流速可为:$0.25\sim0.35$ m/s;$0.15\sim0.25$ m/s;$0.10\sim0.15$ m/s; ② 折板夹角采用 $90°\sim120°$,波高一般采用 $0.25\sim0.40$ m; ③ 絮凝时间 $6\sim15$ min	① 反应时间短,容积小; ② 反应效果好; ③ 造价高; ④ 适用水量变化不大的水厂

方式	设计要点	特点及适用条件
网格絮凝池	① 一般布置成两组并联形式，每组设计水量为 1.0~2.5 万 m³/d； ② 一般分 3 段，竖井平均流速分别为 0.12~0.14 m/s, 0.12~0.14 m/s, 0.10~0.14 m/s；孔洞流速 0.20~0.30 m/s, 0.15~0.20 m/s, 0.10~0.14 m/s；过网流速 0.25~0.30 m/s, 0.22~0.35 m/s； ③ 絮凝时间 10~15 min	① 反应效果好； ② 水头损失小； ③ 絮凝时间短； ④ 存在底端积泥现象
机械搅拌絮凝池	① 絮凝时间一般宜为 15~20 min； ② 池内一般设 3~4 挡搅拌机，搅拌机的转速应根据浆板边缘处线速度计算确定，线速度宜第一挡 0.5 m/s，逐渐变小至末端 0.2 m/s； ③ 池内宜设防止水体短流的设施	① 反应效果好，节省药剂； ② 水头损失小； ③ 适应水质、水量的变化； ④ 需机械设备和经常维修

7.5.4.2 隔板絮凝池

隔板絮凝池计算公式见表 7-6。

表 7-6 隔板絮凝池计算公式及数据

计算公式	说明
（1）总容积 $W = \dfrac{QT}{60}$ （m³）	Q—设计流量，m³/h； T—反应时间，min
（2）每池平面面积 $F = \dfrac{W}{nH_1} + f$ （m²）	n—池数，个； f—每池隔板所占面积，m²； H_1—平均水深，m
（3）池子长度 $L = \dfrac{F}{B}$ （m）	B—池子宽度，m
（4）隔板间距 $a_n = \dfrac{Q}{3600nv_nH_1}$ （m）	v_n—该段廊道内流速，m/s
（5）各段水头损失 $h_n = \xi S_n \dfrac{v_0}{2g} + \dfrac{v_n^2}{C_n^2 R_n} l_n$ （m）	v_0—该段隔板转弯处的平均流速，m/s； S_n—该段廊道内水流转弯次数； R_n—廊道断面的水力半径，m； C_n—流速系数，根据 R_n 及池底、池壁的粗糙系数 n 等因素确定； ξ—隔板转弯处的局部阻力系数，往复隔板为 3.0，回转隔板为 1.0； l_n—该段廊道的长度之和
（6）总水头损失 $h = \sum h_n$ （m）	
（7）平均速度梯度 $G = \sqrt{\dfrac{\gamma h}{60\mu T}}$ （s⁻¹）	γ—水的容积密度，1000 kg/m³； μ—水的动力黏度，kg·s/m³

水的动力黏度见表 7-7。

表 7-7　水的动力黏度

水温 $t/℃$	$\mu/(kg \cdot s/m^3)$
0	1.814×10^{-4}
5	1.549×10^{-4}
10	1.335×10^{-4}
15	1.162×10^{-4}
20	1.029×10^{-4}
30	0.825×10^{-4}

7.5.4.3　机械絮凝池

机械絮凝池计算公式见表 7-8。

表 7-8　机械絮凝池计算公式及数据

计算公式	说明
（1）每池容积 $$W = \frac{QT}{60n} \quad (m^3)$$	Q—设计水量，m^3/h； T—反应时间，一般为 15～20 min； n—池数，个
（2）水平轴式池子长度 $$L \geqslant aZH \quad (m)$$	a—系数，一般采用 1.0～1.5； Z—搅拌轴排数，3～4 排； H—平均水深，m
（3）水平轴式池子宽度 $$B = \frac{W}{LH} \quad (m)$$	
（4）搅拌器转数 $$n_0 = \frac{60v}{\pi D_0} \quad (r/min)$$	v—叶轮桨板中心点线速度，m/s； D_0—叶轮桨板中心点旋转直径，m
（5）每个叶轮旋转时克服水阻力所消耗的功率 $$N_0 = \frac{ykl\omega^3}{408}(r_2^4 - r_1^4) \quad (kW)$$ $$\omega = 0.1n_0 \quad (rad/s)$$ $$k = \frac{\psi\gamma}{2g}$$	y—每个叶轮上的桨板数目，个； l—桨板长度，m； r_2—叶轮半径，m； r_1—叶轮半径与桨板宽度之差，m； ω—叶轮旋转角速度； k—系数； γ—水的容积密度，1000 kg/m^3； ψ—阻力系数，根据桨板宽度与长度之比（b/l）确定，见表 7-9

注：水平轴若为水平穿壁，则还需另加 0.735 kW 消耗于填料函和轴承的损失。

阻力系数 ψ 见表7-9。

表 7-9　阻力系数 ψ

b/l	<1	1~2	2.5~4	4.5~10	10.5~18	>18
ψ	1.10	1.15	1.19	1.29	1.40	2.00

7.5.5　沉淀和澄清

7.5.5.1　设计要点

沉淀池和澄清池设计要点如下:

① 选择沉淀池或澄清池类型时,应根据原水水质、设计生产能力、处理后水质要求,并考虑原水水温变化、处理水量均匀程度以及是否连续运转等因素,结合当地条件通过技术经济比较确定。沉淀池和澄清池的个数或能够单独排空的分格数不宜少于两个。

② 经过混凝沉淀或澄清处理的水,在进入滤池前的浑浊度一般不宜超过10度,遇高浊度原水或低温低浊度原水时,不宜超过15度。

③ 设计沉淀池和澄清池时须考虑均匀配水和均匀集水。

④ 沉淀池积泥区和澄清池沉泥浓缩室(斗)的容积,应根据进出水的悬浮物含量、处理水量、排泥周期和浓度等因素通过计算确定。

⑤ 当沉淀池和澄清池排泥次数较多时,宜采用机械化或自动化排泥装置。

⑥ 应设取样装置。

7.5.5.2　沉淀池类型与特点

根据水在池中流动的方向,沉淀池分为平流式沉淀池、辐流式沉淀池和斜管(板)沉淀池。辐流式沉淀池仅用于处理高浊度水。沉淀池类型与特点见表7-10。

表 7-10　沉淀池类型与特点

方式	设计要点	特点及适用条件
平流式沉淀池	(1) 池数或分格数一般不少于2个; (2) 沉淀时间应根据水质情况确定,一般为1~3 h,处理低温低浊度水或高浊度水时,应适当延长沉淀时间; (3) 池内平均水平流速为10~25 mm/s; (4) 有效水深为3.0~3.5 m; (5) 池的长宽比应不小于4∶1,每格宽度或导流墙间距一般采用3~9 m,最大15 m。当采用机械排泥时,池子分格宽度应结合机械桁架的宽度(按系列设计标准跨度为4,6,8,10,12,14,16,18,20 m); (6) 池的长深比应不小于10∶1。采用吸泥机排泥时,池底为平坡	(1) 造价较低; (2) 操作管理方便,施工较简单; (3) 对原水浊度适应性强,处理效果稳定; (4) 采用机械排泥设施时,排泥效果好,但需维护机械排泥设备; (5) 占地面积大;

续表7-10

方式	设计要点	特点及适用条件
平流式沉淀池	(7) 平流式沉淀池宜采用穿孔墙配水和溢流堰集水,溢流率一般小于 500 m³/(m·d); (8) 泄空时间一般不超过 6 h; (9) 弗劳德数一般控制在 $10^{-4} \sim 10^{-5}$ 之间,Re 一般为 4000～15000,应注意隔墙设置,以减少水力半径,降低 Re	(6) 水力排泥时,排泥困难; (7) 一般适用于大中型水厂
斜管(板)沉淀池	(1) 斜管断面一般采用蜂窝六角形,内径采用 25～35 mm,斜管长度一般为 800～1000 mm; (2) 斜管水平倾角 θ 常采用 60°; (3) 清水区高度不宜小于 1.0 m; (4) 布水区高度不宜小于 1.5 m,为使布水均匀,出口处应设整流措施; (5) 积泥区高度应根据沉淀污泥量、浓缩程度和排泥方式等确定; (6) 出水集水系统可采用穿孔管或穿孔集水槽; (7) 表面负荷应按相似条件下的运行经验确定,一般可采用 9.0～11.0 m³/(m²·h)	(1) 沉淀效率高; (2) 池体小,占地小; (3) 斜管(板)耗材多; (4) 对原水浊度适应性较平流式沉淀池差; (5) 不设排泥装置时,排泥困难; (6) 设排泥装置时,维护管理麻烦; (7) 尤其适用于沉淀池改造扩建和挖潜

7.5.5.3　平流式沉淀池设计计算方法

设计平流式沉淀池的主要控制指标是表面负荷或停留时间。其计算方法大致有两种:

① 按沉淀时间和水平流速计算;

② 按表面负荷计算。

我国在平流式沉淀池的设计与运行方面,已积累了大量经验和资料,一般采用第一种方法计算。平流式沉淀池计算公式见表 7-11。

表 7-11　平流式沉淀池计算方法与公式

计算公式	符号说明
沉淀时间和水平流速法 (1) 池长　　　$L = 3.6vT$　（m）	v—池内水平流速,mm/s; T—沉淀时间,h
(2) 池平面积 $F = \dfrac{QT}{H}$　（m²）	Q—设计水量,m³/h; H—有效水深,m
(3) 池宽　　　$B = \sqrt{\dfrac{F}{\beta}}$　（m）	β—池的长宽比
(4) 弗劳德数　　$Fr = \dfrac{v'^2}{Rg}$ 　　　　　　　$R = \dfrac{\omega}{\rho}$	v'—平均水平流速,cm/s; R—水力半径,cm; g—重力加速度,cm/s²; ω—过水断面积,cm²; ρ—湿周,cm
(5) 雷诺数　　　$Re = \dfrac{vR}{\nu}$	ν—水的运动黏度

计算公式	符号说明
表面负荷率法 （1）池平面积　$F=\dfrac{Q}{\mu_0}$　（m²）	Q——设计水量，m³/h； μ_0——表面负荷率，数值上等于截留沉速，m/s
（2）池长　　$L=3.6vT$　（m）	v——平均水平流速，mm/s； T——沉淀时间，h
（3）池宽　　$B=\dfrac{F}{L}$　（m）	

7.5.5.4　斜管沉淀池计算方法

斜管沉淀池表面负荷是一个重要参数，可表示为：

$$q=\frac{Q}{F} \tag{7-6}$$

式中　Q——沉淀池设计流量，m³/h；

F——沉淀池清水区表面积，m²。

斜管沉淀池表面负荷一般采用 $9.0\sim11.0$ m³/(m²·h)。

斜管内流速为：

$$v=\frac{Q}{F'\sin\theta} \tag{7-7}$$

式中　Q——沉淀池的设计流量，m³/h；

F'——沉淀池斜管净出口表面积，m²；

θ——斜管水平倾角，°。

斜管沉淀池集水系统计算与其他沉淀池基本相同。

7.5.5.5　沉淀池排泥与放空计算

沉淀池排泥关系到沉淀池净水效果和日常操作管理，若排泥不畅、泥渣淤积过多，将严重影响沉淀池出水水质。

沉淀池排泥方式有斗形底排泥、穿孔管排泥和机械排泥。若采用斗形底排泥或穿孔管排泥，则需要存泥区。目前，平流式沉淀池基本采用机械排泥装置，池底水平而略有坡度以便放空。各种排泥方式比较见表 7-12，沉淀池排空时间计算见表 7-13。

表 7-12　各种排泥方式比较

方法	特点	适用条件
斗形底排泥	（1）可以分斗排泥，排泥均匀而无干扰； （2）与穿孔管排泥比较，排泥管不易堵塞； （3）排泥浓度较高； （4）排泥不彻底，仍需定期人工清洗； （5）排泥操作劳动强度大； （6）池底结构复杂，施工较困难	（1）原水浊度不高； （2）一般用于中小型水厂

续表7-12

方法	特点	适用条件
穿孔管排泥	(1) 机械设备较少； (2) 耗水量少； (3) 池底结构较简单； (4) 孔眼易堵塞，排泥效果不稳定； (5) 检修不便； (6) 原水浊度较高时，排泥效果差	(1) 原水浊度适应范围较广； (2) 穿孔管长度不能太长； (3) 新建或扩建的水厂
机械排泥	(1) 排泥效果好； (2) 可连续排泥； (3) 池底结构较简单； (4) 劳动强度小，操作方便，可配合自动化； (5) 耗用金属材料较多； (6) 设备和维修工作量较大	(1) 原水浊度较高； (2) 排泥次数较多； (3) 地下水位较高； (4) 一般用于大、中型水厂

表 7-13　沉淀池排空时间计算

计算公式	符号说明
$$T_1 = \frac{0.7BL(H_2^{\frac{1}{2}} - H_3^{\frac{1}{2}})}{d^2}$$ $$T_2 = \frac{0.7L}{d^2}\left[B_0(H_3^{\frac{1}{2}} - H_4^{\frac{1}{2}}) + \frac{2}{3i_1}(H_3^{\frac{3}{2}} - H_4^{\frac{3}{2}})\right]$$ $$T_0 = \frac{T_1 + T_2}{3600}$$	T_1—排空矩形部分所需时间，s； B—池子宽度，m； L—池子长度，m； H_2—最高水位至排空管口的高度，m； H_3—矩形部分下端至排泥管管口的高度，m； d—排水管直径，m； T_2—排空锥体部分所需时间，s； B_0—锥体底部横向宽度，m； H_4—锥体部分下端至排泥管口的高度，m； i_1—锥底横向坡度； T_0—排空整个池子所需时间，h，不大于 6 h

7.5.5.6　机械搅拌澄清池设计计算

机械搅拌澄清池宜用于浑浊度长期低于 5000 度的原水。

机械搅拌澄清池主要由第一反应室和第二反应室及分离室组成。一般整个池体上部是圆筒形，下部是截头圆锥形。设计要点如下：

① 机械搅拌澄清池清水区的上升流速，应按相似条件下的运行经验确定，一般可采用 0.8～1.1 mm/s。

② 水在机械搅拌澄清池中的总停留时间，可采用 1.2～1.5 h。第一和第二反应室的停

留时间控制在 20～30 min。第二反应室设计流量为出水量的 3～5 倍,按计算流量计的停留时间为 0.5～1.0 min。

③ 搅拌叶轮提升流量可为出水流量的 3～5 倍,叶轮直径可为第二反应室内径的 70%～80%,并应设调整叶轮转速和开启度的装置。

④ 机械搅拌澄清池是否设置机械刮泥装置,应根据池径大小、底坡大小、进水悬浮物含量及其颗粒组成等因素确定。

⑤ 为使进水分配均匀,可采用三角配水槽缝隙或孔口出流,以及穿孔管配水等;为防止堵塞,也可采用底部进水方式。

⑥ 加药点一般设在池外,在池外完成快速混合。第一反应室可设辅助加药管以备投加助凝剂。

⑦ 第二反应室应设导流板,其宽度为其直径的 1/10 左右。

⑧ 清水区高度为 1.5～2.0 m,上升流速 0.8～1.1 mm/s。

⑨ 底部锥体坡角在 45°左右。当装有刮泥装置时也可做成平底。

⑩ 集水方式可选用淹没孔集水槽或三角堰集水槽,过孔流速为 0.6 m/s 左右。池径较小时,采用环形集水槽;池径较大时,采用辐射集水槽和环形集水槽。槽中流速 0.4～0.6 m/s,出水管流速为 1.0 m/s 左右。

⑪ 进水浊度经常小于 1000 mg/L,且池径小于 24 m 时可采用污泥浓缩斗排泥和底部排泥相结合的方式。根据池子大小设置 1～3 个污泥斗,容积为池容积的 1%～4%。进水浊度经常超过 1000 mg/L 或池径大于或等于 24 m 时应设机械排泥装置。

⑫ 泥斗和底部排泥宜采用自动定时的排泥阀。

⑬ 搅拌设备宜采用无级变速电动机驱动,以便随进水水质和水量变动而调整回流量或搅拌强度。生产实践证明,平时很少调整搅拌设备转速,因而也可采用普通电动机通过蜗轮蜗杆变速装置带动搅拌设备。

⑭ 在进水管、第一反应室、第二反应室、分离区、出水槽等处,可视具体情况设取样管。

机械搅拌澄清池计算公式见表 7-14。

表 7-14　机械搅拌澄清池计算公式

计算公式	说明
(1) 第二反应室 $$\omega_1 = \frac{Q'}{u_1} = (3\sim5)\frac{Q}{u_1}$$ $$D_1 = \sqrt{\frac{4(\omega_1 + A_1)}{\pi}}$$ $$H_1 = \frac{Q'}{\omega_1}t_1$$	ω—第二反应室截面积,m^2; Q'—第二反应室计算流量,m^3/s; Q—净产水能力,m^3/s; u_1—第二反应室及导流室内流速,m/s,取 0.04～0.07 m/s; D_1—第二反应室内径,m; A_1—第二反应室中导流板截面积,m^2; H_1—第二反应室高度,m; t_1—第二反应室内停留时间,s,取 30～60 s

续表7-14

计算公式	说明
（2）导流室 $$\omega_2 = \omega_1$$ $$D_2 = \sqrt{\frac{4}{\pi}\left(\frac{\pi D_1'^2}{4} + \omega_2 + A_2\right)}$$ $$H_2 = \frac{D_2 - D_1'}{2}$$ （并满足 $H_2 \geqslant 1.5 \sim 2.0$ m）	ω_2—导流室面积，m^2； D_1'—第二反应室外径，m； A_2—导流室中导流板截面积，m^2； D_2—导流室内径，m； H_2—第二反应室出水窗高度，m
（3）分离室 $$\omega_3 = \frac{Q}{u_2}$$ $$\omega = \omega_3 + \frac{\pi D_2'^2}{4}$$ $$D = \sqrt{\frac{4\omega}{\pi}}$$	ω_3—分离室截面积，m^2； u_2—分离室上升流速，m/s，取 $0.0008 \sim 0.0011$ m/s； ω—池子总面积，m^2； D_2'—导流室外径，m； D—池内径，m
（4）池深 $$V' = 3600QT$$ $$V = V' + V_0$$ $$W_1 = \frac{\pi}{4}D^2 H_4$$ $$W_2 = \frac{\pi H_5}{3}\left[\left(\frac{D}{2}\right)^2 + \frac{D}{2}\frac{D_T}{2} + \left(\frac{D_T}{2}\right)^2\right]$$ $$D_T = D - 2H_5\cot\alpha$$ $$W_3 = \pi H_6^2\left(R - \frac{H_6}{3}\right)$$ $$W_4 = \frac{1}{3}\pi H_6\left(\frac{D_T}{2}\right)^2$$ $$H = H_4 + H_5 + H_6 + H_0$$	V'—池净容积，m^3； T—水在池中停留时间，h，取 $1.0 \sim 1.5$ h； V—池子计算容积，m^3； V_0—池内结构部分所占容积，m^3； W_1—池圆柱部分容积，m^3； H_4—池直壁高度，m； W_2—池圆台容积，m^3； H_5—圆台高度，m； D_T—圆台底直径，m； W_3—池底球冠或圆锥容积，m^3； H_6—池底球冠或圆锥高度，m； R—球冠半径，m； H—池总高度，m； H_0—池超高，m
（5）配水三角槽 $$B_1 = \sqrt{\frac{1.10Q}{u_3}}$$	B_1—三角槽直角边长，m； u_3—槽中流速，m/s，取 $0.5 \sim 1.0$； 1.10—考虑池排泥耗水量10%
（6）第一反应室 $$D_3 = D_1' + 2B_1 + 2\delta_3$$ $$H_7 = H_4 + H_5 - H_1 + \delta_3$$ $$D_4 = \frac{D_T + D_3}{2} + H_7$$ $$\omega_6 = \frac{Q''}{u_4}$$ $$B_2 = \frac{\omega_6}{\pi D_4}$$ $$D_5 = D_4 - 2(\sqrt{2}B_2 + \delta_4)$$	D_3—第一反应室上端直径，m； δ_3—第二反应室板厚，m； H_7—第一反应室高，m； δ_4—裙板厚，m； D_4—伞形板延长线交点处直径，m； ω_6—回流缝面积，m^2； Q''—泥渣回流量，m^3/s； u_4—泥渣回流缝流速，m/s，取 $0.10 \sim 0.20$ m/s； B_2—回流缝宽，m； D_5—伞形板下端圆柱直径，m；

计算公式	说明
$H_8 = D_4 - D_5$ $$H_{10} = \frac{D_5 - D_T}{2}$$ $H_9 = H_7 - H_8 - H_{10}$ $$V_1 = \frac{\pi H_9}{12}(D_3^2 + D_3 D_5 + D_5^2) + \frac{\pi D_5^2}{4} H_8 +$$ $$\frac{\pi H_{10}}{12}(D_5^2 + D_5 D_T + D_T^2) + W_3$$ $$V_2 = \frac{\pi}{4} D_1^2 H_1 + \frac{\pi}{4}(D_2^2 - D_1^2)(H_1 - B_1)$$ $V_3 = V' - (V_1 + V_2)$	H_8—伞形板下檐圆柱体高度，m； H_{10}—伞形板离池底高度，m； H_9—伞形板锥部高度，m； V_1—第一反应室容积，m³； V_2—第二反应室加导流室容积，m³； V_3—分离室容积，m³
（7）集水槽 $$h_2 = \frac{q}{u_5 b}$$ $$h_1 = \sqrt{\frac{2 h_k^3}{h_2} + \left(h_2 - \frac{il}{3}\right)^2} - \frac{2}{3} il$$ $$h_k = \left(\frac{\alpha Q^2}{g b^2}\right)^{\frac{1}{3}}$$	h_2—槽终点水深，m； q—槽内流量，m³/s； u_5—槽内流速，m/s，取 0.4～0.6 m/s； b—槽宽，m； h_1—槽起点水深，m； h_k—槽临界水深，m； i—槽底坡度； l—槽长度，m
（8）排泥及排水 $$V_4 = 0.01 V'$$ $$T_0 = \frac{10^4 V_4 (100 - P) \gamma}{(S_1 - S_4) Q}$$ $$q_1 = \mu \omega_0 \sqrt{2gh}$$ $$\mu = \frac{1}{\sqrt{1 + \frac{\lambda l}{d} \sum \xi}}$$ $$t_0 = \frac{V_5}{q_1}$$	V_4—污泥浓缩室总容积，m³； T_0—排泥周期，s； P—浓缩泥渣含水率，约98%； γ—浓缩泥渣容积密度，t/m³； S_1—进水悬浮物含量，g/m³； S_4—出水悬浮物含量，g/m³； q_1—排泥流量，m³/s； ω_0—排泥管断面积，m³； μ—流量系数； h—排泥水头，m； d—排泥管管径，m； ξ—局部阻力系数； λ—摩阻系数，排泥管可取 0.03； t_0—排泥历时，s； V_5—单个污泥浓缩室容积，m³

7.5.6　滤池

常见的滤池类型见表 7-15。

表 7-15　常用滤池及适用条件

池型	滤料	特点	适用条件
普通快滤池	单层砂滤料	(1) 材料易得,价格低; (2) 大阻力配水系统,单池面积可大; (3) 可采用减速过滤,水质好; (4) 阀门多,价格高,易损坏; (5) 须设有全套冲洗设备	(1) 一般用于大中水厂; (2) 单池面积不宜大于 100 m²
	无烟煤石英砂双层滤料	(1) 含污能力大,可采用较大滤速; (2) 可采用减速过滤,水质好; (3) 冲洗用水少; (4) 滤料价格高,易流失; (5) 冲洗困难,易积泥球	(1) 适用于大中型水厂; (2) 宜采用大阻力配水系统; (3) 单池面积不应大于 100 m²; (4) 须采用助冲设施
	砂煤重质矿石三层滤料	同无烟煤石英砂滤料	(1) 适用于中型水厂; (2) 宜采用中阻力配水系统; (3) 单池面积不宜大于 50～60 m²; (4) 须采用助冲设施
V 型滤池	单层砂滤料	(1) 采用气水反冲洗,有表面横向扫洗作用,冲洗效果好,节水; (2) 配水系统一般采用长柄滤头; (3) 采用均质滤料,滤层较厚,滤料较粗,过滤周期长; (4) 冲洗过程自动控制	适用于大中型水厂
虹吸滤池	单层砂滤料	(1) 不需大型阀门; (2) 易于自动化操作,管理方便; (3) 土建结构复杂; (4) 池深大单池面积小,冲洗水量大; (5) 等速过滤,水质不如变速过滤	(1) 适用于中型水厂(2～10 万 m³/d); (2) 单池面积不宜大于 25～30 m²
双阀滤池	单层砂滤料	(1)(2)(3) 同单层砂滤料普通快滤池(1)(2)(3); (4) 减少 2 只阀门; (5) 必须有全套冲洗设备; (6) 增加形成虹吸的抽气设备	同单层砂滤料普通快滤池

池型	滤料	特点	适用条件
移动罩滤池	单层砂滤料	(1) 造价低,不需大型阀门设备; (2) 池子浅,结构简单; (3) 自动连续运行,不需冲洗设备; (4) 占地少,节能; (5) 减速过滤; (6) 需移动冲洗设备; (7) 罩体与隔墙间密封技术要求高; (8) 起始滤速较高,因而平均设计滤速不宜过高	(1) 适用于大中型水厂; (2) 单格面积宜小于10 m²

7.5.6.1 一般规定

滤池的一般规定如下:

① 供生活饮用水的滤池出水水质,经消毒后,应符合现行《生活饮用水卫生标准》(GB 5749—2022)的要求。

② 供生产用水的过滤池出水水质,应符合生产工艺要求。

③ 滤池型式的选择,应根据设计生产能力、原水水质和工艺流程的高程布置等因素,结合当地条件,通过技术经济比较确定。

④ 滤料应具有足够的机械强度和抗蚀性能,并不得含有有害成分,一般可采用石英砂、无烟煤和重质矿石等。

⑤ 快滤池、无阀滤池和压力滤池的个数及单个滤池面积,应根据生产规模和运行维护等条件通过技术经济比较确定,但个数不得少于两个。

⑥ 滤池应按正常情况下的滤速设计,并以检修情况下的强制滤速校核。正常情况系指水厂全部滤池进行工作,检修情况系指全部滤池中的一个或两个停产进行检修、冲洗或翻砂。

⑦ 滤池的工作周期,宜采用12～24 h。

⑧ 滤池的滤速及滤料组成,宜按表7-16采用。

表 7-16　滤池的滤速及滤料组成

序号	类别	滤料组成			正常滤速/(m/h)	强制滤速/(m/h)
		粒径/mm	不均匀系数 K_{80}	厚度/mm		
1	石英砂滤料过滤	$d_{最小}=0.5$ $d_{最大}=1.2$	<2.0	700	8～10	10～14

续表7-16

序号	类别	滤料组成			正常滤速 /(m/h)	强制滤速 /(m/h)
		粒径/mm	不均匀系数 K_{80}	厚度/mm		
2	双层滤料过滤	无烟煤 $d_{最小}=0.8$ $d_{最大}=1.8$	<2.0	300~400	10~14	14~18
		石英砂 $d_{最小}=0.5$ $d_{最大}=1.2$	<2.0	400		
3	三层滤料过滤	无烟煤 $d_{最小}=0.8$ $d_{最大}=1.6$	<1.7	450	18~20	20~25
		石英砂 $d_{最小}=0.5$ $d_{最大}=0.8$	<1.5	230		
		重质矿石 $d_{最小}=0.25$ $d_{最大}=0.5$	<1.7	70		

注:滤料的相对密度为:无烟煤 1.4~1.6;石英砂 2.6~2.65;重质矿石 4.7~5.0。

⑨ 滤池的滤速及滤料组成,宜按表7-16采用。

⑩ 快滤池宜采用大阻力或中阻力配水系统。大阻力配水系统孔眼总面积与滤池面积之比为 0.20%~0.28%;中阻力配水系统孔眼总面积与滤池面积之比为 0.6%~0.8%。

⑪ 虹吸滤池、无阀滤池和移动罩滤池宜采用小阻力配水系统,其孔眼总面积与滤池面积之比为 1.0%~1.5%。

⑫ 水洗滤池的冲洗强度及冲洗时间,宜按表7-17采用。

表 7-17　水洗滤池的冲洗强度及冲洗时间(水温 20℃)

序号	类别	冲洗强度 /(L·s/m²)	膨胀率 (%)	冲洗时间 /min
1	石英砂滤料过滤	12~15	45	7~5
2	双层滤料过滤	13~16	50	8~6
3	三层滤料过滤	16~17	55	7~5

注:① 当采用表面冲洗设施时,冲洗强度可取低值。

② 应考虑由于全年水温、水质变化因素,有适当调整冲洗强度的可能。

③ 选择冲洗强度应考虑所用混凝剂品种的因素。

④ 膨胀率数值仅作设计计算用。

⑬ 当有技术经济依据时,还可增设表面冲洗设施,或改用气水冲洗法。

⑭ 每个滤池应设取样装置。

7.5.6.2　普通快滤池

（1）设计要求

普通快滤池设计要求如下:

① 快滤池冲洗前的水头损失,宜采用 2.0～3.0 m。每个滤池应装设水头损失计。

② 滤层表面以上的水深,宜采用 1.5～2.0 m。

③ 当快滤池采用大阻力配水系统时,其承托层宜按表 7-18 采用。

表 7-18　快滤池大阻力配水系统承托层粒径及厚度

层次(自上而下)	承托层粒径/mm	承托层厚度/mm
1	2～4	100
2	4～8	100
3	8～16	100
4	16～32	本层顶面高度应高出配水系统孔眼100

④ 大阻力配水系统应按冲洗流量设计,并根据下列数据通过计算确定。

配水干管(渠)进口处的流速为 1.0～1.5 m/s;

配水支管进口处的流速为 1.5～2.0 m/s;

孔眼流速为 5～6 m/s。

干管(渠)上宜装通气管。

⑤ 三层滤料滤池宜采用中阻力配水系统。

⑥ 三层滤料滤池承托层宜按表 7-19 采用。

表 7-19　三层滤料滤池承托层材料、粒径与厚度

层次(自上而下)	材料	粒径/mm	厚度/mm
1	重质矿石	0.5～1	50
2	重质矿石	1～2	50
3	重质矿石	2～4	50
4	重质矿石	4～8	50
5	砾石	8～16	100
6	砾石	16～32	本层顶面高度应高出配水系统孔眼100

注:配水系统如用滤砖,其孔径为≤4 mm时,第六层可不设。

⑦ 洗砂排水槽的平面面积,不应大于滤池面积的 25%,洗砂槽底到滤料表面的距离,应等于滤层冲洗时的膨胀高度。

⑧ 滤池冲洗水的供给方式可采用冲洗水泵或高位水箱。当采用冲洗水泵时,水泵的能力应按冲洗单格滤池考虑,并应有备用机组。当采用冲洗水箱时,水箱有效容积应按单格滤池冲洗水量的 1.5 倍计算。

⑨ 快滤池应有下列管(渠),其断面宜根据下列流速通过计算确定:

进水管　　　0.8～1.2 m/s;

出水管　　　1.0～1.5 m/s;

冲洗水管　　2.0～2.5 m/s;

排水管　　　1.0～1.5 m/s。

(2) 设计计算

① 滤池面积与单池尺寸

滤池总面积按下式确定:

$$F = \frac{Q}{vT} \quad (m^2) \tag{7-8}$$

$$T = T_0 - t_0 - t_1 \quad (h) \tag{7-9}$$

式中　Q——设计水量(包括水厂自用水量),m^3/d;

v——设计滤速,m/h;

T——滤池每日实际工作时间,h;

T_0——滤池每日工作时间,h;

t_0——滤池每日冲洗后停用和排放初滤水时间,h,一般每次采用 0.5～0.67 h,也可不考虑排放时间;

t_1——滤池每日冲洗及操作时间,h。

滤池个数不得少于 2 个,参见表 7-20。

表 7-20　滤池个数

总面积/m^2	个数
＜30	2
30～50	3
100	3 或 4
150	4～6
200	5～6
300	6～8

单个滤池面积按下式计算:

$$f = \frac{F}{N} \quad (m^2) \tag{7-10}$$

式中　F——滤池总面积,m^2;

N——滤池个数。

滤池长宽比参考表 7-21。

表 7-21 滤池长宽比

单个滤池面积/m²	长：宽
≤30	1：2～1：1.5
>30	1：4～1：2
采用旋转式表面冲洗	3：1～4：1

② 滤池布置

a. 当滤池个数少于 5 个时,宜单行排列,否则应双行排列。

b. 单池面积大于 50 m² 时,管廊中可设中央排水渠。

③ 滤料

滤料要求可参见《给水排水设计手册》第三册。

④ 滤层上水深

一般采用 1.5～2.0 m。

⑤ 滤池超高

一般采用 0.3 m。

⑥ 配水系统

一般采用大阻力配水系统,配水孔眼总面积与滤池面积比值为 0.20%～0.28%。

a. 支管中心距为 0.2～0.3 m,支管长度与直径之比不应大于 60。

b. 孔眼直径为 9～12 mm,设于支管两侧,与垂线呈 45°角向下交错排列。

c. 干管横断面与支管总横截面之比应大于 1.75～2.0。干管直径或渠宽大于 300 mm 时,顶部应装滤头、管嘴或把干管埋入池底。

⑦ 水头损失计算

a. 当按孔口平均水头损失计算时,可按下式计算:

$$h_2 = \frac{1}{2g}\left(\frac{q}{10\mu k}\right)^2 \quad (m) \tag{7-11}$$

式中　h_2——孔口平均水头损失,m;

　　　q——冲洗强度,L/(s·m²);

　　　k——孔眼总面积与滤池面积之比,采用 0.25%～0.3%;

　　　μ——流量系数,一般为 0.65。

b. 当按经验公式作近似计算时:

$$h_2 = \frac{4v_1^2}{g} + \frac{5v_2^2}{g} \quad (m) \tag{7-12}$$

式中　v_1——干管起点流速,m/s;

　　　v_2——支管起点流速,m/s。

c. 承托层水头损失

$$h_3 = 0.022 H_1 q \quad (\text{m}) \tag{7-13}$$

式中　H_1——承托层厚度，m；

　　　q——冲洗强度，L/(s·m)^2。

d. 滤层水头损失

$$h_3 = \left(\frac{\gamma_1}{\gamma} - 1\right)(1 - m_0) H_2 \quad (\text{m}) \tag{7-14}$$

式中　γ_1——滤料容积密度，石英砂 2.65 t/m^3；

　　　γ_2——水的容积密度，1 t/m^3；

　　　m_0——滤料膨胀前孔隙率，石英砂 0.41；

　　　H_2——滤层膨胀前厚度，m。

⑧ 洗砂排水槽

洗砂排水槽断面形式见图 7-1。

洗砂排水槽起端尺寸，一般采用始端深度为末端深度的一半，或槽底采用平坡，始末两端断面相同。

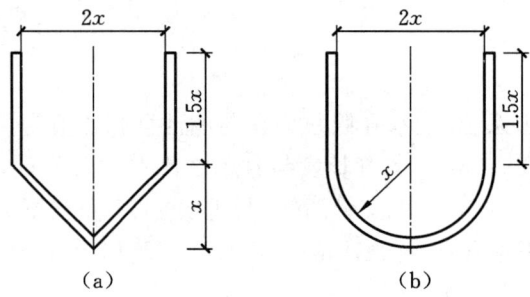

图 7-1　洗砂排水槽断面

洗砂排水槽排水量：

$$Q = q l_0 a_0 \quad (\text{L/s}) \tag{7-15}$$

式中　q——冲洗强度，L/(s·m)^2；

　　　a_0——两槽间的中心距，1.5～2.1 m；

　　　l_0——槽长，不大于 6 m。

槽底为三角形断面时的末端尺寸：

$$x = \frac{1}{2}\sqrt{\frac{q l_0 a_0}{1000 v}} \quad (\text{m}) \tag{7-16}$$

式中　v——流速，m/s，一般采用 0.6 m/s。

槽底为半圆形断面时的末端尺寸：

$$x = \sqrt{\frac{q l_0 a_0}{4570 v}} \quad (\text{m}) \tag{7-17}$$

槽顶距砂面的高度：

$$H = eH_2 + 2.5x + \delta + 0.07 \quad (\text{m}) \tag{7-18}$$

式中　H_2——滤层厚度，m/s；

　　　e——滤层最大膨胀率，一般为 $45\% \sim 50\%$；

　　　δ——槽底厚度，m；

　　　0.07——槽的超高，m。

⑨ 冲洗系统

冲洗水的供给方式有两种，水泵冲洗和水塔（箱）冲洗。前者投资省，但操作较麻烦，在冲洗的短时间内耗电量大，使厂区供电网负荷骤增；后者造价较高，但操作简单，可在较长的时间内向水塔（箱）输水，专用水泵小，耗电较均匀。

a. 冲洗水塔（箱）

冲洗水塔与滤池分建。冲洗水箱与滤池合建，通常置于滤池操作室屋顶上。

水塔（箱）内水深不宜超过 3 m，以免冲洗初期和末期的冲洗强度相差过大。水塔（箱）应在冲洗间歇时间内充满，容积按单个滤池冲洗水量的 1.5 倍计算。

$$V = 0.09qft \quad (\text{m}^3) \tag{7-19}$$

式中　t——水塔（箱）容积，m³。

其余符号含义同前。

水塔（箱）底高出滤池冲洗排水槽顶距离按下式计算：

$$H_0 = h_1 + h_2 + h_3 + h_4 + h_5 \quad (\text{m}) \tag{7-20}$$

式中　h_1——从水塔（箱）至滤池的管道总水头损失，m；

　　　h_2——滤池配水系统水头损失，m，大阻力按孔口平均水头损失计。

$$h_2 = \frac{1}{2g}\left(\frac{q}{10a\mu}\right)^2 \quad (\text{m}) \tag{7-21}$$

　　　h_3——承托层水头损失，m。

$$h_3 = 0.022qZ \quad (\text{m}) \tag{7-22}$$

　　　Z——承托层厚度，m；

　　　h_4——滤料层水头损失，m。

$$h_4 = \frac{\rho_P - \rho}{\rho}(1 - m_0)H_2 \quad (\text{m}) \tag{7-23}$$

式中　ρ_P——滤料密度，t/m³；

　　　ρ——水的密度，t/m³；

　　　h_5——备用水头，一般取 $1.5 \sim 2.0$ m。

b. 水泵冲洗

水泵水量按冲洗强度和滤池面积计算。水泵扬程为：

$$H_P = H_0 + h_1 + h_2 + h_3 + h_4 + h_5 \quad (\text{m}) \tag{7-24}$$

式中　H_0——排水槽顶与清水池最低水位之差，m；

h_1——从清水池至滤池的冲洗管道总水头损失,m。

其余符号含义同前。

7.5.6.3 虹吸滤池

(1) 一般要求

虹吸滤池设计一般要求如下:

① 虹吸滤池的分格数,应按滤池在低负荷运行时,仍能满足一格滤池冲洗水量的要求确定,通常每座滤池分为 6~8 格。

② 虹吸滤池冲洗前的水头损失,一般可采用 1.5 m。

③ 虹吸滤池冲洗水头应通过计算确定,一般宜采用 1.0~1.2 m,并应有调整冲洗水头的措施。

④ 虹吸进水管的流速,宜采用 0.6~1.0 m/s;虹吸排水管的流速,宜采用 1.4~1.6 m/s。

⑤ 虹吸管按通过的流量确定断面。一般多采用矩形断面,也可用圆形断面。虹吸管进出口应采用水封,并有足够的淹没深度,以保证虹吸管正常工作。

⑥ 在虹吸管设计时,应考虑各部分的排空措施。

(2) 设计计算

虹吸滤池设计计算公式见表 7-22。

表 7-22 虹吸滤池计算公式

计算公式	符号说明及设计数据
滤池面积: $$F = \frac{24}{23} \frac{Q_{处}}{v} \quad (\text{m})$$ 滤池按每日工作 23 h 计 $$Q_{处} = \alpha Q_{净} \ (\alpha \ \text{为自用水系数})$$ $$f = \frac{F}{N}$$ $$f = BL$$	$Q_{处}$——滤池处理水量,m^3/h; $Q_{净}$——净产水量,m^3/h; v——设计滤速,m/h,取 8~12 m/h; f——单格面积,取 $<50 \ \text{m}^2$; N——格数,取 6~8; B——单格宽度,m; L——单格长度,m
进水虹吸管: $$Q_{进} = \frac{Q_{处}}{N-1}$$ $$\omega_{进} = \frac{Q_{进}}{3600 v_{进}}$$ $$h_j = h_{j局} + h_{j沿}$$ $$h_{j局} = 1.2 \left(\sum \xi \right) \frac{v_{进事}^2}{2g}$$ $$h_{j沿} = \frac{v_{进事}^2}{C^2 R} L$$ 以上计算应以 $Q_{进}/(N-2)$ 进行校核	$Q_{进}$——一格冲洗时,虹吸管进水量,m^3/h; $\omega_{进}$——断面面积,m^2; $v_{进}$——进水流速,m/s,取 0.4~0.6 m/s; h_j——进水虹吸管水头损失,m; $h_{j局}$——进水虹吸管局部水头损失,m; $h_{j沿}$——进水虹吸管沿程水头损失,m; $\sum \xi$——局部阻力系数和; $v_{进事}$——事故进水量,m^3/s; C——谢才系数;

计算公式	符号说明及设计数据
滤板水头损失：$$v_{板}=\frac{qf}{1000\omega_{板}}$$ $$\omega_{板}=\frac{f\alpha}{100}$$ $$h_{板}=\frac{v_{板}^2}{2\mu^2g}$$	R—水力半径，m; L—虹吸管长度，m。 $v_{板}$—滤板孔眼流速，m/s; $\omega_{板}$—滤板孔眼面积，m^2; q—冲洗强度，单层滤料取 13~15 L/($m^2\cdot s$); α—开孔比，%; $h_{板}$—滤板水头损失，m，取 0.2~0.3; μ—孔口流量系数，取 0.65~0.79
排水虹吸管：$$\omega_{排}=\frac{qf}{1000v_{排}}$$	$\omega_{排}$—排水虹吸管断面面积，m^2; $v_{排}$—排水虹吸管流速，取 1.4~1.6 m/s
滤池高度：$$H=H_0+H_1+H_2+H_3+H_4+H_5+$$ $$H_6+H_7+H_8+H_9+H_{10}$$ 滤池高度取 5~5.5 m	H_0—集水室高度，取 0.3~0.4 m; H_1—滤板厚度，取 0.1~0.2 m; H_2—承托层厚度，取 0.2 m; H_3—滤料厚度，取 0.7~0.8 m; H_4—洗砂排水槽底至砂面距离，m; H_5—洗砂排水槽高度，m; H_6—洗砂排水槽堰上水头，取 0.1~0.2 m; H_7—冲洗水头，m，取 0.1~1.2 m; H_8—清水堰上水头，取 0.1~0.2 m; H_9—过滤水头，取 1.2~1.5 m; H_{10}—滤池超高，取 0.15~0.2 m

7.5.6.4 V 型滤池设计要点

V 型滤池因其设有 V 型进水槽而得名，采用均质滤料过滤和气水反冲洗。目前在我国应用日益增多，适用于大中型水厂。

图 7-2 所示是 V 型滤池构造示意图。

V 型滤池，一般采用砂滤料，有效粒径 $d_{10}=0.95~1.50$ mm，不均匀系数 $K_{80}=1.2~1.6$，滤层厚度为 0.95~1.50 m。

滤池反冲洗系统采用长柄滤头，滤头布置数为 50~60 个/m^2，开孔比约为 1.5%。气冲强度为 14~17 L/($s\cdot m^2$)，水冲强度约 4 L/($s\cdot m^2$)，横向扫洗强度为 1.4~2.0 L/($s\cdot m^2$)。总冲洗时间约 10 min。

7.5.6.5 移动罩滤池设计要点

移动罩滤池设计要点如下：
① 移动罩滤池的分组及每组的分格数，应根据生产规模、运行维护等条件通过技术经济

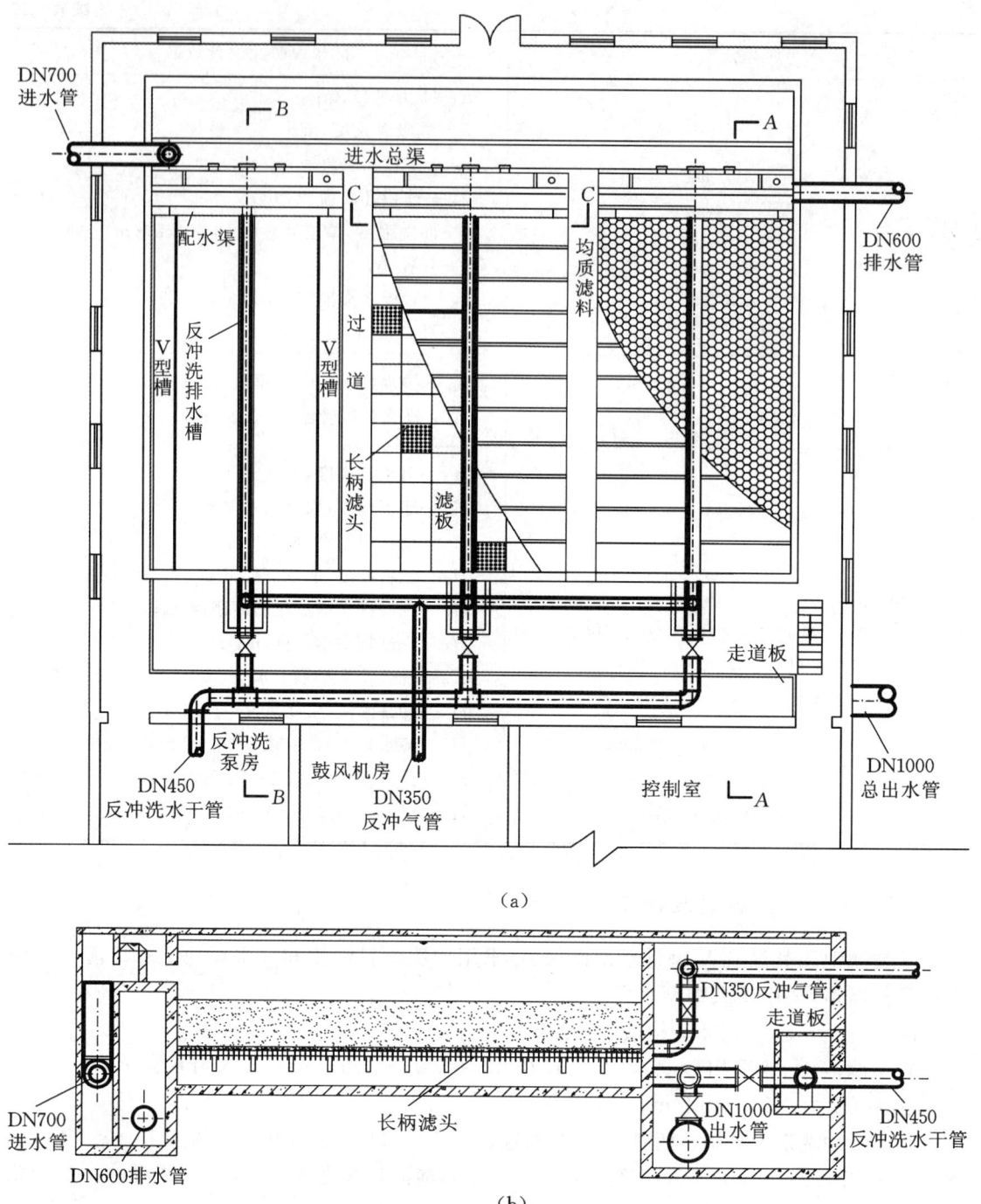

图 7-2　V 型滤池构造示意图

(a)平面图；(b)A—A 剖面图；(c)B—B 剖面图；(d)C—C 剖面图

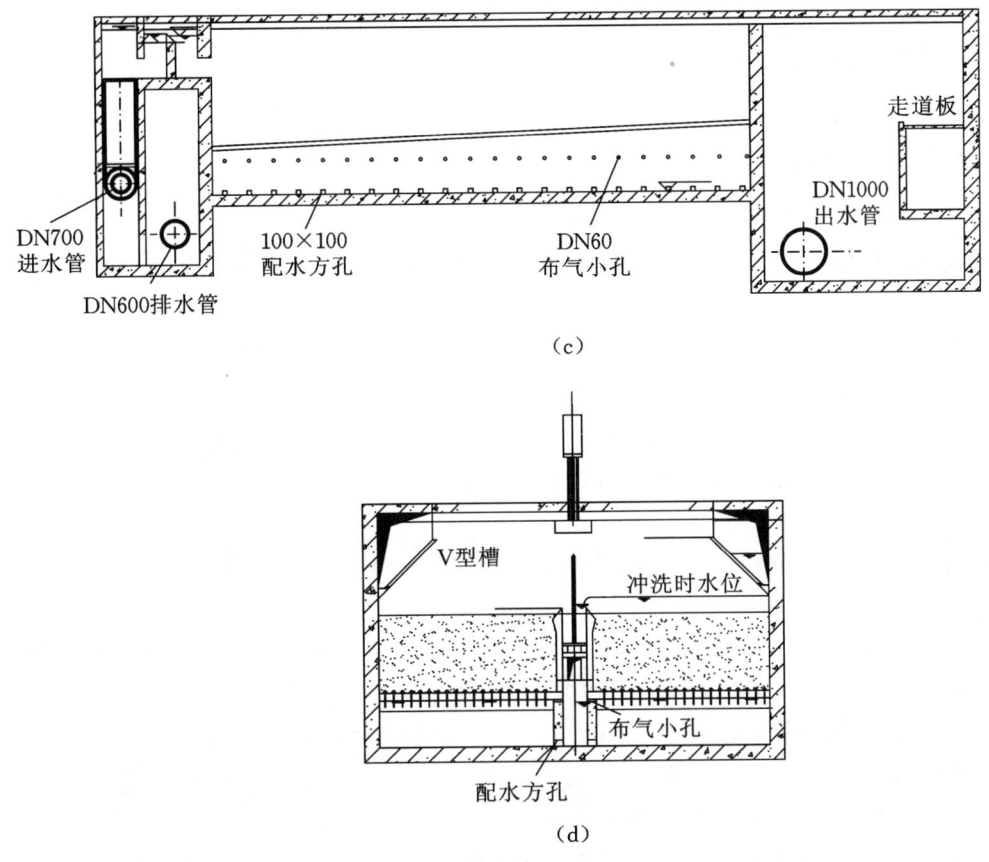

（c）

（d）

续图 7-2

比较确定，但不得少于可独立运行的两组，每组的分格数不得少于 8 格。每组最多格数应满足以下要求：

$$n < \frac{60T}{t+S} \tag{7-25}$$

式中　T——总过滤周期，h；

　　　t——各格滤池冲洗时间，min；

　　　S——移动罩体在两格之间运行及移动的时间，min。

② 移动罩滤池的设计过滤水头，可采用 1.2～1.5 m，堰顶宜做成可调节高低的形式。移动罩滤池应设恒定过滤水位的装置。

③ 移动罩滤池集水区的高度应根据滤格尺寸及格数确定，一般不宜小于 0.4 m。

④ 过滤室滤料表面以上的直壁高度应等于冲洗时滤料的最大膨胀高度再加保护高。

⑤ 移动罩滤池的运行宜采用程序控制。

7.5.7 消毒

7.5.7.1 一般要求

消毒一般要求如下：

① 生活饮用水必须消毒，消毒后水的卫生学指标应满足《生活饮用水卫生标准》（GB 5749—2022）要求。一般可采用加氯法。

② 选择加氯点时，应根据原水水质、工艺流程和净化要求，可单独在滤后加氯，或同时在滤前和滤后加氯。

③ 氯的设计用量，应根据相似条件下的运行经验，按最大用量确定。

④ 当采用氯胺消毒时，氯和氨的投加比例应通过试验确定，一般可采用质量比为 3∶1～6∶1。

⑤ 水和氯应充分混合。其接触时间不应小于 30 min，氯胺消毒的接触时间不应小于 2 h。

⑥ 投加液氯时应设加氯机。加氯机至少具备指示瞬时投加量的仪表和防止水倒灌氯瓶的措施。加氯间宜设校核氯量的磅秤。

⑦ 采用漂白粉消毒时应先制成浓度为 1％～2％ 的澄清溶液，再通过计量设备注入水中。每日投放次数不宜大于 3 次。

⑧ 加氯（氨）间应尽量靠近投加点。

⑨ 液氯（氨）加药间的集中采暖设备宜用暖气。如采用火炉时，火口宜设在室外。散热片或火炉应离开氯（氨）瓶和加注机。

7.5.7.2 加氯量计算

设计加氯量应根据试验或相似条件下水厂的运行经验，按最大用量确定，并应使余氯量符合饮用水卫生标准的要求。投加量一般取决于氯化的目的，并随水中氨氮比、pH 值、水温和接触时间等变化。一般水源水质的滤前加氯量为 1.0～2.0 mg/L，滤后水或地下水的加氯量为 0.5～1.0 mg/L。

氯与水的接触时间不小于 30 min。

加氯量：

$$Q = 0.001aQ_1 \quad (\text{kg/h}) \tag{7-26}$$

式中　a——最大投氯量，mg/L；

　　　Q_1——设计消毒水量，m³/h。

7.5.7.3 加氯设备和加氯间

（1）加氯机

目前，国内新设计的水厂均采用自动加氯，主要是真空式加氯机。国产真空式加氯机主要有 JSL 系列。近年来,美国的 WT 系列和德国的 ALLDOS 系列等真空式加氯机在国内加氯机市场中占有相当的份额。以往所建水厂中,多采用转子加氯机,国产加氯机主要是 ZJ 系列。选择加氯机时,根据加氯量和加氯点,可参考有关设备手册和厂家的设备样本。

(2)液氯蒸发器

为解决在自然环境温度下,液氯气化时热量补充不足,氯瓶出氯量受到限制,可采用液氯蒸发器。一般采用与加氯机配套的液氯蒸发器设备。

(3)加氯间及液氯仓库

加氯间及液氯仓库设计应满足以下要求:

① 加氯间及氯库内宜设置测定空气中氯气浓度的仪表和报警措施。必要时可设氯气吸收设备。

② 加氯(氨)间外部应备有防毒面具、抢救材料和工具箱。防毒面具应严密封藏,以免失效。照明和通风设备应设室外开关。

③ 加氯(氨)间必须与其他工作间隔开,并设下列安全措施:直接通向外部且向外开的门和观察窗。

④ 加氯(氨)间及其仓库应有每小时换气 8~12 次的通风设备。加漂白粉间及其仓库可采用自然通风。

⑤ 通向加氯(氨)间的给水管道,应保证不间断供水,并尽量保持管道内水压的稳定。投加消毒药剂的管道及配件应采用耐腐蚀材料,加氨管道及设备不应采用铜质材料。

⑥ 加氯、加氨设备及其管道应根据具体情况设置备用。

⑦ 液氨和液氯或漂白粉应分别堆放在单独的仓库内,且宜与加氯(氨)间毗连。药剂仓库的固定储备量应按当地供应、运输等条件确定,城镇水厂一般可按最大用量的 15~30 d 计算。其周转储备量应根据当地具体条件确定。

⑧ 氯库应设起重设备。

7.6 给水厂平面和高程布置

7.6.1 平面布置

水厂的基本组成包括两部分:生产构筑物及建筑物,附属建筑物。

生产构筑物平面尺寸应根据计算确定,生活附属建筑物建筑面积应按水厂管理体制、人员编制和当地建筑标准确定,生产附属建筑物应根据水厂规模、工艺流程和当地具体情况确定。

各构筑(建)物数量、平面尺寸确定之后,根据构筑(建)物的功能要求,结合地形和地质条件,进行水厂平面布置。

处理构筑物一般均分散露天布置,北方寒冷地区可采用室内集中布置。

7.6.1.1　内容

水厂平面布置的内容主要包括：各构筑（建）物的平面定位，各种管道（处理工艺用的原水管、加药管、沉淀水管、清水管、反冲洗管、加氯管、排泥管、放空管、水厂自用水管、厂区排水管、雨水管等）、阀门及配件布置，厂区道路、围墙、绿化等。

7.6.1.2　要求

给水厂平面布置要求如下：

① 构筑物间距宜紧凑，但应满足各构筑物和管线的施工要求。

② 构筑物布置应注意朝向和风向，如加氯间和氯库应尽量设置在水厂主导风向的下风向，泵房及其他建筑物尽量布置成南北向。

③ 生产构筑物间连接管道的布置，应水流顺直和防止迂回。

④ 生产构筑物与水厂生产附属建筑物（修理间、车库、仓库等）应分开布置。

⑤ 并联运行的净水构筑物间应保证配水均匀，必要时可设置配水井。

⑥ 加药间、沉淀池和滤池相互间的布置，宜通行方便。

⑦ 水厂排水一般宜采用重力流排放，必要时可设排水泵站。

⑧ 新建水厂绿化占地面积不宜少于水厂总面积的 20%。

⑨ 水厂内根据需要，设置滤料、管配件等露天堆放场地。

⑩ 水厂内应设置通向各构筑物和附属建筑物的道路，一般可按下列要求设计：

a. 主要车行道的宽度：单车道为 3.5 m，双车道为 6 m，并应有回车道。人行道路的宽度为 1.5~2.0 m。大型水厂一般可设双车道，中、小型水厂一般可设单车道。

b. 车行道转弯半径不宜小于 6 m。

c. 城镇水厂或设在工厂区外的工业企业自备水厂周围，应设置围墙，其高度一般不宜小于 2.5 m。

7.6.1.3　工艺流程平面布置类型

水厂流程平面布置，一般有三种类型：直线型、折角型和回转型。在水厂地形不受限制时，应尽量采用直线型布置。

7.6.2　高程布置

水厂处理构筑物高程布置应充分利用原有地形坡度，各构筑物间应采用重力流。构筑物间的水面高差即流程中的水头损失，包括构筑物、连接管道、计量设备的水头损失。

水头损失一般应通过计算确定，也可参照表 7-23 进行估算，并考虑构筑物中水头跌落损失。

表 7-23　处理构筑物中的水头损失

构筑物名称	水头损失/m	构筑物名称	水头损失/m
进水井格网	0.2～0.3	无阀、虹吸滤池	1.5～2.0
絮凝池	0.4～0.5	移动罩滤池	1.2～1.8
沉淀池	0.2～0.3	直接过滤滤池	2.0～2.5
澄清池	0.6～0.8	压力滤池	5.0～6.0
普通快滤池	2.0～2.5		

各构筑物中的连接管管径和渠的断面尺寸由流量和流速确定,连接管中允许流速见表7-24。因各构筑物间距离不同,连接管渠的水头损失应通过计算确定。

表 7-24　连接管中允许流速

连接管段或渠	允许流速/(m/s)	水头损失/m	备注
一级泵站至絮凝池	1.0～1.2	计算	
絮凝池至沉淀池	0.15～0.2	0.1	防止絮凝体破碎
沉淀池至澄清池或滤池	0.8～1.2	0.3～0.5	
滤池至清水池	1.0～1.5	0.3～0.5	流速宜取下限
快滤池反冲洗水管	2.0～2.5	计算	
反冲洗排水管	1.0～1.5	计算	

7.6.3　附属建筑物

水厂的附属建筑物一般包括:办公用房、化验室、维修车间、车库、仓库、食堂、浴室及锅炉房、门卫值班室、露天堆场等。

各附属建筑物建筑面积见《给水排水设计手册》第三册。

8 给水工程设计方案比较

给水工程设计,要充分利用所在地区的有利自然条件,避开不利的自然条件。在现有的和规划的人工环境条件下,运用合理技术,使工程投资和运行费用较低,使工程具有一定的可靠度,满足用户对水质、水量和水压的近远期要求。

给水工程技术方案是根据设计条件与设计任务所拟定的可能采取的技术对策与措施。方案一旦形成,它的技术性、经济性、可靠性便是确定了的。

由于给水系统的多层次性,给水工程设计也具有多层次性。它可以是整个给水系统的方案,也可以是取水、水处理、输配水等系统的方案,甚至可以是一座构筑物、一条管线、一台设备的方案。

给水工程设计方案在设计之初形成,选定的设计方案决定了给水工程的内容,并指导后续设计工作。因此,设计方案的优劣直接影响工程设计的质量。为获得优秀的设计方案,工程上常采取多方案比较分析的方法,从技术、经济、可靠性等方面评价方案的优劣。

8.1 给水工程设计方案技术比较

8.1.1 水源选择

水源选择设计方案的技术比较根据以下几点进行:
① 各备选水源原水水质对给水系统组成、水处理工艺的影响。
② 各备选水源所要求的输水距离。
③ 取水位置选择的合理性。

8.1.2 取水构筑物(含一级泵站)

取水构筑物设计方案的技术比较根据以下几点进行:
① 取水构筑物选型的合理性。
② 取水方案的正确性。
③ 水泵选择和泵房型式的合理性。
④ 水源地工艺流程的合理性。
⑤ 取水构筑物施工、运行的便利性。

8.1.3   输水管渠

输水管渠设计方案的技术比较根据以下几点进行：
① 输水管渠定线的合理性。
② 输水方式、管渠型式的合理性。
③ 附属构筑物、附件设置及输水管分段的合理性。
④ 管材选择的合理性。
⑤ 施工、运行的便利性。

8.1.4   水处理工艺及水厂

水处理工艺及水厂设计方案的技术比较根据以下几点进行：
① 水处理工艺选择的针对性。
② 水处理构筑物选型的合理性。
③ 设计参数选择的正确性。
④ 水处理构筑物运行管理的可行性。
⑤ 水厂平面、高程布置的合理性。

8.1.5   二级泵站

二级泵站设计方案的技术比较根据以下几点进行：
① 水泵选择的正确性。
② 水量、水压调节的可能性。
③ 泵站工艺布置的合理性。
④ 维护、运行的便利性。

8.1.6   配水管网

配水管网设计方案的技术比较根据以下几点进行：
① 管网定线的合理性。
② 管网图形结构的合理性。
③ 管网水力计算的正确性。
④ 管网分区的合理性。
⑤ 管材选择、附属构筑物、附件设置的合理性。

8.1.7　调节构筑物

调节构筑物设计方案的技术比较根据以下几点进行：
① 构筑物选型的正确性。
② 容积、高程计算的正确性。

8.1.8　给水系统

给水系统设计方案的技术比较根据以下几点进行：
① 给水系统与城镇建设规划的一致性。
② 给水系统分期建设的合理性。
③ 给水系统组成和布局的合理性。
④ 现有给水系统的利用程度。

8.2　给水工程设计方案经济比较

根据工程设计方案的具体情况，给水工程设计方案经济比较，可分为单纯投资费用比较法、投资及成本费用比较法、财务评价法比较三种。当不同设计方案的预期运行成本和收益相同时，可采用单纯投资费用比较法；当不同方案的预期收益相同而运行成本不同时，应采用投资及成本费用比较法；当不同方案的预期成本、收益均不相同时，应采用财务评价法。

给水工程设计方案的经济比较计算步骤如下：
① 设计方案的投资估算或概算；
② 预期运行成本计算；
③ 预期收益计算；
④ 方案经济比较。

8.2.1　设计方案投资概算

8.2.1.1　建设项目总投资构成

建设项目总投资包括固定资产投资、固定资产投资方向调节税、建设期贷款利息和铺底流动资金。建设项目总投资的构成见图 8-1。

项目资产按其使用性质与表现形式可分为固定资产、流动资产、无形资产和递延资产。按照资本保全原则，当项目建成投入经营时，固定资金（固定资产投资、投资方向调节税和建设期利息）将形成固定资产、无形资产和递延资产三部分。

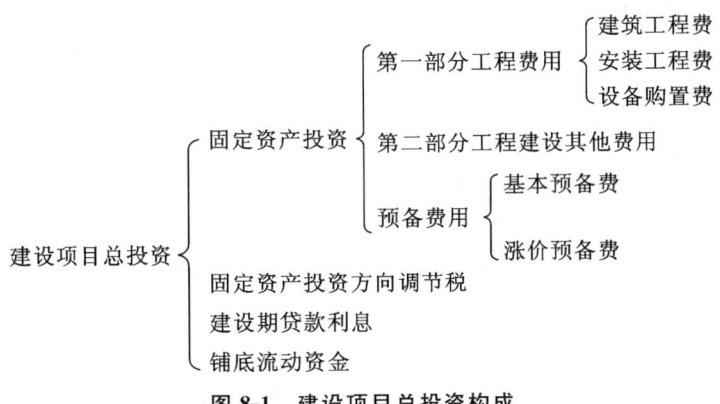

图 8-1　建设项目总投资构成

固定资产指使用期限超过 1 年,单位价值在规定标准以上,并且在使用过程中保持原有物质形态的资产,包括房屋及建筑物、机器设备、运输设备、工具器具等。《工业企业财务制度》进一步规定:不属于生产经营主要设备的物品,单位价值在 2000 元以上,并且使用期限超过 2 年的,也应当作为固定资产。

无形资产指能长期使用但没有实物形态的资产,包括专利权、商标权、土地使用权、非专利技术、商誉等。其特点:一是非物质实体但具有价值,其价值体现为一种权利或获得超额利润的权利;二是可在较长时期内为企业提供经济效益;三是所提供的未来经济效益有很大的不确定性,可能会随着新技术、新工艺、新产品的出现而失去其价值;四是某些无形资产的存在及其价值不能与特定企业或企业的有形资产分离。在财务上,获得无形资产所花费的费用,一般予以资本化,而在受益期内实施分期摊销。

递延资产指不能全部计入当年损益,而在以后年度内分期摊销的各项费用,如开办费。开办费指企业在筹建期间发生的费用,包括筹建期间人员工资、办公费、培训费、差旅费、印刷费、注册登记费以及不计入固定资产和无形资产购建成本的汇兑损益和利息等支出。

(1) 第一部分工程费用

第一部分工程费用包括建筑工程费用、安装工程费用和设备购置费用。

建筑工程费用包括:各种建筑(构)物的建筑工程、各种室外管道铺设工程、大型土石方工程等费用。安装工程费用包括:各种机电设备、专用设备、仪器仪表等设备的安装及配线费用;工艺、供热、供水排水等各种管道、配件和阀门以及供电外线安装工程费用。设备购置费用包括:全部设备购置费、工器具及生产家具购置费和备品备件购置费。

(2) 第二部分工程建设其他费用

工程建设其他费用是工程费用以外的建设项目必须支出的费用。一般包括:土地使用费及拆迁补偿费、建设单位管理费、工程建设监理费、研究试验费、生产准备费(包括生产职工培训费及提前进厂费)、办公和生活家具购置费、勘察设计费、工程保险费、公用事业增容补贴费、竣工图编制费、联合试运转费、施工机构迁移费、引进技术和进口设备项目的其他费用(运输费、关税等)等。

(3) 预备费用

预备费用包括基本预备费和涨价预备费。

基本预备费指在可行性研究投资估算中难以预料的工程和费用。涨价预备费指项目建设期间由于价格可能上涨而预留的费用。根据不同时期不同地区的物价指数,由国家或所在地区计委发布涨价预备费计算指数。

8.2.1.2 设计概算编制

(1)建筑安装工程

主要工程项目概算应按国家或所在地区主管部门规定的定额、单位估价表和取费标准等文件,根据初步设计图纸及说明书,按照工程所在地的自然条件和施工条件,计算工程数量,套用相应的概算定额或单位估价表进行编制。

次要工程项目概算可按概算指标和单位材料消耗指标进行编制。

(2)设备及其安装工程

① 设备购置费

设备原价按设备清单逐项进行计算,进口设备原价可按到岸价格计。设备运杂费根据工程所在地区规定的运杂费率,按设备原价的百分比计算。设备运杂费费率见表8-1所示。

表 8-1 设备运杂费费率

序号	地区	费率(%)
国内设备及材料		
1	辽宁、吉林、河北、北京、天津、山西、上海、江苏、浙江、山东、安徽	6~7
2	河南、陕西、湖北、湖南、江西、黑龙江、海南、广东、四川、重庆、福建	7~8
3	内蒙古、甘肃、宁夏、广西	8~10
4	贵州、云南、青海、新疆	10~11
引进设备及材料		
1	上海、天津、青岛、秦皇岛、温州、烟台、大连、连云港、南通、宁波、广州、湛江、北海、厦门	1.5
2	北京、河北、吉林、辽宁、山东、江苏、浙江、广东、海南、福建	2.0
3	山西、广西、陕西、江西、河南、湖南、湖北、安徽、黑龙江	2.5
4	四川、重庆、云南、贵州、宁夏、内蒙古、甘肃	3.0
5	青海、新疆、西藏	4.0

进口设备的关税、增值税、银行财务费、外贸手续费,按国家或地区规定费率计算。

② 设备安装工程费

设备安装工程费一般采用两种方法计算,即按设备安装概算定额或设备安装工程费用定额计算,按占设备原价的百分比率计算。

（3）工程建设其他费用

① 土地使用及拆迁补偿费

土地使用费及拆迁费指建设项目为取得土地使用权而发生的有关费用，包括征用耕地补偿费，征用土地需安置农业人口的补助费，征用土地上的房屋及附属建筑物、城市公用设施等的拆除迁建补偿费、搬迁费用，企业单位因搬迁造成的减产、停产损失补贴费，拆迁管理费等。

计算方法：根据主管单位批准的建设用地、临时用地面积以及青苗补偿，被征用土地上的房屋、水井、树木等附着物的数量，按各省、自治区、直辖市政府制订颁发的各项补偿费、安置补助费标准计算。

② 建设单位管理费

建设单位管理费指建设单位为进行项目筹建、场地准备、建设、联合试运转、验收总结等工作发生的管理费用。包括工作人员的工资及附加、劳动保护、差旅费、办公费、工具使用费、招募生产工人费、技术图书资料费、合同公证费、工程质量监督检验费、完工清理费、临时设施费和其他管理费用性质的开支。

计算方法：以第一部分工程费用总和为基础，按照工程项目的规模，确定建设单位管理费率计算。取费标准可参照表 8-2。

表 8-2 建设单位管理费取费标准（新建项目）

序号	第一部分工程费用总值/万元	费率（%）
1	100～300	2.0～2.4
2	300（不包含）～500	1.7～2.0
3	500（不包含）～1000	1.5～1.7
4	1000（不包含）～5000	1.2～1.5
5	5000（不包含）～10000	1.1～1.2
6	10000（不包含）～20000	0.9～1.1
7	20000（不包含）～50000	0.8～0.9
8	50000 以上	0.6～0.8

注：费率的选择应根据工程的繁简程度确定。

③ 工程建设监理费

工程建设监理费可按工程概预算的百分比计算，见表 8-3。

表 8-3 工程建设监理费收费标准（设计阶段）

序号	工程概预算额 M/万元	监理取费 a（%）
1	$M<500$	$a<0.2$
2	$500\leqslant M<1000$	$0.15<a\leqslant0.20$

续表8-3

序号	工程概预算额 M/万元	监理取费 a（%）
3	$1000 \leqslant M < 5000$	$0.10 < a \leqslant 0.15$
4	$5000 \leqslant M < 10000$	$0.08 < a \leqslant 0.10$
5	$10000 \leqslant M < 50000$	$0.05 < a \leqslant 0.08$
6	$50000 \leqslant M < 100000$	$0.03 < a \leqslant 0.05$
7	$M \geqslant 100000$	$a \leqslant 0.03$

④ 研究试验费

研究试验费按照设计提出的研究试验项目内容，进行计算。

⑤ 生产准备费

生产准备费包括生产职工培训费和提前进厂费。

培训费按培训人数（设计定员的 60%）的 6 个月培训期计算。提前进厂费按实际发生的提前进厂人数每人平均月工资及附加标准计算。

⑥ 办公和生活家具购置费

办公和生活家具购置费可按照设计定员人数，每人 1000 元计算。

⑦ 勘察设计费

勘察设计费按国家物价主管部门、建设行政主管部门发布的现行工程勘察设计收费标准计算。

⑧ 工程保险费

工程保险费按中国人民保险公司有关规定计算。

⑨ 公用事业增容补贴费

公用事业增容补贴费按国家批准的收费标准或地方实际收费计算。

⑩ 竣工图编制费

竣工图编制费按规定的费率计算。一般按设计费的 5% 计。

⑪ 联合试运转费

联合试运转费按第一部分工程费用中设备购置费的 1% 计。

⑫ 施工机构迁移费

施工机构迁移费按地方有关规定计算。若无规定，可按第一部分工程费用中的建筑安装工程费的 0.5%～1.0% 计。

⑬ 引进技术和进口设备的其他费用

引进技术和进口设备的其他费用包括外籍人员来华费用、出国人员费、引进设备材料国内检验费、工程保险费、海关监管手续费、银行担保费、图纸资料翻译复制费、调剂外汇额度差价费等。

（4）预备费

基本预备费，以第一部分工程费用总值和第二部分工程建设其他费用总值之和为基数，乘以基本预备费率（5%～8%）。

涨价预备费,以第一部分工程费用为基数,以编制文件年限为基期,计算到项目建成年份为止的设备、材料等价格的上涨额度。目前我国建设项目工程费用中涨价预备费系数为0。涨价预备费计算公式为:

$$P = \sum_{t=1}^{n} I_t \left[(1+f)^{t-1} + 1 \right]$$

(8-1)

式中　I_t——计算期第 t 年的建筑安装工程和设备及工器具购置费;

　　　f——物价上涨系数;

　　　n——计算期年数;

　　　t——计算期第 t 年。

(5) 固定资产投资方向调节税

国家为了在一定时期内控制投资方向,设置了固定资产投资方向调节税。给水工程项目属于基础设施项目,其固定资产投资方向调节税税率为0。

(6) 建设期借款利息

采用国内或国外贷款的建设项目,项目建设期间发生的贷款利息计入总投资。

① 建设期间不支付利息时,建设期利息按复利计算。

$$I_t = \left(\sum_{j=1}^{t} C_{j-1} + \frac{C_j}{2} + \sum_{t=1}^{t} I_{j-1} \right) \times i$$

(8-2)

$$I = \sum_{t=1}^{n} I_t$$

(8-3)

式中　C_j——第 j 年借款额;

　　　I_t——第 t 年利息;

　　　I——建设期利息;

　　　i——贷款年利率;

　　　n——项目建设期。

② 建设期间支付利息时,建设期利息按单利计算。

$$I = \sum_{t=1}^{n} \left[\left(\sum_{j=1}^{t} C_{j-1} + \frac{C_j}{2} \right) \times i \right]$$

(8-4)

(7) 铺底流动资金

铺底流动资金指项目投产运行初期所投入的流动资金的自筹部分。国家规定,建设项目流动资金自筹部分至少应占流动资金总额的30%,一般按30%计。流动资金的计算可采用两种方法:估算法和详细计算法。

给水工程项目可按3个月的经营成本计。经营成本计算,见8.2.3节。

8.2.2　设计方案经济比较

设计方案经济比较,可采用动态方法或静态方法。静态方法不考虑货币的时间价值,而动态方法则是考虑货币的时间价值的一种方法。当投资、成本、收益发生的年度不同或虽然年度相同而各年额度不同时，尤其当设计方案有分期建设的差别、收益先后的差别时，应采用动态比较法。将各年发生的费用，按基准收益率逐年折算到建设起点年，并求得总和，以此作为比较的依据。若计算项目中包含收益或收益不同，应采用建设项目财务评价方法计算相应的评价指标进行比较。

当不同设计方案的预期运行成本和收益相同时，可只比较投资部分。否则，应采用以下比较方法。

8.2.2.1 投资和成本法

（1）费用现值法

$$PW = \sum_{t=1}^{T} (C_t + c_t)(1+i)^{-t} \tag{8-5}$$

式中　PW——设计方案费用现值；

　　　C_t——第 t 年投资额；

　　　c_t——第 t 年经营成本和生产期贷款利息；

　　　i——折现率，一般可按基准收益率计；

　　　T——项目计算期，自建设起点年开始，一般按 20 年计。

（2）制水成本法

制水成本法是将投资以折旧和摊销费的形式计入运行成本，与经营成本形成年运行总成本，再除以年设计供水量得到单位制水成本。详见 8.2.3 节。

（3）年费用法

设计方案年费用按下式计算：

$$W = \frac{C}{t} + c_t \tag{8-6}$$

式中　C——设计方案总投资，不含铺底流动资金；

　　　t——投资偿还期。

　　　其他符号含义同前。

8.2.2.2 财务评价法

财务评价法的具体计算方法可参考《给水排水设计手册》技术经济分册。

8.2.3 生产运行总成本及制水成本计算

8.2.3.1 生产运行总成本

给水工程项目生产运行总成本包括经营成本（水资源费、动力费、药剂费、工资福利费、大修费、日常维护检修费、管理费、销售费用、其他费用）、折旧费、摊销费、财务费用（生产期贷款利息、汇兑损失、外汇调剂手续费、金融机构手续费等）。

（1）水资源费

水资源费，以从水源所取设计水量为计算基础，按有关部门的规定计算。

$$E_1 = 365 Q_d k_l e / k_d \qquad (8-7)$$

式中　Q_d——最高日供水量，m^3/d；

　　　e——水资源费，元/m^3；

　　　k_d——日变化系数；

　　　k_l——考虑水厂自用水和输水漏失的增加系数。

（2）药剂费

$$E_2 = \frac{365 Q_d \alpha}{k_d \times 10^6} (a_1 b_1 + a_2 b_2 + a_3 b_3 + \cdots) \qquad (8-8)$$

式中　α——水厂自用水系数；

　　　$a_1, a_2, a_3, \cdots$——各种药剂平均投加量，mg/L；

　　　$b_1, b_2, b_3, \cdots$——各种药剂价格，元/t。

（3）动力费

以各级泵站用电为主，考虑 1.05 的其他用电系数。

$$E_3 = 1.05 \frac{Q_d H d}{\eta k_d} \qquad (8-9)$$

式中　H——各级泵站工作全扬程，m；

　　　d——电费单价，元/（kW·h）；

　　　η——水泵和电机的效率，一般采用 $70\% \sim 80\%$。

根据各地区的实际情况，还应考虑变压器损耗用电费用。

（4）工资福利费

$$E_4 = 职工每人年均工资及福利费 \times 职工定员 \qquad (8-10)$$

（5）大修及日常维护修理费

$$E_5 = 固定资产原值 \times (大修费率 + 维护费率) \qquad (8-11)$$

（6）固定资产基本折旧费

$$E_6 = 固定资产原值 \times 综合基本折旧率 \qquad (8-12)$$

（7）摊销费

$$E_7 = (无形资产 + 递延资产) / 摊销年数 \qquad (8-13)$$

（8）管理费、销售费用和其他费用

$$E_8 = \sum_{i=1}^{7} E_i \times 15\% \qquad (8-14)$$

（9）财务费用（贷款利息）

$$E_9 = (年初长期借款累计值 - 当年还款额/2) \times 长期贷款年利率 + \\ 流动资金借款额 \times 流动资金年利率 \tag{8-15}$$

8.2.3.2 经营成本

经营成本计算公式如下：

$$E_c = \sum_{i=1}^{6} E_i + E_8 \tag{8-16}$$

8.2.3.3 总成本

总成本计算公式如下：

$$C = \sum_{i=1}^{9} E_i \tag{8-17}$$

8.2.3.4 单位制水成本

单位制水成本计算公式如下：

$$A_C = \frac{k_d C}{365 Q_d} \tag{8-18}$$

8.3 给水工程设计方案可靠性比较

8.3.1 水源选择

水源选择设计方案的可靠性比较根据以下几点进行：
① 各备选水源水量保证程度。
② 各备选水源水位变化幅度、冰冻、泥沙漂浮物情况及防治措施。
③ 河岸、湖岸、库岸、海岸的稳定情况。
④ 不同水源综合利用情况。

8.3.2 取水构筑物（含一级泵站）

取水构筑物设计方案的可靠性比较根据以下几点进行：
① 备用设备的设置及储存方式的合理性。
② 取水泵房地面层标高的确定。
③ 取水水泵启动方式。
④ 电源保证程度。

8.3.3 输水管渠

输水管渠设计方案的可靠性比较根据以下几点进行：
① 输水管系结构的可靠性。
② 输水管事故应对措施。

8.3.4 水处理工艺及水厂

水处理工艺及水厂设计方案的可靠性比较根据以下几点进行：
① 水处理构筑物产水量的潜力。
② 成品水水质保证措施。
③ 构筑物间的连接关系。
④ 构筑物的可维修性，设备的可互换性。

8.3.5 二级泵站

二级泵站设计方案的可靠性比较根据以下几点进行：
① 水泵启动方式。
② 备用泵的设置。
③ 电源保证程度。

8.3.6 配水管网

配水管网设计方案的可靠性比较根据以下几点进行：
① 管段储备程度。
② 事故点、着火点分析。
③ 切断阀门布置。

8.3.7 调节构筑物

调节构筑物设计方案的可靠性比较根据污染防治措施来进行。

8.3.8 给水系统

给水系统设计方案的可靠性比较根据以下几点进行：
① 系统可靠性分析。
② 提高可靠性的措施。

9 给水工程毕业设计实例

本章以东北 A 城市给水工程设计为例,介绍给水工程设计中城市给水管网系统和给水处理厂工艺的设计计算及过程。

9.1 设计任务及设计资料

9.1.1 设计资料

9.1.1.1 城市分区及人口情况

A 城市位于辽宁的南部,H 河的中下游。城市分为 Ⅰ、Ⅱ 两个行政区,Ⅰ 区 20 万人,Ⅱ 区 8 万人。房屋平均层数为 Ⅰ 区 4 层,Ⅱ 区 4 层。

9.1.1.2 工业企业分布

A 城市有工业企业,其城市管网规划图如图 9-1 所示,用水量情况见表 9-1。

图 9-1 城市管网规划图

表 9-1 用水量情况表

工厂名称	生产用水量/(m³/d)	用水时间	备注
甲	6000	8:00—18:00	两班制,每班 200 人(一般车间 100 人,热车间 100 人)
乙	9000	8:00—24:00	三班制,每班人数 100 人(一般车间 50 人,热车间 50 人)

9.1.1.3 城市自然状况

城市土壤为亚黏土,地下水位深度为 8 m,冰冻线深度 1.43 m,年降水量 698 mm。最高温度为 36.2 ℃,最低温度为 −28.6 ℃,年平均温度为 7.5 ℃;夏季主导风向为东南风,冬季主导风向为东北风。

全年降水量 698 mm,最大降水量 71 mm。

自来水厂的土壤种类为亚黏土;地下水位深度 8 m。

9.1.1.4 水源原水水质

河流水源水浊度见表 9-2,河流水质情况见表 9-3。

表 9-2 河流水源水浊度(NTU)

月份	最小浊度	最大浊度
1	30	160
2	50	250
3	50	350
4	50	400
5	60	420
6	50	430
7	50	500
8	50	500
9	50	350
10	40	300
11	30	280
12	20	100

表 9-3 河流水质情况

编号	项目	单位	分析结果
1	色度	度	19
2	嗅和味		无
3	pH 值		6.8～7.1
4	总硬度（以碳酸钙计）	mg/L	450
5	溶解铁	mg/L	0.3
6	锰	mg/L	0.1
7	铜	mg/L	1.0
8	锌	mg/L	1.0
9	挥发酚（以苯酚计）	mg/L	0.002
10	阴离子合成洗涤剂	mg/L	0.3
11	硫酸盐	mg/L	250
12	氯化物	mg/L	250
13	溶解性总固体	mg/L	1000
14	氟化物	mg/L	1.0
15	氰化物	mg/L	0.05
16	砷	mg/L	0.01
17	硒	mg/L	0.01
18	汞	mg/L	0.001
19	镉	mg/L	0.005
20	铬（六价）	mg/L	0.05
21	铅	mg/L	0.01
22	银	mg/L	0.05
23	铍	mg/L	
24	氨氮（以氮计）	mg/L	0.3
25	硝酸盐（以氮计）	mg/L	10
26	耗氧量（$KMnO_4$ 法）	mg/L	1.5

编号	项目	单位	分析结果
27	苯并[a]芘	$\mu g/L$	0.01
28	滴滴涕	$\mu g/L$	1
29	六六六	$\mu g/L$	5
30	百菌清	$\mu g/L$	
31	总大肠菌群	个/L	
32	总 α 放射性	bq/L	
33	总 β 放射性	bq/L	
34	水温	℃	10～28

9.1.1.5 城市用水量逐时变化情况

城市用水量逐时变化见表9-4。

表 9-4 城市综合生活各小时用水量站最高日用水量百分比

时间	百分比（%）	时间	百分比（%）	时间	百分比（%）
0:00—1:00	2.81	8:00—9:00	5.32	16:00—17:00	5.22
1:00—2:00	2.79	9:00—10:00	4.81	17:00—18:00	4.92
2:00—3:00	2.93	10:00—11:00	4.74	18:00—19:00	4.71
3:00—4:00	3.06	11:00—12:00	4.52	19:00—20:00	4.18
4:00—5:00	3.13	12:00—13:00	4.49	20:00—21:00	4.04
5:00—6:00	3.78	13:00—14:00	4.45	21:00—22:00	3.42
6:00—7:00	4.93	14:00—15:00	4.65	22:00—23:00	3.02
7:00—8:00	5.47	15:00—16:00	5.36	23:00—24:00	2.81

9.1.1.6 地表水源

地表水源最大流量为 950 m^3/s，最小流量 200 m^3/s；最高水位（1%）34 m，常水位 31 m，最低水位（97%）27 m，冰冻期水位 28 m；并且该河流不通航。

9.1.2 设计任务

设计任务如下：

① 城市给水工程规划;

② 城市输水管与给水管网设计;

③ 净水厂处理工艺设计;

④ 二级泵站设计;

⑤ 城市给水工程总概算和成本估计;

⑥ 图纸:城市给水管网规划总平面渲染图 1 张,给水处理厂工艺平面图 1 张,给水厂总平面及高程布置图 2 张,净水构筑物平、立、剖面图 4～6 张,二泵站工艺图 1 张,管网等水压线图 1 张,其他。

9.2 水厂选址及水处理工艺流程选择

9.2.1 设计概述

9.2.1.1 水源、水厂位置选择

A 城市总人口为 28 万人,分为 Ⅰ、Ⅱ 两个区,其中有甲、乙两个工厂。根据原始设计资料可知,河流位于该城市的西南方,四季流量充沛,水质良好,可作为城市供水的水源。

净水厂选址应该综合考虑,通过技术经济比较从而确定。在选择厂址的时候,一般考虑以下几点:

① 水源地:净水厂应该建在水源地附近,以便减少输水管道的长度,减少输水过程中的水质污染风险。同时,水源地的地质环境、水质状况、水量等因素也应该考虑进去。

② 地质环境:净水厂的选址应该避免地震、滑坡、泥石流等地质灾害区域,同时要注意地下水位、土质条件等因素,以保证净水厂的建设和运行安全。

③ 交通运输:净水厂选址应该考虑交通便利性,便于运输原材料和产品。同时,要避免建设在交通拥堵或交通不便的地区。

④ 环境污染源:净水厂选址时要避开环境污染源,以免污染源对净水厂的水质影响。

⑤ 用地成本:净水厂选址时应该考虑到用地成本,尽量选择用地成本较低的区域。

⑥ 未来发展规划:净水厂的选址应该考虑到未来的发展规划,预留足够的用地和空间,以适应未来净水厂的扩建和升级。

净水厂位置尽量靠近取水点,减少泵站运输费用。地表水经过净水厂处理后要符合国家饮用水标准。

9.2.1.2 城市供水方案选择

根据城市地形和分布特点,综合考虑各种给水方案的优缺点来确定方案。各给水系统优缺点比较:

（1）统一给水

优点：

① 操作管理简单，统一控制中心可对城市供水进行监控和管理。

② 供水系统稳定性高，供水质量一致，水压稳定。

③ 可以利用城市中心的大型水处理设施，提高供水的水质。

缺点：

① 由于管道长度长，输送过程中有一定的水质风险。

② 管道破损等问题容易引发供水中断或事故，恢复时间长。

③ 成本高，建设和维护费用都较高。

（2）分区给水

优点：

① 分区控制，当某一区域需要维护或出现供水问题时，只需关闭该区域供水，不影响其他区域的供水。

② 管道较短，输送距离短，供水质量更稳定，供水压力更均衡。

③ 管道破损等问题仅影响该区域，不会对整个城市供水系统产生影响。

缺点：

① 管理难度较大，需要对各个分区的供水进行独立管理和维护。

② 水质不一致，需要对每个分区的水质进行监测和处理，增加管理成本。

③ 建设成本相对较高，需要建造多个小型供水系统，增加建设和维护成本。

根据以上优缺点，并结合城市的具体情况，通过经济技术比较，最终确定采用统一给水方式。

9.2.1.3 输水工程

设计水厂离配水管网有一定的距离，从水厂出来的管从两个点进入管网，组成输配水管网。定线时根据以下原则和要求：

① 合理布局：给水管道应根据地形、交通、土地利用等因素合理布局，避免交通瓶颈、拥挤地段等地方进行大规模的管网布置。

② 最短路径：在合理布局的基础上，应选择最短的路径，以降低输水阻力，减少输水损失，提高供水效率。

③ 多样性：在管网布置时，应考虑到多样性，以适应不同地区、不同用户的供水需求。

④ 安全性：在管道布置时，应考虑到管道的安全性，避免管道布置在易受地震、泥石流等自然灾害影响的区域。

⑤ 可维护性：在管网布置时，应考虑到管道的可维护性，以降低管网的维护成本，并方便日后的维护和检修。

⑥ 可扩展性：在管网设计时，应考虑到城市的发展趋势，预留足够的空间进行管网的扩展，以适应城市的发展需要。

⑦ 系统稳定性：在管网设计时，应考虑到管网系统的稳定性，以确保管道系统能够满足供水需求，并在突发情况下保持稳定。

9.2.2　水处理工艺流程选择

天然水体中可能存在多种污染物，这些污染物可以来自自然因素，也可以是由人类活动引起的。以下是一些常见的天然水体中的污染物：

① 悬浮物：天然水体中的悬浮物包括沉积物、泥沙、有机物质和微生物等，它们可以使水体变浑浊，并降低水的透明度。

② 有机物质：有机物质包括腐殖质、油类、植物残体和动物排泄物等。这些有机物质可以导致水体产生异味、变色，并且促进藻类和细菌的生长，引起水体富营养化。

③ 溶解性无机物质：天然水体中的溶解性无机物质包括氮化合物（如氨氮、硝态氮和亚硝态氮）、磷化合物、硫化合物、重金属（如铅、汞、镉等）等。这些物质可以来自自然地球化学过程，也可以是由农业、工业和城市污水排放等人类活动引起的。

④ 放射性物质：天然水体中可能含有一定量的放射性物质，如放射性同位素钾-40、铀和钍等。这些物质可能来自地壳中的放射性元素，也可能与人类活动有关，如核能产业和矿产资源开采。

⑤ 毒素：天然水体中可能存在某些有毒物质，如蓝藻产生的微囊藻毒素、河流中的鱼类和贝类产生的毒素等。这些物质对人类和生态系统有害，并可能引起水生生物死亡和中毒事件。

需要注意的是，污染物的种类和浓度可以因水体类型、地理位置、人类活动和气候条件等因素而有所差异。对于水体的保护和管理，应该进行监测和评估，制定相应的措施来减少和控制污染物的输入，以确保水体的健康和可持续利用。污染物按尺寸可分为悬浮物、胶体和溶解物三类。地表水易受污染，水中悬浮物和胶体杂质含量比较多，受地质条件和天气影响也比较大。水处理方法应根据水源水质和用水对象对水质的要求确定。

水处理的工艺主要包括以下几个步骤，这些步骤可以根据水源的不同和所需的水质要求进行调整和组合：

（1）净化

净化是给水处理的第一步，旨在去除原水中的悬浮物和大颗粒物质。常用的净化方法包括：

① 筛选：通过物理筛网去除较大的固体颗粒。

② 沉淀：将水静置一段时间，使较重的颗粒沉淀到底部。

③ 简单混凝：加入混凝剂（如铝盐或铁盐）以促使悬浮物凝聚并沉淀。

（2）混凝与絮凝

混凝与絮凝这一步旨在进一步净化水体，使微小的悬浮物和胶体物质凝聚成较大的颗粒，以便更容易去除。常用的方法包括：

① 加入絮凝剂：通常使用铝盐或聚合物等絮凝剂，帮助悬浮物和胶体物质凝聚成絮凝物。

② 搅拌和沉淀：通过搅拌使混凝剂与水混合，并使絮凝物形成较大的团块，然后通过沉淀使其沉降到底部。

（3）过滤

过滤是去除水中微小悬浮物、胶体和微生物的重要步骤。常用的过滤方法包括：

① 砂滤：将水通过砂层，利用砂层的过滤作用去除颗粒物。

② 活性炭吸附：将水通过活性炭床，通过活性炭的吸附作用去除有机物和异味。

（4）消毒

消毒是为了杀灭水中的病原微生物，以确保水的安全性。常用的消毒方法包括：

① 氯消毒：向水中添加氯化物或次氯酸钠等含氯物质。

② 臭氧消毒：通过臭氧气体的作用来杀灭微生物。

（5）pH 值调节和调整水质

在某些情况下，需要对水的 pH 值进行调节，以确保其符合所需的水质要求。调节 pH 值可以使用化学物质如氢氧化钙或二氧化碳等。

（6）添加消毒副产物控制剂

在消毒过程中，消毒副产物（如三卤甲烷）可能会形成，需要添加控制剂来减少其生成和积累。

（7）余氯调节

为了保持水中残留的余氯浓度，以确保在配送过程中水的消毒效果，可以添加调节剂。

（8）pH 值调节

最后一步是根据需要调节水的最终 pH 值，以确保水质的稳定性和符合标准要求。

以上是水处理的常见工艺步骤，具体的工艺设计会根据不同的水源特点、水质要求和当地的标准和规范进行调整和优化。给水处理厂的主要构筑物拟分两组，处理后的水应符合国家的生活饮用水卫生标准。

9.3　给水管网设计计算

9.3.1　管网设计

9.3.1.1　管网布置

给水管网布置应该满足以下要求：

（1）合理布置管道网络

城市给水管道网络应该根据城市规划、地形地貌、建筑布局等因素合理布置，形成一个完整的管道系统，确保每个区域的用水需求得到满足。

（2）保证供水的连续性和可靠性

城市给水管道网络应该保证供水的连续性和可靠性，尽可能避免水压不足、水质污染、水量不足等问题的发生。为此，可以采用多管并行、分区供水等方式。

（3）考虑节能、环保和可持续发展

城市给水管道网络的建设应该考虑节能、环保和可持续发展的原则。例如，可以采用高效的泵站、水箱和水处理设备，减少能源消耗和环境污染。

（4）避免管道损坏和漏水

城市给水管道网络应该避免管道损坏和漏水的问题。为此，可以采用高质量的管材、合理的施工工艺和先进的管道检测技术，及时发现和修复管道问题。

（5）考虑未来的扩建和改造

城市给水管道网络的建设应该考虑未来的扩建和改造。例如，可以预留足够的管道容量和设备位置，方便未来的扩建和改造工作。同时，应该对管道进行定期检修和维护，保证管道的安全运行。

目前常用管网布置方式有树状管网和环状管网。树状网结构简单，在实际工程中价格具有优势，但不能保证充分供水。环状管网能比较充分地保证供水，但其建造价格比较高昂。

综合分析，为满足用户用水，本次设计采用环状管网。

9.3.1.2 管网定线

A 城市按照有无调节构筑物设置两套管网布置方案，如图 9-2 和图 9-3 所示。

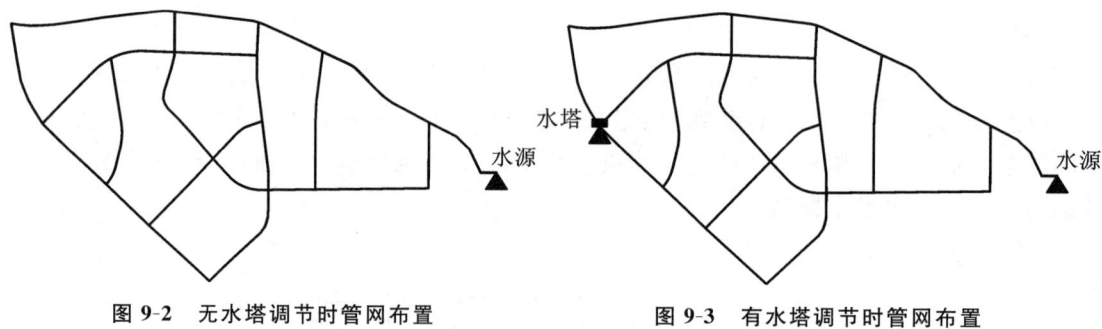

图 9-2　无水塔调节时管网布置　　　　图 9-3　有水塔调节时管网布置

9.3.2　管网计算

9.3.2.1　设计用水量计算

（1）各项用水量及设计依据

① 综合生活用水量 Q_1

综合生活用水包括居民生活用水和公共建筑及设施用水，计算式如下：

$$Q_1 = q_1 N_1 f = 180 \times 280000 \times 1 = 50400 \ \text{m}^3/\text{d}$$

② 工业企业生产及生活用水 Q_2

甲厂生产用水：6000 m³/d

乙厂生产用水：9000 m³/d

甲厂生活用水：

$$(400 \times 25 \times 3 + 400 \times 35 \times 2.5)/(10 \times 3600) = 6.5 \text{ m}^3/\text{d}$$

乙厂生活用水：

$$(300 \times 25 \times 3 + 300 \times 35 \times 2.5)/(24 \times 3600) = 2.03125 \text{ m}^3/\text{d}$$

甲厂淋浴：$(200 \times 40 + 200 \times 60)/3600 = 20 \text{ m}^3/\text{d}$

乙厂淋浴：$(150 \times 40 + 150 \times 60)/3600 = 9 \text{ m}^3/\text{d}$

其中一般车间生活用水为 25 L/(人·班)，淋浴用水为 40 L/(人·班)；热车间生活用水为 35 L/(人·班)，淋浴用水为 60 L/(人·班)。

$$Q_2 = 9000 + 6000 + 6.5 + 2.03125 + 20 + 9 = 15037.53 \text{ m}^3/\text{d}$$

设计中取 $Q_2 = 15037.6 \text{ m}^3/\text{d}$

③浇洒道路和绿地用水量 Q_3

由于资料不足，Q_3 按照居住区综合用水量的 3% 估算

$$Q_3 = 0.03 \times 50400 = 1512 \text{ m}^3/\text{d}$$

每天浇洒道路和绿地两次，每次用水量为 756 m³，浇洒时间段为 10：00—11：00、23：00—24：00。

④漏失水量 Q_4

Q_4 按照前三项用水的 10% 估算。

$$Q_4 = 0.1 \times (50400 + 1537.6 + 1512) = 1654.96 \text{ m}^3/\text{d}$$

⑤未预见水量 Q_5

Q_5 按照前四项水量之和的 10% 估算。

$$Q_5 = 0.1 \times (50400 + 1537.6 + 1512 + 1654.96) = 6860.456 \text{ m}^3/\text{d}$$

⑥最高日用水量 Q_d

$$Q_d = 50400 + 1537.6 + 1512 + 1654.96 + 6860.456 = 75465.016 \text{ m}^3/\text{d}$$

⑦消防用水量 Q_x

根据建筑设计防火规范，该城市人口为 28 万，在最不利情况下有 2 处起火点，每处的水量为 45 L/s，其计算式如下：

$$Q_x = q_x N_x T_x = \frac{45 \times 2 \times 2 \times 3600}{1000} = 648 \text{ m}^3$$

式中　　q_x——一次灭火用水量，L/s，取 45 L/s；

N_x——同一时间内火灾次数，取 2 次；

T_x——一次火灾延续时间，h，取 2 h。

A 市的城市用水量计算表见表 9-5。城市用水量变化曲线见图 9-4。

表 9-5　城市用水量计算表

时间 /h	居民用 水占比 （%）	居民 用水量 /m³	工厂 用水量 /m³	浇洒 用水量 /m³	未预见 用水量 /m³	漏失量 /m³	总流量 /m³	占比 （%）
0：00—1：00	2.81	1416.24	628.36		285.85	68.96	2399.40	0.03

续表9-5

时间 /h	居民用水占比 （%）	居民用水量 /m³	工厂用水量 /m³	浇洒用水量 /m³	未预见用水量 /m³	漏失量 /m³	总流量 /m³	占比 （%）
1:00—2:00	2.79	1406.16	625.36		285.85	68.96	2386.32	0.03
2:00—3:00	2.93	1476.72	625.36		285.85	68.96	2456.88	0.03
3:00—4:00	3.06	1542.24	625.36		285.85	68.96	2522.40	0.03
4:00—5:00	3.13	1577.52	625.36		285.85	68.96	2557.68	0.03
5:00—6:00	3.78	1905.12	625.36		285.85	68.96	2885.28	0.04
6:00—7:00	4.93	2484.72	625.36		285.85	68.96	3464.88	0.05
7:00—8:00	5.47	2756.88	625.36		285.85	68.96	3737.04	0.05
8:00—9:00	5.32	2681.28	625.36		285.85	68.96	3661.44	0.05
9:00—10:00	4.81	2424.24	625.36		285.85	68.96	3404.40	0.05
10:00—11:00	4.74	2388.96	625.36	756	285.85	68.96	4125.12	0.05
11:00—12:00	4.52	2278.08	625.36		285.85	68.96	3258.24	0.04
12:00—13:00	4.49	2262.96	625.36		285.85	68.96	3243.12	0.04
13:00—14:00	4.45	2242.8	638.36		285.85	68.96	3235.96	0.04
14:00—15:00	4.65	2343.6	625.36		285.85	68.96	3323.76	0.04
15:00—16:00	5.36	2701.44	625.36		285.85	68.96	3681.60	0.05
16:00—17:00	5.22	2630.88	625.36		285.85	68.96	3611.04	0.05
17:00—18:00	4.92	2479.68	625.36		285.85	68.96	3459.84	0.05
18:00—19:00	4.71	2373.84	638.36		285.85	68.96	3367.00	0.04
19:00—20:00	4.18	2106.72	625.36		285.85	68.96	3086.88	0.04
20:00—21:00	4.04	2036.16	625.36		285.85	68.96	3016.32	0.04
21:00—22:00	3.42	1723.68	625.36		285.85	68.96	2703.84	0.04
22:00—23:00	3.02	1522.08	625.36		285.85	68.96	2502.24	0.03
23:00—24:00	2.81	1416.24	625.36	756	285.85	68.96	3152.40	0.04

由图 9-4 可知最高日最高时用水量为 5.47%，最高日用水量为 Q_d。

$$Q_h = 5.47\% Q_d$$

则 $Q_h = 4125.68 \ \mathrm{m^3/h}$。

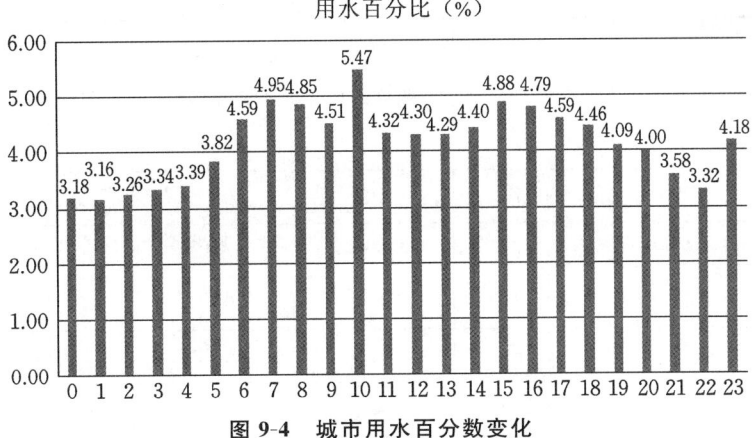

用水百分比（%）

图 9-4　城市用水百分数变化

9.3.2.2　调节构筑物计算

方案一无高地水池，方案二有高地水池。清水池容积会产生变化，具体见表 9-6，水泵运行曲线见图 9-5。

表 9-6　清水池和高地水池容积变化

时间 /h	用水量 （%）	一泵站供水量占比 （%）	二泵站供水量占比 （%）	无高地水池清水池 （%）	有高地水池清水池 （%）	高地水池 （%）
0:00—1:00	3.19	4.17	3.8	−0.98	−0.37	−0.61
1:00—2:00	3.18	4.17	3.8	−0.99	−0.37	−0.62
2:00—3:00	3.27	4.17	3.8	−0.9	−0.37	−0.53
3:00—4:00	3.35	4.17	3.8	−0.82	−0.37	−0.45
4:00—5:00	3.39	4.16	3.8	−0.77	−0.36	−0.41
5:00—6:00	3.82	4.16	3.8	−0.34	−0.36	0.02
6:00—7:00	4.59	4.17	3.8	0.42	−0.37	0.79
7:00—8:00	4.95	4.17	3.8	0.78	−0.37	1.15
8:00—9:00	4.85	4.17	3.8	0.68	−0.37	1.05
9:00—10:00	4.51	4.17	3.8	0.34	−0.37	0.71
10:00—11:00	5.47	4.16	3.8	1.31	−0.36	1.67
11:00—12:00	4.32	4.16	3.8	0.16	−0.36	0.52
12:00—13:00	4.38	4.17	3.8	0.21	−0.37	0.58

续表9-6

时间 /h	用水量 (%)	一泵站供水量占比 (%)	二泵站供水量占比 (%)	无高地水池清水池 (%)	有高地水池清水池 (%)	高地水池 (%)
13:00—14:00	4.29	4.17	4.9	0.12	0.73	−0.61
14:00—15:00	4.49	4.17	4.9	0.32	0.73	−0.41
15:00—16:00	4.88	4.17	4.9	0.71	0.73	−0.02
16:00—17:00	4.79	4.16	4.9	0.63	0.74	−0.11
17:00—18:00	4.59	4.16	4.9	0.43	0.74	−0.31
18:00—19:00	4.46	4.17	4.9	0.29	0.73	−0.44
19:00—20:00	4.09	4.17	4.9	−0.08	0.73	−0.81
20:00—21:00	4.02	4.17	4.9	−0.15	0.73	−0.88
21:00—22:00	3.58	4.17	3.8	−0.59	−0.37	−0.22
22:00—23:00	3.35	4.16	3.8	−0.81	−0.36	−0.45
23:00—24:00	4.19	4.16	3.8	0.03	−0.36	0.39
	100	100	100	6.4	5.86	6.49

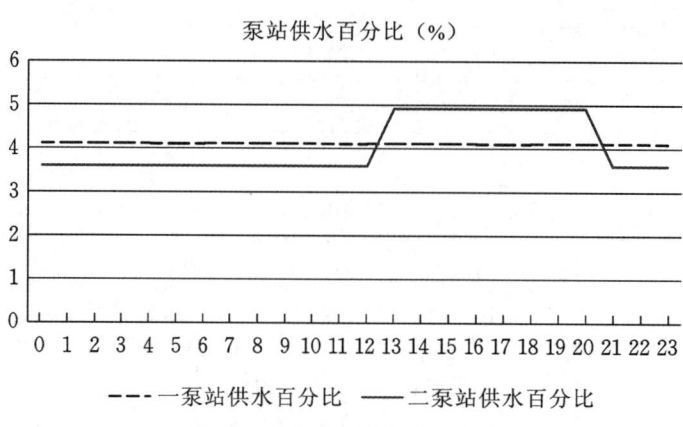

图 9-5　泵站供水百分比曲线

清水池有效容积

$$W = W_1 + W_2 + W_3 + W_4$$

式中　W_1——调节容积，m^3；

$\quad\quad W_2$——净水构筑物冲洗用水及其他厂用水的调节水量，一般取最高日用水量的10%，m^3；

$\quad\quad W_3$——安全储量，m^3；

$\quad\quad W_4$——消防水量，m^3。

① 无水塔时高地水池：

$$W_1 = 6.4\% \times 75465.016 = 4829.8 \text{ m}^3$$

水厂自用水量：

$$W_2 = 10\% \times 75465.016 = 7546.5 \text{ m}^3$$

考虑两处同时火灾：

$$W_4 = 45 \times 2 \times 2 \div 1000 \times 3600 = 648 \text{ m}^3$$

清水池总容积：

$$W = \frac{7}{6}(W_1 + W_2 + W_4) = 15195.02 \text{ m}^3$$

② 有高地水池时清水池：

$$W_1 = 5.86\% \times 75465.016 = 4422.3 \text{ m}^3$$

水厂自用水量：

$$W_2 = 10\% \times 75465.016 = 7546.5 \text{ m}^3$$

考虑两处同时火灾：

$$W_4 = 45 \times 2 \times 2 \div 1000 \times 3600 = 648 \text{ m}^3$$

清水池总容积：

$$W = \frac{7}{6}(W_1 + W_2 + W_4) = 15195.02 \text{ m}^3$$

高地水池容积

$$W = W_1 + W_2 = 6.49\% \times 75465.016 + 15 \times 10 \times 60 = 13897.7 \text{ m}^3$$

9.3.2.3 管网平差及校核

本次管网平差使用鸿业软件，对给水管网节点进行编号并输入各个节点地面标高、水源点流量及自由水头，采用海曾威廉公式进行管网平差计算。给水管网等压线图如图 9-6 所示。

(1) 无高地水池时最高日最高时管网平差

① 无高地水池最高日最高时平差计算依据

a. 平差类型：反算水源压力。

b. 计算公式：海曾威廉公式。

计算温度：20 ℃；

运动黏度系数：0.000001。

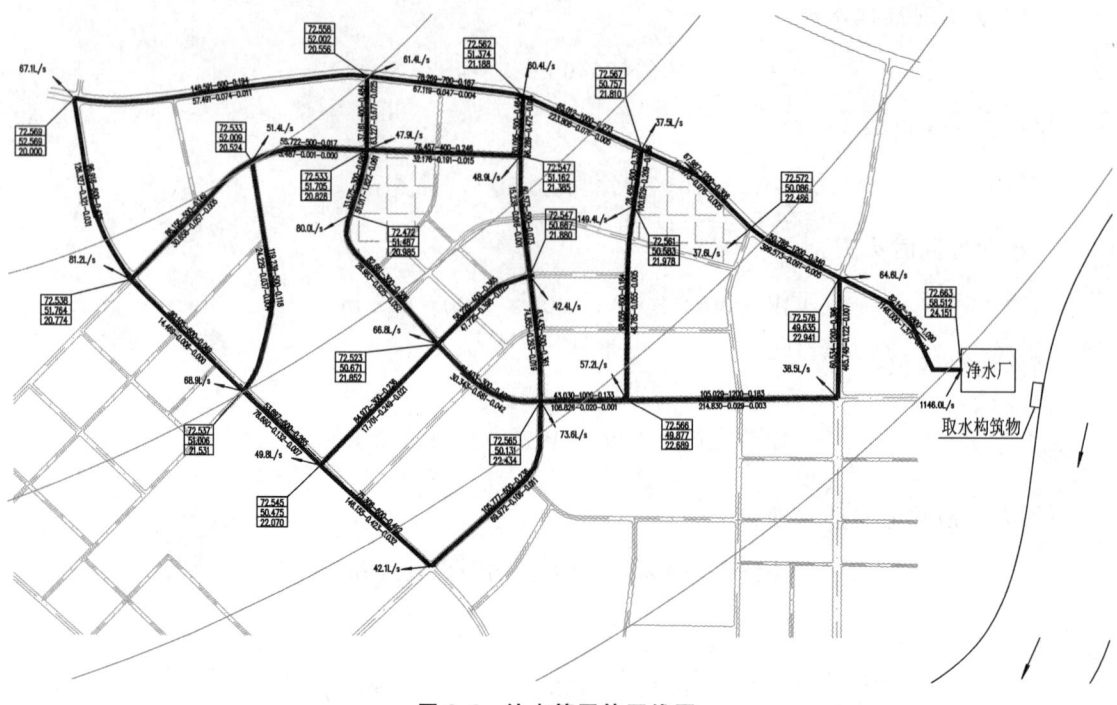

图 9-6   给水管网等压线图

c. 局部损失系数：1.20。

d. 水源点水泵参数：无参数。

e. 管网平差结果特征参数见表 9-7。

表 9-7   管网平差结果特征参数

水源点标号	节点流量/(L/s)	节点压力/m	最大管径/mm	最小管径/mm
JS-1	−1146	72.663	1200	200

最大流速/(m/s)	最小流速/(m/s)	水压最低点	压力/m	自由水头最低点	自由水头/m
1.134	0.084	JS-17	60.70	JS-17	20

② 二泵站扬程计算

$$H_p = Z_c + \sum h + H_c + h_s$$

式中 Z_c ——管控制点和清水池最低水位高程差，m；

H_c ——控制点所需最小服务水头，m；

$\sum h$ ——输水管和管网中水头损失，m；

h_s ——吸水管水头损失，m，本设计中取 2 m。

$$H_p = 40.7 − 34 + 4 + 20 + 37.163 + 2 = 69.863 \text{ m}$$

（2）无高地水池时最高日最高时管网消防校核

① 无高地水池最高日最高时消防校核依据。

假设最不利点 JS-17 和甲厂 JS-20 处发生火灾。

a. 平差类型：消防校核。

b. 计算公式：海曾威廉公式。

计算温度：20 ℃；

运动黏度系数：0.000001。

c. 局部损失系数：1.20。

d. 水源点水泵参数：无参数。

e. 管网消防校核结果特征参数见表 9-8。

表 9-8 管网消防校核结果特征参数

水源点标号	节点流量/(L/s)	节点压力/m	最大管径/mm	最小管径/mm
JS-1	−1036	71.556	1200	200

最大流速/(m/s)	最小流速/(m/s)	水压最低点	压力/m	自由水头最低点	自由水头/m
1.268	0.153	JS-17	50.70	JS-17	10

② 二泵站扬程计算

$$H_p = Z_c + \sum h + H_c + h_s$$

式中 Z_c——管控制点和清水池最低水位高程差，m；

H_c——控制点所需最小服务水头，m；

$\sum h$ ——输水管和管网中水头损失，m；

h_s——吸水管水头损失，m，本设计中取 2 m。

$$H_p = 40.7 - 34 + 4 + 10 + 39.581 + 2 = 62.287 \text{ m}$$

二泵站满足扬程要求。

（3）无高地水池时最高日最高时管网事故校核

① 无高地水池最高日最高时管网事故校核依据

a. 平差类型：事故校核。

b. 计算公式：海曾威廉公式。

计算温度：20 ℃；

运动黏度系数：0.000001。

c. 局部损失系数：1.20。

d. 水源点水泵参数：无参数。

e. 管网事故校核结果特征参数见表 9-9。

表 9-9　管网事故校核结果特征参数

表 9-9　管网事故校核结果特征参数

水源点标号	节点流量/(L/s)	节点压力/m	最大管径/mm	最小管径/mm
JS-1	−802.2	56.884	1200	200

最大流速/(m/s)	最小流速/(m/s)	水压最低点	压力/m	自由水头最低点	自由水头/m
0.794	0.059	JS-17	50.70	JS-17	10

② 二泵站扬程计算

$$H_p = Z_c + \sum h + H_c + h_s$$

式中　Z_c——管控制点和清水池最低水位高程差，m；

H_c——控制点所需最小服务水头，m；

$\sum h$——输水管和管网中水头损失，m；

h_s——吸水管水头损失，m，本设计中取 2 m。

$$H_p = 40.7 - 34 + 4 + 10 + 19.211 + 2 = 41.911 \text{ m}$$

二泵站满足扬程要求。

（4）有高地水池时最高日最高时平差计算

① 高地水池最高日最高时管网平差依据

a. 平差类型：反算水源压力。

b. 计算公式：海曾威廉公式。

计算温度：20 ℃；

运动黏度系数：0.000001。

c. 局部损失系数：1.20。

d. 水源点水泵参数：无参数。

e. 管网平差结果特征参数见表 9-10。

表 9-10　管网平差结果特征参数

水源点标号	节点流量/(L/s)	节点压力/m	最大管径/mm	最小管径/mm
JS-1	−985.15	65.290	1200	200
JS-11	−160.85	63.273		

最大流速/(m/s)	最小流速/(m/s)	水压最低点	压力/m	自由水头最低点	自由水头/m
1.061	0.027	JS-18	54.50	JS-18	20

② 二泵站扬程计算

$$H_p = Z_c + \sum h + H_c + h_s$$

式中　Z_c——管控制点和清水池最低水位高程差，m；

H_c——控制点所需最小服务水头，m；

$\sum h$ ——输水管和管网中水头损失，m；

h_s ——吸水管水头损失，m，本设计中取 2 m。

$$H_p = 40.7 - 34 + 4 + 10 + 36.068 + 2 = 68.768 \text{ m}$$

（5）有高地水池时最高日最高时消防校核

① 有高地水池最高日最高时消防校核计算依据

假设最不利点 JS-18 和甲厂 JS-20 处发生火灾。

a. 平差类型：消防校核。

b. 计算公式：海曾威廉公式。

计算温度：20 ℃；

运动黏度系数：0.000001。

c. 局部损失系数：1.20。

d. 水源点水泵参数：无参数。

e. 管网消防校核结果特征参数见表 9-11。

表 9-11　管网消防校核结果特征参数

水源点标号	节点流量/(L/s)	节点压力/m	最大管径/mm	最小管径/mm
JS-1	−1030.15	63.577	1200	200
JS-11	−205.85	61.560		

最大流速/(m/s)	最小流速/(m/s)	水压最低点	压力/m	自由水头最低点	自由水头/m
1.219	0.069	JS-18	44.5	JS-18	10

② 二泵站扬程计算

$$H_p = Z_c + \sum h + H_c + h_s$$

式中　Z_c ——管控制点和清水池最低水位高程差，m；

H_c ——控制点所需最小服务水头，m；

$\sum h$ ——输水管和管网中水头损失，m；

h_s ——吸水管水头损失，m，本设计中取 2 m。

$$H_p = 40.7 - 34 + 4 + 10 + 45.068 + 2 = 67.768 < 68.768 \text{ m}$$

二泵站扬程符合要求。

（6）有高地水池最高日最高时事故校核

① 有高地水池最高日最高时事故校核计算依据

a. 平差类型：事故校核。

b. 计算公式：海曾威廉公式。

计算温度：20 ℃；

运动黏度系数：0.000001。

c. 局部损失系数：1.20。

d. 水源点水泵参数:无参数。

e. 管网事故校核结果特征参数见表 9-12。

表 9-12　管网事故校核结果特征参数

水源点标号	节点流量/(L/s)	节点压力/m	最大管径/mm	最小管径/mm
JS-1	−689.605	50.251	1200	200
JS-11	−112.595	48.234		

最大流速/(m/s)	最小流速/(m/s)	水压最低点	压力/m	自由水头最低点	自由水头/m
0.765	0.047	JS-18	44.5	JS-18	10

② 二泵站扬程计算

$$H_p = Z_c + \sum h + H_c + h_s$$

式中　Z_c——管控制点和清水池最低水位高程差,m;

　　　H_c——控制点所需最小服务水头,m;

　　　$\sum h$——输水管和管网中水头损失,m;

　　　h_s——吸水管水头损失,m,本设计中取 2 m。

$$H_p = 40.7 - 34 + 4 + 10 + 18.445 + 2 = 41.145 < 68.768 \text{ m}$$

二泵站扬程符合要求。

9.4　方案经济技术比较

9.4.1　无高地水池制水成本计算

9.4.1.1　管网造价估算

A 市用水规模为 75465.016 m³/d,输水管网总长度 1440 m,配水管网总长度 21951.8 m。输水管道工程综合指标总造价为 79.15 元/[m³/(d·km)],配水管道工程综合指标总造价为 71.87[m³/(d·km)]元。则管网总造价约为 12766.06 万元。

9.4.1.2　取水工程造价估算

取水工程为地面水简单取水工程,取水工程综合指标为 105 元/(m³/d),则取水工程总造价约为 792.4 万元。

9.4.1.3　净水工程造价估算

净水工程为地面水过滤净化过程,净水工程综合指标为 605 元/(m³/d),则进水工程总造价约为 4565.7 万元。

9.4.1.4　单位制水成本

各级泵站扬程最大为 70 m,泵和电动机效率 75%,水资源费单价为 0.02 元/m³,电费为 0.45 元/(kW·h),混凝剂投加量 55 mg/L,混凝剂单价 820 元/t,助凝剂投加量为 3 mg/L,助凝剂单价为 550 元/t,消毒剂投加量 0.6 mg/L,消毒剂单价 2800 元/t,职工人员 40 人,人均年工资及福利费 30000 元。

（1）水资源费

$$E_1 = \frac{365Qk_1e}{k_2} = \frac{365 \times 75465.016 \times 1.05 \times 0.02}{1.3} = 44.5 \text{ 万元}$$

（2）动力费

$$E_2 = 1.05 \frac{QHd}{\eta k_2} = 1.05 \times \frac{75465.016 \times 70 \times 0.45}{0.75 \times 1.3} = 256 \text{ 万元}$$

（3）药剂费

$$E_3 = \frac{365Qk_1}{10^6 k_2} \sum a_i b_i = 107.8 \text{ 万元}$$

（4）员工福利

$$E_4 = 40 \times 30000 = 120 \text{ 万元}$$

（5）固定资产基本折旧费

$$E_5 = 18724.33 \times 5\% = 936.2 \text{ 万元}$$

（6）大修费用

$$E_6 = 18724.33 \times 2\% = 374.5 \text{ 万元}$$

（7）无形资产和递延资产摊销费

$$E_7 = 18724.33 \times 0.01\% = 1.9 \text{ 万元}$$

（8）日常检修维护费

$$E_8 = 18724.33 \times 0.5\% = 93.7 \text{ 万元}$$

（9）管理费用、销售费用和其他费用

$$E_9 = 0.15 \times \sum_{i=1}^{8} E_i = 290.2 \text{ 万元}$$

（10）年总费用

$$E = \sum_{i=1}^{9} E_i = 2224.79 \text{ 万元}$$

单位制水成本

$$A_C = \cfrac{E}{\cfrac{365Q}{k_2}} = 0.62 \ 元/m^3$$

9.4.1.5 总成本

$$12766.06 + 792.4 + 4565.7 + 2224.79 = 20348.95 \ 万元$$

9.4.2 有高地水池制水成本

9.4.2.1 管网造价估算

该市用水规模为 75465.016 m^3/d，输水管网总长度 1440 m，配水管网总长度 22613.8 m。输水管道工程综合指标总造价为 79.15 元/$[m^3/(d \cdot km)]$，配水管道工程综合指标总造价为 71.87 元/$[m^3/(d \cdot km)]$。则管网总造价约为 13125.10 万元。

9.4.2.2 取水工程造价估算

取水工程为地面水简单取水工程，取水工程综合指标为 105 元/(m^3/d)，则取水工程总造价约为 792.4 万元。

9.4.2.3 净水工程造价估算

净水工程为地面水过滤净化过程，净水工程综合指标为 605 元/(m^3/d)，则进水工程总造价约为 4565.7 万元。

9.4.2.4 单位制水成本

各级泵站扬程最大为 70 m，泵和电动机效率 75%，水资源费单价为 0.02 元/m^3，电费为 0.45 元/$(kW \cdot h)$，混凝剂投加量 55 mg/L，混凝剂单价为 820 元/t，助凝剂投加量为 3 mg/L，助凝剂单价为 550 元/t，消毒剂投加量 0.6 mg/L，消毒剂单价 2800 元/t，职工人员 40 人，人均年工资及福利费 30000 元。

（1）水资源费

$$E_1 = \frac{365Qk_1e}{k_2} = \frac{365 \times 75465.016 \times 1.05 \times 0.02}{1.3} = 44.5 \ 万元$$

（2）动力费

$$E_2 = 1.05 \frac{QHd}{\eta k_2} = 1.05 \times \frac{75465.016 \times 70 \times 0.45}{0.75 \times 1.3} = 256 \ 万元$$

（3）药剂费

$$E_3 = \frac{365Qk_1}{10^6 k_2} \sum a_i b_i = 107.8 \text{ 万元}$$

（4）员工福利

$$E_4 = 40 \times 30000 = 120 \text{ 万元}$$

（5）固定资产基本折旧费

$$E_5 = 18724.33 \times 5\% = 936.2 \text{ 万元}$$

（6）大修费用

$$E_6 = 18724.33 \times 2\% = 374.5 \text{ 万元}$$

（7）无形资产和递延资产摊销费

$$E_7 = 18724.33 \times 0.01\% = 1.9 \text{ 万元}$$

（8）日常检修维护费

$$E_8 = 18724.33 \times 0.5\% = 93.7 \text{ 万元}$$

（9）管理费用、销售费用和其他费用

$$E_9 = 0.15 \times \sum_{i=1}^{8} E_i = 290.2 \text{ 万元}$$

（10）年总费用

$$E = \sum_{i=1}^{9} E_i = 2224.79 \text{ 万元}$$

单位制水成本

$$AC = \frac{E}{\dfrac{365Q}{k_2}} = 0.62 \text{ 元/m}^3$$

9.4.2.5 总成本

$$13125.10 + 792.4 + 4565.7 + 2224.79 = 20707.99 \text{ 万元}$$

9.4.3 技术经济比较

根据以上估算，没有高地水池的方案比有高地水池的方案成本更低，选择没有高地水池的方案。

9.5 给水处理厂工艺设计

9.5.1 净水厂流程及流量

（1）净水厂流程

本设计以地表水为水源,水质条件良好,故采用以下工艺流程:原水→混凝→絮凝→沉淀→过滤→消毒→清水池→二泵站→用户。净水厂平面布置如图 9-7 所示。

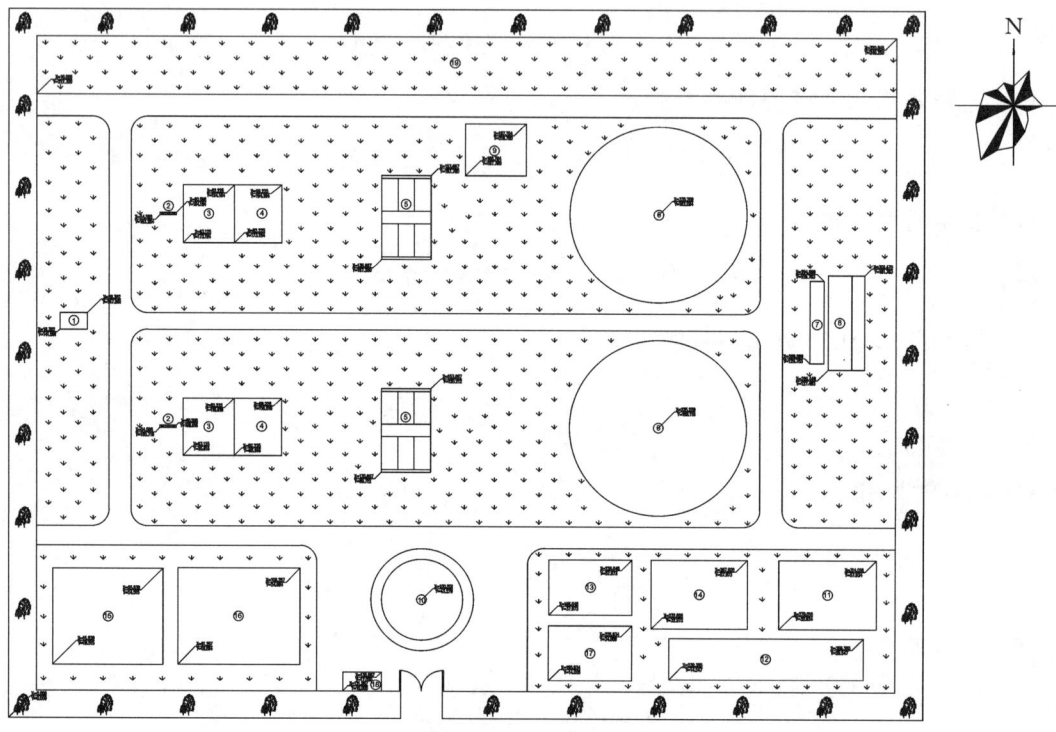

图 9-7 净水厂平面布置图

（2）设计供水量

$$Q=(1+\alpha)Q_d=1.1\times75465.016=83011.5176 \text{ m}^3/\text{d}=960.8 \text{ L/s}$$

9.5.2 配水井设计

（1）配水井有效容积

$$V=Qt=\frac{960.8\times120}{1000}=115.3 \text{ m}^3$$

设计中取 116 m³。

（2）进水管直径

查水力计算得，进水管直径为 1000 mm，$v=1.22$ m，$1000i=1.60$。

（3）出水溢流堰

溢流堰采用矩形堰。

$$H=\left(\frac{q}{mb\sqrt{2g}}\right)^{\frac{2}{3}}=\left(\frac{0.9608/2}{0.42\times2\pi\times\sqrt{2\times9.8}}\right)^{\frac{2}{3}}=0.12 \text{ m}$$

（4）配水管管径

查水力计算得，配水管直径为 700 mm，$v=1.25$ m/s，$1000i=2.65$。

（5）配水井有效水深

本设计采用圆形配水井，内径 2 m，外径 4 m，井内有效水深：

$$H=\frac{4\times166}{\pi(6^2-3^2)}=5.47 \text{ m}$$

9.5.3 投药设计

9.5.3.1 设计参数

采用硫酸铝作为混凝剂，投加量 $\mu=55$ mg/L，投加浓度 15%，每日调制次数 $n=3$ 次，采用计量泵湿式投加。

9.5.3.2 投药量和构筑物

（1）混凝剂投量计算

$$T=\frac{55}{1000}\times830012=45650.66 \text{ kg/d}$$

采用平均投量时：

$$T=\frac{35}{1000}\times830012=29050.42 \text{ kg/d}$$

（2）溶液池容积

$$W_1=\frac{55\times830012/24}{417\times15\times3}=102 \text{ m}^3$$

溶液池采用钢筋混凝土结构，单池尺寸为 $L\times B\times H=8\times5\times3.2$，高度中包括超高 0.3 m，沉渣高度 0.3 m。

溶液池实际有效容积：$W_1'=8\times5\times2.6=104$ m³，满足要求。

池旁设工作台，宽度 1.2 m，池底坡度为 0.02。底部设置 DN100 放空管，采用硬聚氯乙烯塑料管,池内壁用环氧树脂进行防腐处理。沿池面接入药剂稀释用DN80给水管一条,于池两侧设放水阀门,按1 h放满考虑。

(3) 溶解池

$$W_2 = (0.2 \sim 0.3)W_1$$

设计中取 $W_2 = 0.3W_1 = 0.3 \times 102 = 30.6 \ m^3$。

溶解池尺寸 $L \times B \times H = 5 \times 3 \times 2.6$,高度中含超高0.3 m,底部沉渣高度0.2 m。溶解池实际有效容积:$W_2' = 5 \times 3 \times 2.1 = 31.5 \ m^3$。

溶解池采用钢筋混凝土结构,内壁用环氧树脂进行防腐处理,池底设0.02坡度,设DN100排渣管,采用硬聚氯乙烯管。给水管径80 mm,按10 min放满溶解池考虑,管材采用硬聚氯乙烯管。

(4) 溶解池搅拌设备

溶解池采用机械搅拌,搅拌桨为平桨板,中心固定式。

(5) 计量设备

设计采用耐酸泵与转子流量计配合投加。

$$q = \frac{W_1}{12}$$

式中 q——计量泵每小时投加药量,m^3/h。

$$q = \frac{102}{12} = 8.5 \ m^3/h$$

耐酸泵选用两台,一台工作,一台备用。

9.5.3.3 药剂仓库

(1) 加药间

各种管线布置在管沟内:给水管道采用镀锌钢管、加药管采用塑料管、排渣管采用塑料管。加药间内设两处冲洗地坪用水龙头DN25。地坪坡度为0.005,坡向集水坑。

(2) 药库

药剂按最大投加量的30 d用量储存。

硫酸铝所占体积

$$T_{30} = \frac{30 \times 55 \times 830012}{1000} = 1369519.8 \ kg = 1369.6 \ t$$

硫酸铝相对密度为1.62,则硫酸铝所占体积为:

$$1369.6 \div 1.62 = 846 \ m^3$$

药品堆放高度2.5 m计(采用吊装设备),则所需面积为338.4 m^2。

考虑药剂的运输、搬运和磅秤所占面积,这部分面积按药品占有面积的15%计,则药库所需面积:

$$338.4 \times 1.15 = 389.16 \text{ m}^2$$

设计中取 400 m^2，药库平面尺寸为 $20 \text{ m} \times 20 \text{ m}$。

库内设电动单梁悬挂起重机一台，型号为 DX0.5-10-20。

9.5.4 混合设施设计

采用管式静态混合方式

（1）管径

设计中管道流速取 $v = 1.0 \text{ m/s}$，采用两组，每组混合器处理水量为 $0.48 \text{ m}^3/\text{s}$。

$$D = \sqrt{\frac{4Q}{\pi v}} = \sqrt{\frac{4 \times 0.48}{\pi}} = 0.78 \text{ m}$$

设计中取管道直径 $D = 800 \text{ mm}$。

（2）混合单元数

$$N \geqslant 2.36 v^{-0.5} D^{-0.3}$$

混合单元数取 8 个。

则混合器的混合长度为：

$$L = 1.1ND = 1.1 \times 8 \times 0.8 = 7.04 \text{ m}$$

（3）混合时间

$$T = \frac{L}{v} = \frac{7.04}{1} = 7.04 \text{ s}$$

（4）水头损失

$$h = 0.1184n \frac{0.48^2}{0.8^{4.4}} = 0.58 \text{ m}$$

9.5.5 絮凝池设计

（1）设计流量

本设计中采用两组网格絮凝池，每组又分为两座，则每座絮凝池设计流量为：

$$Q = \frac{0.96}{2 \times 2} = 0.24 \text{ m}^3/\text{s}$$

（2）平面尺寸与高度

① 每座絮凝池有效容积

$$V = QT = 0.24 \times 15 \times 60 = 216 \text{ m}^3$$

② 每座絮凝池网格总面积

$$A = \frac{V}{h} = \frac{216}{4.2} = 57.4 \ m^2$$

③ 单格网格面积

$$f = \frac{Q}{v_0} = \frac{0.24}{0.12} = 2 \ m^2$$

④ 网格数量

每格为矩形,长度 1.8 m,宽 1.2 m,因此每格实际面积为 2.16 m²。由此分得格数

$$n = \frac{A}{f} = \frac{57.4}{2.16} = 26.6$$

为配合沉淀池尺寸,采用 27 格。

⑤ 实际混凝时间

$$t = \frac{27 \times 1.8 \times 1.2 \times 4.2}{0.24} = 884.4 \ s = 14.74 \ min$$

符合设计要求。

⑥ 每座絮凝池平面尺寸

27 个网格采用 3 行、9 列,则每座絮凝池平面尺寸为 $L \times B = 10.8 \ m \times 5.4 \ m$。

⑦ 絮凝池总高度

$$H = 4.2 + 0.3 + 0.6 = 5.1 \ m$$

(3)过水孔洞

过水孔洞流速由进口的 0.3 m/s 递减至出口的 0.1 m/s,根据流速可计算各孔洞尺寸。

$$A = \frac{Q}{v_2}$$

$$A = B_1 H_1$$

式中 v_2——各过水孔洞流速,m/s;

B_1——过水孔洞宽度,m;

H_1——过水孔洞高度,m。

计算结果见表 9-13,流动轨迹见图 9-8。

表 9-13   各过水孔洞尺寸及水头损失

分格编号	孔洞宽度/m	孔洞高度/m	流量/(m³/s)	面积/m²	流速/(m/s)	水头损失/m
0	1.8	0.44	0.24	0.80	0.3	0.0123
1	1.8	0.44	0.24	0.80	0.3	0.0123
2	1.8	0.44	0.24	0.80	0.3	0.0123

分格编号	孔洞宽度/m	孔洞高度/m	流量/(m³/s)	面积/m²	流速/(m/s)	水头损失/m
3	1.8	0.44	0.24	0.80	0.3	0.0123
4	1.8	0.44	0.24	0.80	0.3	0.0123
5	1.8	0.44	0.24	0.80	0.3	0.0123
6	1.8	0.46	0.24	0.83	0.29	0.0115
7	1.8	0.48	0.24	0.86	0.28	0.0107
8	1.2	0.74	0.24	0.89	0.27	0.0100
9	1.8	0.51	0.24	0.92	0.26	0.0093
10	1.8	0.53	0.24	0.96	0.25	0.0086
11	1.8	0.56	0.24	1.00	0.24	0.0079
12	1.8	0.58	0.24	1.04	0.23	0.0073
13	1.8	0.61	0.24	1.09	0.22	0.0066
14	1.8	0.63	0.24	1.14	0.21	0.0060
15	1.8	0.67	0.24	1.20	0.2	0.0055
16	1.8	0.70	0.24	1.26	0.19	0.0049
17	1.2	1.11	0.24	1.33	0.18	0.0044
18	1.8	0.78	0.24	1.41	0.17	0.0040
19	1.8	0.83	0.24	1.50	0.16	0.0035
20	1.8	0.89	0.24	1.60	0.15	0.0031
21	1.8	0.95	0.24	1.71	0.14	0.0027
22	1.8	1.03	0.24	1.85	0.13	0.0023
23	1.8	1.11	0.24	2.00	0.12	0.0020
24	1.8	1.21	0.24	2.18	0.11	0.0017
25	1.8	1.33	0.24	2.40	0.1	0.0014

（4）网格设置

絮凝池根据设计要求，分为前、中、后三段，设置不同的网格：前段（1～9格），每格设置3层网格，网格尺寸为80 mm×80 mm；中段（10～18格），网格尺寸为100 mm×100 mm，其中10～14格每格设置2层，15～18格每格1层；后段（19～27格），不设网格。

（5）水头损失

$$h = \sum h_1 + \sum h_2 = \sum \xi_1 \frac{v_1^2}{2g} + \sum \xi_2 \frac{v_2^2}{2g} = 0.1175 + 0.1874 = 0.3049 \text{ m}$$

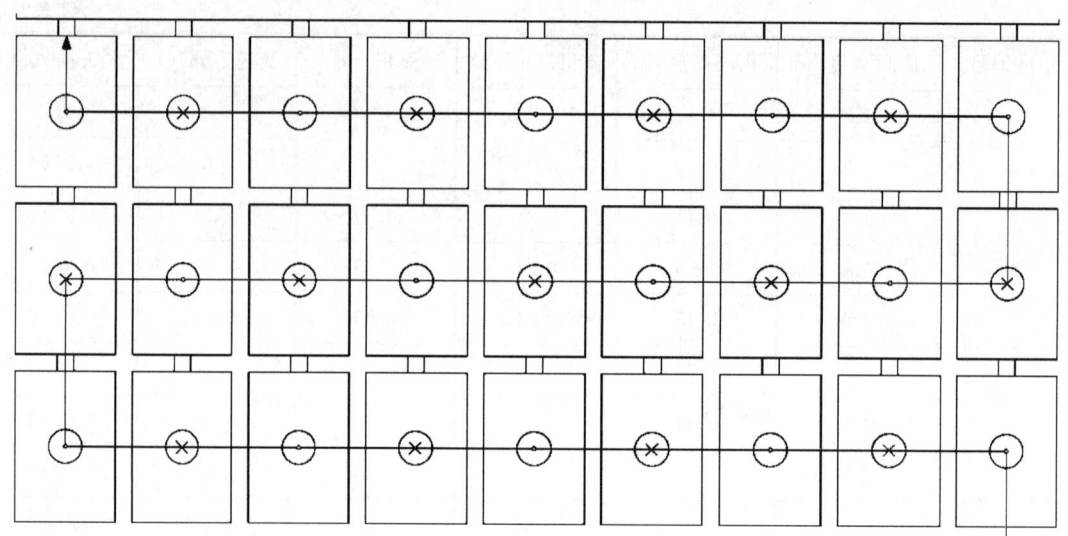

图 9-8　水流流动轨迹

取为 0.31 m。

（6）校核 G 与 GT 值

速度梯度：

$$G=\sqrt{\frac{gh}{\nu T}}$$

式中　ν——水的运动黏度系数，取为 1.011×10^{-6}；则速度梯度为：

前段：$h_1=0.192$ m，$T_1=20.48$ s，$G_1=69.5$ s^{-1}；

中段：$h_2=0.0913$ m，$T_2=20.48$ s，$G_2=54.8$ s^{-1}；

后段：$h_3=0.0206$ m，$T_3=20.48$ s，$G_3=26.1$ s^{-1}；

整个絮凝池 $h=0.31$ m，$T=61.44$，$G=50.1$ s^{-1}。

$$GT=50.1\times61.44=9078.1$$

G 值为 $20\sim70$ s^{-1}，GT 值在 $10^4\sim10^5$ 之间。以上各参数均满足网格絮凝池的设计要求。

（7）排泥装置

采用穿孔排泥管排泥，管径为 200 mm，采用膜片式快开排泥阀。

9.5.6　沉淀池设计

沉淀池采用斜管沉淀池。

9.5.6.1　设计流量

采用两座斜管沉淀池，则每座沉淀池设计流量为 0.48 m³/s。

9.5.6.2　平面尺寸与高度

（1）沉淀池清水区面积

$$A = \frac{Q}{q} = \frac{0.48 \times 3600}{9} = 242 \text{ m}^2$$

（2）斜管选择

采用正六边形蜂窝状斜管；斜管长度一般为 0.8 m×1.0 m，设计中取 1.0 m；斜管管径一般为 25 mm×35 mm，设计中取 30 mm；斜管采用聚丙烯材料，安装倾角为 60°。

（3）沉淀池长度及宽度

考虑到与絮凝池尺寸配合，设计中取沉淀池长度 $L=20$ m，则沉淀池宽度：

$$B = \frac{A}{L} = \frac{242}{20} = 12.1 \text{ m}$$

设计中取为 12.0 m。

为了均匀配水，进水区布置在 20.0 m 长度方向一侧。在 12.0 m 的宽度中扣除无效长度 0.5 m，则净出口面积：

$$A_1 = \frac{(B-0.5) \times L}{k_1} = \frac{(12-0.5) \times 20}{1.03} = 223.3 \text{ m}^2$$

（4）沉淀池总高度

$$H = h_1 + h_2 + h_3 + h_4 = 0.3 + 1.35 + 0.87 + 1.6 + 0.73 = 4.85 \text{ m}$$

9.5.6.3　进出水系统

（1）沉淀池进水系统

沉淀池由长边进水，采用穿孔花墙，沉淀池与絮凝池之间设置宽 1.0 m 的过渡区。穿孔花墙孔口总面积：

$$A_2 = \frac{\overline{Q}}{v} = \frac{0.48}{0.07} = 6.8 \text{ m}^2$$

孔口尺寸采用 150 mm×150 mm，则单孔面积：

$$w_0 = 0.15 \times 0.15 = 0.0225 \text{ m}^2$$

孔口数目

$$n_0 = \frac{A_2}{w_0} = \frac{6.8}{0.0225} = 302.2$$

孔口分为 5 排，均匀布置，交错呈梅花状。孔口横向中心间距为 0.3 m，从上向下一、三、五排每排 66 个，始末两个孔中心距墙边距离为 0.25 m；二、四两排每排 65 个，始末两个孔中心距墙边距离为 0.4 m。孔口竖向中心距为 0.25 m，一、五排孔口中心距配水区上、下边缘距离分别为 0.30 m 和 0.30 m。

按照上述布置方式,孔口数目实际为 328 个,则实际开孔面积:

$$A_2' = 328 \times 0.0225 = 7.38 \text{ m}^2$$

实际孔口流速

$$v' = \frac{Q}{A_2'} = \frac{0.48}{7.38} = 0.07 \text{ m/s}$$

(2) 沉淀池出水设计

本设计采用淹没式穿孔集水槽集水,在沉淀池中间与短边方向平行设置一条宽 0.80 m 的集水总渠,两侧各设置 8 条与集水总渠垂直的穿孔集水槽,沉淀后水首先进入穿孔集水槽,然后进入集水总渠,最后由出水管进入滤池配水渠。

① 穿孔集水槽尺寸

沉淀池内共设 16 条集水槽,集水总渠两侧每侧 8 条,集水总渠宽 0.80 m,每侧结构尺寸为 0.20 m,则每条集水槽长为:

$$L_1 = \frac{20 - (0.80 + 2 \times 0.20)}{2} = 9.40 \text{ m}$$

集水槽中心距

$$a = \frac{B}{N_0} = \frac{12}{8} = 1.50 \text{ m}$$

每条集水槽流量

$$q_0 = 1.2 \times \frac{0.48}{16} = 0.036 \text{ m}^3/\text{s}$$

设穿孔集水槽的起端水流截面为正方形,即宽度等于水深,则穿孔集水槽水深与宽度为:

$$H_1 = B_1 = 0.9 \times 0.036^{0.4} = 0.27 \text{ m}$$

统一取为 0.30 m。

集水槽采用淹没式自由跌落,淹没深度取 5 cm,跌落高度取 5 cm,槽超高取 15 cm,则集水槽总高度:

$$H_2 = H_1 + 0.05 + 0.05 + 0.15 = 0.55 \text{ m}$$

② 孔眼计算

$$w = \frac{q_0}{\mu\sqrt{2gh}} = \frac{0.036}{0.62 \times \sqrt{2 \times 9.81 \times 0.05}} = 0.0831 \text{ m}^2$$

取孔眼直径 $d = 35$ mm,则每个孔眼面积

$$w_0 = \frac{\pi \cdot d^2}{4} = \frac{3.14 \times 0.035^2}{4} = 0.00096 \text{ m}^2$$

每条穿孔集水槽上孔眼数目

$$n = \frac{w}{w_0} = \frac{0.0831}{0.00096} = 86.6$$

实际取为 90 个，集水槽两边开孔，则每边孔数为 45 个。

孔眼中心距

$$S_0 = \frac{L_1}{n'/2} = \frac{9.4}{45} = 0.21 \text{ m}$$

实际孔眼流速

$$v_1 = \frac{q_0}{w'} = \frac{0.036}{90 \times 0.00096} = 0.59 \text{ m/s}$$

③ 集水总渠设计

集水总渠宽 $B_2 = 0.80$ m，渠道底坡度为零，则渠道起端水深

$$H_3 = 1.73 \times \sqrt[3]{\frac{1.20 \times 0.48}{9.81 \times 0.80^2}} = 0.88 \text{ m}$$

本设计中取为 0.9 m。集水槽至集水总渠跌落高度为 0.1 m，设集水总渠顶面与沉淀池顶面平齐，则集水总渠总深为 1.4 m。

④ 出水管设计

沉淀池设计流量为 $Q = 0.48$ m³/s，出水管选用 DN900 钢管，查表得：$v = 0.754$ m/s，$1000i = 0.748$，沉淀池出水管即为滤池进水管。

（3）沉淀池排泥设计

穿孔管横向布置，与沉淀池长边方向平行，向沉淀池两侧排泥，共设置 12 根排泥管，两根相对的排泥管间空隙长取 0.4 m，则每根排泥管长 $L = 9.8$ m，排泥管中心间距为 2.0 m，等距布孔。

① 由于排泥管横向布置，首末端积泥均匀度 m_s 取 0.60，则查表得 $K_w = 0.54$。

② 取穿孔管孔眼直径 $d = 30$ mm，孔距 $s = 0.4$ m，则孔眼数目

$$m = \frac{L}{s} - 1 = \frac{9.8}{0.4} - 1 = 23.5，取 \ m = 23$$

③ 孔眼总面积

$$\sum w_0 = m \cdot \frac{\pi d^2}{4} = 23 \times \frac{3.14 \times 0.03^2}{4} = 0.01625 \text{ m}^2$$

④ 穿孔管截面积

$$w = \frac{\sum w_0}{k_w} = \frac{0.01625}{0.54} = 0.03 \text{ m}^2$$

⑤ 穿孔管直径

$$D_0 = \sqrt{\frac{4w}{\pi}} = \sqrt{\frac{4 \times 0.03}{3.14}} = 0.19 \text{ m}$$

取 $D_0 = 200$ mm。即选用管径为 200 mm，孔径为 $\phi 32$ mm，孔眼向下与垂直线成 45°角，分两行交错排列，实际的孔眼间距为 $(9.8-1)/23 = 0.42$ m，始末两个孔中心到管端距离为 0.28 m。

⑥ 孔口阻力系数

$$K_\delta = \frac{10}{30} = 0.33$$

$$\xi_0 = \frac{1}{0.33^{0.7}} = 2.17$$

⑦ 穿孔管末段流速

DN200 排泥管摩阻系数 $\lambda = 0.042$；无孔输泥管直径 $D_1 = 200$ mm，$l = 2.0$ m；无孔输泥管局部阻力系数 $\xi = 5.0$（含进口、出口、阀门、弯头等）。

$m = 23 < 40$，则穿孔管末端流速：

$$v = \left\{ \frac{2g(H-0.20)}{\xi_0 \left(\frac{1}{K_w}\right)^2 + \left[2.5 + \frac{\lambda L}{D_0} \frac{(m+1)(2m+1)}{6m^2}\right] + \frac{\lambda l}{D_1} \frac{D_0^4}{D_1^4} + \xi \frac{D_0^4}{D_1^4}} \right\}^{0.5}$$

式中 H——沉淀池有效水深，取 4.30 m；

   g——重力加速度，取 9.81 m/s²；

   ξ_0——孔眼阻力系数，为 2.17；

   K_w——孔口总面积与穿孔管截面积之比，为 0.54；

   λ——水管摩阻系数，为 0.042；

   L——穿孔管长度，为 9.8 m；

   D_0——穿孔管直径，为 200 mm；

   m——孔眼个数，为 23；

   l——无孔输泥管长度，取 2.0 m；

   D_1——无孔输泥管直径，取 250 mm；

   ξ——无孔输泥管局部阻力系数，为 5.0；

   则 $v = 2.24$ m/s。

⑧ 穿孔管末端流量

$$Q = wv = 0.067 \text{ m}^3/\text{s}$$

9.5.6.4   水力条件及停留时间校核

（1）雷诺数

斜管内水流速度

$$v' = \frac{Q}{A_1 \sin 60°} = \frac{0.48}{223.3 \times \sin 60°} = 3.5 \text{ mm/s}$$

雷诺数

$$Re = \frac{Rv'}{\nu} = \frac{0.625 \times 0.35}{0.01} = 21.88 < 500$$

（2）弗劳德数

$$Fr = \frac{v^2}{Rg} = \frac{0.35^2}{0.75 \times 9.81 \times 100} = 1.66 \times 10^{-4}$$

介于 0.0001～0.001 之间，满足设计要求。

（3）斜管中的沉淀时间

$$T = \frac{L}{v'} = \frac{1000}{3.5} = 4.8 \text{ min}$$

介于 2～5 min 之间，满足设计要求。

9.5.7 滤池设计

本设计中采用 V 型滤池，总共设置 6 座。V 型滤池平面图如图 7-2（a）所示。

9.5.7.1 设计参数

（1）设计流量

设计流量为 83011.5176 m³/d＝960.8 L/s＝0.9608 m³/s。

（2）设计滤速

V 型滤池设计滤速可采用 8～15 m/h，设计中取 $v_0 = 10$ m/h。

（3）滤料及承托层

滤料采用均质石英砂，有效粒径 0.95 mm，不均匀系数 1.20，滤层厚 1.1 m；承托层采用粒径为 2～4 mm 的粗石英砂，厚 0.10 m。

（4）反冲洗强度与时间

采用气水反冲洗与表面扫洗相结合，具体冲洗步骤为：

第一步气冲，强度 15 L/(s·m²)，时间 $t_1 = 2$ min；

第二步气水同时冲，气冲强度 15 L/(s·m²)，水冲强度 4 L/(s·m²)，时间 $t_2 = 4$ min；

第三步水冲，强度 5 L/(s·m²)，时间 $t_3 = 6$ min；

冲洗时间总计 $t = 12$ min＝0.2 h，冲洗过程中始终进行表面扫洗，表面扫洗强度 1.8 L/(s·m²)。

（5）滤池工作周期

滤池工作周期采用 $T = 48$ h。

9.5.7.2 平面尺寸与高度

（1）滤池面积

$$F = \frac{Q}{v_0 T'}$$

滤池每天工作时间 T' 为 $24 - t\frac{24}{T} = 24 - 0.2 \times \frac{24}{48} = 23.9$ h，则：

$$F = \frac{83011.5176}{10 \times 23.9} = 490.8 \text{ m}^2$$

采用双格 V 型滤池，单格宽 $B = 3.5$ m，长 $L = 12$ m，面积 42 m^2；共 6 座，分为 2 组，双行对称布置，每行 3 座，每座面积 $f = 84$ m^2，总面积 $F = 504$ m^2。

实际滤速

$$v = \frac{Q}{FT'} = \frac{83011.5176}{504 \times 23.9} = 9.74 \text{ m/h}$$

强制滤速

$$v' = \frac{Nv}{N-1} = \frac{6 \times 9.74}{6-1} = 11.69 \text{ m/h} < 14 \text{ m/h}$$

符合要求（一般要求 $10 \sim 14$ m/h）。

（2）滤池总高度

$$H = H_1 + H_2 + H_3 + H_4 + H_5 + H_6 = 0.85 + 0.15 + 0.10 + 1.10 + 1.40 + 0.45 = 4.05 \text{ m}$$

9.5.7.3 进水系统

（1）进水总渠

6 座滤池分为 2 组，则每组滤池设计流量为

$$Q_1 = 0.48 \text{ m}^3/\text{s}$$

进水总渠内流速一般采用 $0.6 \sim 1.0$ m/s，设计中取 $v_1 = 0.6$ m/s，则进水总渠水流断面积：

$$A_1 = \frac{Q_1}{v_1} = \frac{0.48}{0.6} = 0.8 \text{ m}^2$$

设计中取进水总渠宽 1.0 m，水深 0.8 m。

（2）滤池进水孔

$$A_2 = \frac{Q_2}{v_2} = \frac{0.16}{0.7} = 0.29 \text{ m}^2$$

表面扫洗水量

$$Q_3 = \frac{q'f}{1000} = \frac{1.8 \times 84}{1000} = 0.1512 \text{ m}^3/\text{s}$$

设 3 个进水孔,两个侧孔可以作为表面扫洗水进水孔,则每个侧孔面积

$$A_3 = \frac{Q_3}{2Q_2} A_2 = \frac{1}{2} \times \frac{0.1512}{0.16} \times 0.29 = 0.10 \text{ m}^2$$

中孔面积

$$A_4 = A_2 - 2A_3 = 0.29 - 2 \times 0.10 = 0.09 \text{ m}^2$$

进水孔尺寸均采用 $B \times H = 300 \text{ mm} \times 300 \text{ mm}$,两个侧孔设手动闸阀,反冲洗时不关闭,中孔设气动闸阀,反冲洗时关闭。

进口处水头损失:

$$h_1 = \xi \frac{v_2^2}{2g} = 1.0 \times \frac{0.7^2}{2 \times 9.81} = 0.033 \text{ m}$$

（3）过水堰

过水堰与进水总渠平行设置,与进水总渠侧壁相距 0.5 m,进水堰堰上水头

$$h_2 = \left(\frac{Q_2}{mb\sqrt{2g}} \right)^{\frac{2}{3}}$$

式中　h_2——进水堰堰上水头,m;

m——过水堰流量系数,设计中取 0.45;

b——过水堰堰宽,m,设计中取 4.0 m,则:

$$h_2 = \left(\frac{0.16}{0.45 \times 4.0 \times \sqrt{2 \times 9.81}} \right)^{\frac{2}{3}} = 0.094 \text{ m}$$

（4）每座滤池的配水渠

进入每座滤池的浑水经过水堰板溢流至配水渠,由配水渠两侧的进水孔进入滤池内的 V 型槽。滤池配水渠宽 0.5 m,高 1.0 m,渠总长等于滤池总宽即 8.0 m(考虑排水槽宽 1.0 m)。

（5）V 型进水槽

沿滤池长边方向设两条 V 型槽,V 型槽槽底设表面扫洗水出水孔,直径取 $d = 25 \text{ mm}$,孔中心间距 0.15 m,每条 V 型槽上设 80 个小孔,则单侧 V 型槽表面扫洗水小孔总面积

$$A_4 = n \frac{\pi d^2}{4} = 80 \times \frac{3.14 \times 0.025^2}{4} = 0.04 \text{ m}^2$$

$$v_4 = \frac{Q_4}{A_4} = \frac{0.0756}{0.04} = 1.89 \text{ m/s} > 1.0 \text{ m/s}$$

滤池反冲洗时,V 型槽内水位高出滤池反冲洗页面高度

$$h_3 = \frac{\left[\frac{Q_4}{(0.8A_4)} \right]^2}{2g} = \frac{\left[\frac{0.0756}{(0.8 \times 0.04)} \right]^2}{2 \times 9.81} = 0.28 \text{ m}$$

滤池冲洗时，V型槽内水位低于斜壁顶 0.05～0.10 mm，取 0.10 m；V型槽垂直高度取 0.60 m，倾角 45°，壁厚 0.10 m，则 V 型槽槽底低于反冲洗时滤池液位 0.22 m，且与每座滤池配水渠底面相平。

9.5.7.4 反冲洗及出水系统

(1) 反冲洗配水系统

反冲洗水流量按水洗强度最大时计算。单独水洗时强度最大，$q'_3 = 5$ L/(s·m²)，则反冲洗水流量：

$$Q_5 = \frac{fq'_3}{1000} = \frac{5 \times 84}{1000} = 0.42 \ \text{m}^3/\text{s}$$

反冲洗配水管流速应为 2～3 m/s，因此选用 DN500 钢管，流速为 2.06 m/s，$1000i = 10.9$。

反冲洗水由反冲洗配水管送至气水分配渠，再由气水分配渠底部的布水方孔进入滤池底部的气水室。反冲洗水通过配水方孔的流速 v_5 应为 1.0～1.5 m/s，取 $v_5 = 1.0$ m/s，则配水方孔面积：

$$A_5 = \frac{Q_5}{v_5} = \frac{0.42}{1.0} = 0.42 \ \text{m}^2$$

沿渠长方向两侧各均匀布置 24 个配水方孔，共 48 个，孔中心间距 0.5 m，每个方孔面积为 0.42/48＝0.00875 m²，方孔尺寸采用 0.09 m×0.09 m，实际总面积 0.39 m²，实际过孔流速为 1.08 m/s。

(2) 反冲洗配气系统

反冲洗用气流量按气冲强度最大时空气流量计算，气冲流量最大为 15 L/(s·m²)，则反冲洗气流量：

$$Q_6 = \frac{fq_1}{1000} = \frac{15 \times 84}{1000} = 1.26 \ \text{m}^3/\text{s}$$

反冲洗配气管流速应为 10～15 m/s，因此选用 DN400 钢管，流速为 10.03 m/s。

反冲洗空气由反冲洗配气管送至气水分配渠，再由气水分配渠上的配气小孔进入滤池底部的气水室。配气小孔紧贴滤板下缘，间距与配水方孔相同，共 48 个。反冲空气通过配气小孔的流速 v_6 应在 10 m/s 左右，则配气小孔总面积：

$$A_6 = \frac{Q_6}{v_6} = \frac{1.26}{10} = 0.13 \ \text{m}^2$$

每个小孔直径：

$$d_2 = \sqrt{\frac{4A_6}{\pi n}} = \sqrt{\frac{4 \times 0.13}{3.14 \times 48}} = 0.059 \ \text{m}$$

设计中取 60 mm。

（3）气水分配渠

气水同时反冲洗时反冲洗水流量

$$Q_5' = \frac{fq_1'}{1000} = \frac{4 \times 84}{1000} = 0.34 \text{ m}^3/\text{s}$$

气水同时反冲洗时反冲洗空气流量

$$Q_6' = \frac{fq_2}{1000} = \frac{15 \times 84}{1000} = 1.26 \text{ m}^3/\text{s}$$

气水分配渠进口断面尺寸 A_7 应满足：

$$A_7 \geqslant \frac{Q_5'}{1.5} + \frac{Q_6'}{5.0} = \frac{0.34}{1.5} + \frac{1.26}{5.0} = 0.48 \text{ m}^2$$

考虑到与排水槽和气水室配合以及配水管和配气管的安装要求，气水分配渠宽度取 0.6 m，起端高 1.5 m，末端高 1.0 m，则起端截面积为 0.90 m²，末端截面积为 0.60 m²。末端所需最小截面积为 0.48/40＝0.012 m²≤0.60 m²，满足要求。

（4）排水槽

排水槽顶端高出滤料层顶面 0.5 m，则排水槽起端槽深：

$$H_7 = H_1 + H_2 + H_3 + H_4 + 0.5 - 1.5 - 0.2 = 0.85 + 0.15 + 0.1 + 1.1 + 0.5 - 1.5 - 0.2 = 1.0 \text{ m}$$

式中，1.5 m 为气水分配渠起端高度，0.2 m 为排水槽底板厚度。

排水槽末端槽深：

$$H_8 = H_1 + H_2 + H_3 + H_4 + 0.5 - 1.0 - 0.2 = 0.85 + 0.15 + 0.1 + 1.1 + 0.5 - 1.0 - 0.2 = 1.5 \text{ m}$$

式中，1.0 m 为气水分配渠起端高度，0.2 m 为排水槽底板厚度。

排水槽底坡：

$$i = \frac{H_8 - H_7}{L} = \frac{1.5 - 1.0}{12} = 0.0417$$

排水槽过水能力校核：

由矩形断面明渠计算公式校核排水槽排水能力：设排水槽超高 0.3 m，则槽内水深 $h = 0.7$ m，槽宽 $b = 0.6$ m，则：

湿周：

$$\chi = b + 2h = 0.6 + 2 \times 0.7 = 2.0 \text{ m}$$

过水断面：

$$A' = bh = 0.6 \times 0.7 = 0.42 \text{ m}^2$$

水力半径：

$$R = \frac{A'}{\chi} = \frac{0.42}{2.0} = 0.21 \text{ m}$$

流速：

$$v = \frac{R^{\frac{2}{3}} i^{\frac{1}{2}}}{n} = \frac{0.21^{\frac{2}{3}} \times 0.0417^{\frac{1}{2}}}{0.013} = 5.55 \text{ m/s}$$

过水能力：

$$Q = vA' = 5.55 \times 0.21 = 1.17 \text{ m}^3/\text{s}$$

实际过水量：

$$Q' = Q_3 + Q_5 = 0.15 + 0.42 = 0.57 \text{ m}^3/\text{s} < 1.17 \text{ m}^3/\text{s}$$

排水孔尺寸采用 $B \times H = 600 \text{ mm} \times 600 \text{ mm}$，采用 QFZh24W-0.5 轻型方闸门。滤池反冲洗时，排水槽顶水深（堰顶水深）：

$$h_4 = \left[\frac{(q_1' + q')B_0}{0.42\sqrt{2g}} \right]^{\frac{2}{3}} = \left[\frac{(0.005 + 0.0018) \times 3.5}{0.42 \times \sqrt{2 \times 9.81}} \right]^{\frac{2}{3}} = 0.06 \text{ m}$$

已知 V 型槽底低于滤池反冲洗时液位 0.22 m，则 V 型槽底低于排水槽顶 0.16 m。

（5）滤头及滤板布置

反冲洗采用长柄滤头配水配气系统。长柄滤头安装在混凝土滤板上，滤板固定在梁上。滤板采用 0.05 m 厚预制板，上浇 0.1 m 厚混凝土层。滤板下的长柄部分浸没于水中，长柄上端有小孔，下端有竖向条缝，气水同时反冲洗时，约有 2/3 空气由上端小孔进入，1/3 空气由缝隙进入长柄内，长柄下端浸没部分还有一个小孔，流进冲洗水。气、水在柄内混合后由长柄滤头顶部的条缝喷入滤层冲洗。

滤板下气水室高度一般为 0.7～0.9 m，设计中采用 0.85 m，气水同时反冲洗时形成的气垫层厚度为 0.10～0.15 m。

采用标准预制混凝土滤板，预制时将长柄滤头预埋套埋入滤板。滤板平面尺寸为 $L \times B = 1140 \text{ mm} \times 975 \text{ mm}$，滤板与滤板之间及滤板与滤池壁之间有 20 mm 的安装缝隙（滤池长边方向两侧滤板与滤池壁之间缝隙为 40 mm），因此每格滤池内共有 $3 \times 12 = 36$ 块滤板，每座滤池内有 72 块滤板。

采用 QS-1 型长柄滤头，材质为 ABS 工程塑料。滤帽高 40 mm，上有 40 条缝隙，缝隙宽 0.25 mm，长 25 mm，总面积 2.5 cm^2；滤柄长 40 cm，上部有 ϕ2 mm 小孔，下部有长 54 mm、宽 1 mm 条缝。

每块滤板上设 $9 \times 7 = 63$ 个长柄滤头，滤头中心距滤板边缘 65 mm，滤头横向间距 1010/8 = 126.25 mm，纵向间距 845/6 = 140.83 mm。

每座滤池内长柄滤头总数：

$$n = 63 \times 72 = 4536$$

滤头滤帽缝隙总面积与滤池过滤面积之比：

$$\beta = \frac{n f_0}{f} = \frac{4536 \times 0.00025}{84} \times 100\% = 1.35\%$$

满足 1.2%～2.4%要求。

（6）水封井

均粒滤料清洁滤层的水头损失按下式计算：

$$\Delta H = 180 \frac{\nu}{g} \frac{(1-m_0)^2}{m_0^3} \left(\frac{1}{\varphi d_0}\right)^2 l_0 v = 180 \times \frac{0.0101}{981} \times \frac{(1-0.50)^2}{0.5^3} \times \left(\frac{1}{0.8 \times 0.1}\right)^2 \times 110 \times 0.275$$

$$= 17.52 \text{ cm}$$

当滤速为 8～10 m/h 时，清洁滤料层的水头损失为 30～40 cm，计算值小于经验值，因此取经验值的下限 30 cm 作为清洁滤料层的过滤水头损失。正常过滤时通过长柄滤头的水头损失 $h \leqslant 0.22$ m，忽略其他水头损失，则每次反冲洗后刚开始过滤时水头损失为：

$$\Delta H = 0.30 + 0.22 = 0.52 \text{ m}$$

水封井内水面标高与滤料层底面标高相平，水封井平面尺寸为 1.60 m×1.60 m，跌落口尺寸为 1.60 m×0.80 m，则水封井出水堰堰上水头

$$h = \left(\frac{Q}{mb\sqrt{2g}}\right)^{\frac{2}{3}} = \left(\frac{0.23}{0.42 \times 1.60 \times \sqrt{2 \times 9.81}}\right)^{\frac{2}{3}} = 0.18 \text{ m}$$

堰底板与滤池底板相平，则水封井水深

$$H_9 = H_1 + H_2 + H_3 = 0.85 + 0.15 + 0.10 = 1.10 \text{ m}$$

水封井出水堰堰高

$$H_{10} = H_1 + H_2 + H_3 - h = 0.85 + 0.15 + 0.10 - 0.18 = 0.92 \text{ m}$$

（7）滤后出水管

清水管流量即每座滤池的设计流量 $Q_2 = 0.16$ m³/s，选用 DN500 钢管，则流速为 $v = 1.13$ m/s，$1000i = 3.325$。

清水总渠设计流量 0.48 m³/s，与管廊布置综合考虑，清水总渠宽取 4.0 m，深 0.8 m，则清水总渠内流速为 0.43 m/s。

清水总管采用 DN800 钢管，流速为 $v = 0.95$ m/s，$1000i = 1.35$。

（8）反冲洗水供给

本设计采用水泵供给反冲洗水。

① 水泵流量

气水同时反冲洗时反冲洗水流量

$$Q_5' = \frac{fq_1'}{1000} = \frac{4 \times 84}{1000} = 0.34 \text{ m}^3/\text{s}$$

单独水反冲洗时流量

$$Q_5 = \frac{fq_3'}{1000} = \frac{5 \times 84}{1000} = 0.42 \text{ m}^3/\text{s}$$

水泵应能够满足不同冲洗阶段对冲洗水量的要求，选泵时应二者兼顾。

② 水泵扬程

a. 吸水井最低水位与排水槽槽顶高度差

反冲洗水泵从清水总管上吸水 $H_0 = 5.6$ m。

b. 冲洗水泵到滤池配水系统的管路水头损失 Δh_1

反冲洗配水干管用钢管 DN600，管内流速 $v = 2.06$ m/s，$1000i = 10.9$，考虑管路最长一座滤池，管长按 80 m 计，则反冲洗配水干管沿程水头损失：

$$\Delta h_f = il = 0.0109 \times 80 = 0.87 \text{ m}$$

考虑管路最长一座滤池，主要管配件包括 90°弯头（$\xi = 0.96$）2 个，闸阀（$\xi = 0.06$）1 个，四通（$\xi = 0.20$）2 个，三通（$\xi = 1.50$）2 个，则反冲洗配水干管局部水头损失

$$\Delta h_j = \sum \xi \frac{v^2}{2g} = (2 \times 0.96 + 0.06 + 2 \times 0.2 + 2 \times 1.5) \times \frac{2.06^2}{2 \times 9.81} = 1.16 \text{ m}$$

则冲洗水泵到滤池配水系统的管路水头损失

$$\Delta h_1 = \Delta h_f + \Delta h_j = 0.87 + 1.16 = 2.03 \text{ m}$$

c. 滤池配水系统的水头损失 Δh_2

（a）气水分配干渠的水头损失 Δh_{21}

气水分配干渠的水头损失按最不利条件，即气水同时反冲洗时计算。此时渠上部是空气，渠下部是反冲洗水。按矩形暗管（非满流，$n = 0.013$）近似计算：

已知 $Q_5' = 0.34$ m³/s，$v = 1.5$ m/s，$b = 0.60$ m，则

气水分配渠内水面高：

$$h = Q_5'/(v \cdot b) = 0.34/(1.5 \times 0.60) = 0.38 \text{ m}$$

水力半径：

$$R = b \cdot h/(2h + b) = 0.60 \times 0.38/(2 \times 0.38 + 0.60) = 0.17 \text{ m}$$

水力坡度：

$$i = (nv/R^{\frac{2}{3}})^2 = (0.013 \times 1.5/0.17^{\frac{2}{3}})^2 \approx 0.004$$

所以：

$$\Delta h_{21} = i \times L = 0.004 \times 12 = 0.048 \text{ m}$$

（b）气水分配干渠底部配水方孔水头损失 Δh_{22}

气水分配干渠底部配水方孔水头损失按孔口淹没出流公式：

$$Q = 0.8A\sqrt{2gh}$$

其中：Q 为气水同时反冲洗时冲洗水流量 Q_5'，A 为配水方孔总面积 A_5'。

已知 $Q_5' = 0.34$ m³/s，$A_5' = 0.39$ m²，则

$$\Delta h_{22} = \frac{\left[\frac{Q_5'}{(0.8A_5')}\right]^2}{2g} = \frac{\left[\frac{0.34}{(0.8\times0.39)}\right]^2}{2\times9.8} = 0.058 \text{ m}$$

（c）反冲洗经过滤头的水头损失 $\Delta h_{23} = 0.20$ m

（d）气水同时通过滤头时增加的水头损失 Δh_{24}

气水同时反冲洗时，气水流量比为 $n = 15/4 = 3.75$。滤帽缝隙总面积与滤池过滤面之比 $\beta = 1.3\%$，长柄滤头中的水流速度：

$$v = \frac{Q_5'}{\beta f} = \frac{0.34}{0.0135\times84} = 0.30 \text{ m/s}$$

气水同时通过滤头时增加的水头损失：

$$\Delta h_{24} = 9810n(0.01 - 0.01v + 0.12v^2) = 0.067 \text{ m}$$

则滤池配水系统的水头损失 Δh_2

$$\Delta h_2 = \Delta h_{21} + \Delta h_{22} + \Delta h_{23} + \Delta h_{24} = 0.048 + 0.058 + 0.20 + 0.067 = 0.37 \text{ m}$$

d. 承托层水头损失 Δh_3 取 0.02 m

e. 砂滤层水头损失 Δh_4

滤料为石英砂，容积密度 $r_1 = 2650$ kg/m³，水的容积密度 $r_0 = 1000$ kg/m³，石英砂滤料膨胀前的孔隙率 $m_0 = 0.45$，滤料层膨胀前的厚度 $H_4 = 1.10$ m，则滤料层水头损失

$$\Delta h_3 = (r_1/r_0 - 1)(1 - m_0)H_4 = (2650/1000 - 1)\times(1 - 0.45)\times1.10 = 1.00 \text{ m}$$

f. 富余水头 Δh_5 取 1.50 m

则反冲洗水泵所需最小扬程

$$H_P = H_0 + \Delta h_1 + \Delta h_2 + \Delta h_3 + \Delta h_4 + \Delta h_5 = 5.60 + 2.03 + 0.37 + 0.02 + 1.00 + 1.50 = 10.52 \text{ m}$$

选三台 300S12 型单级双吸离心泵，两用一备。300S12 水泵，流量为 612～900 m³/h，扬程为 14.5～10 m，转速 1450 r/min，泵轴功率为 30.2～33.1 kW，配套电机 Y225S-4，功率为 37 kW，效率 74%～80%。

反冲洗水泵房与滤池合建，位于净水间内滤池一侧，平面尺寸为 $L\times B = 15.0$ m×6.2 m。

（9）反冲洗空气供给

① 长柄滤头的气压损失 ΔP_1

已知气水同时反冲洗时反冲洗用空气流量 $Q_6 = 1.26$ m³/s，每座滤池安装长柄滤头个数 $n = 4536$ 个，则每个滤头的通气量为：

$$\frac{1.26}{4536}\times1000 = 0.28 \text{ L/s}$$

根据产品数据，在该气体流量下最大压力损失为 $\Delta P_1 = 4$ kPa。

② 气水分配渠配气小孔的气压损失 ΔP_2

反冲洗时空气通过配气小孔的流速 $v_6 = 10$ m/s,小孔总面积 $A_6 = 0.13$ m²,空气流量 $Q_6 = 1.26$ m³/s,压力损失按下式计算

$$Q = 3600 \mu A \sqrt{2g \frac{\Delta P}{r}}$$

式中　μ——孔口流量系数,取 0.6;

　　　A——孔口面积,m²;

　　　ΔP——压力损失,Pa;

　　　g——重力加速度,$g = 9.8$ m²/s;

　　　Q——气体流量,m³/h;

　　　r——水的相对密度,$r = 1$。

则气水分配渠配气小孔的压力损失

$$\Delta P_2 = \frac{rQ_6^2}{2 \times 3600^2 g \mu^2 A_6^2} = \frac{1 \times 4536^2}{2 \times 3600^2 \times 9.8 \times 0.6^2 \times 0.13^2} = 13 \text{ mmH}_2\text{O} = 0.13 \text{ kPa}$$

③ 配气管道的总压力损失 ΔP_3

a. 配气管道的沿程压力损失 ΔP_{31}

反冲洗空气流量 1.26 m³/s,配气干管用 DN600 钢管,流速 10 m/s,考虑管路最长一座滤池,管长按 80 m 计。

反冲洗管道内的空气压力:

$$P_{气压} = (1.5 + H_{气压}) \times 9.8$$

式中　$P_{气压}$——空气压力;

　　　$H_{气压}$——长柄滤头距反冲洗水面的高度,设计中取 1.6 m。

则反冲洗时空气管内的气体压力:

$$P_{空气} = (1.5 + H_{气压}) \times 9.8 = (1.5 + 1.6) \times 9.8 = 30.38 \text{ kPa}$$

空气温度按 30 ℃考虑,查表空气管道的摩阻为 10.5 kPa/1000 m,则配气管道沿程压力损失

$$\Delta P_{31} = 10.5 \times 80/1000 = 0.84 \text{ kPa}$$

b. 配气管道的局部压力损失 ΔP_{32}

考虑管路最长一座滤池,主要管配件包括 90°弯头($\xi = 0.7$)3 个,闸阀($\xi = 0.25$)3 个,三通($\xi = 1.33$)4 个,则:

$$\sum K = 3 \times 0.7 + 3 \times 0.25 + 4 \times 1.33 = 8.17$$

当量长度换算公式

$$l_0 = 55.5KD^{1.2} = 55.5 \times 8.17 \times 0.4^{1.2} = 151 \text{ m}$$

则局部压力损失:

$$\Delta P_{32} = 10.5 \times 151/1000 = 1.59 \text{ kPa}$$

配气管道的总压力损失：

$$\Delta P_3 = \Delta P_{31} + \Delta P_{32} = 0.84 + 1.59 = 2.43 \text{ kPa}$$

④ 气水冲洗室中的冲洗水压 P_4

$$P_4 = 9.8(\Delta h_{23} + \Delta h_{24} + \Delta h_3 + \Delta h_4 + \Delta h_5) = 27.34 \text{ kPa}$$

本系统采用气水同时反冲洗，对气压要求最不利情况发生在气水同时反冲洗时。此时要求鼓风机的静压

$$P = \Delta P_1 + \Delta P_2 + \Delta P_3 + P_4 + P_5$$

式中　ΔP_1——长柄滤头的气压损失，Pa；

　　　ΔP_2——气水分配渠配气小孔的气压损失，Pa；

　　　ΔP_3——配气管道的总压力损失，Pa；

　　　P_4——气水室中冲洗水压力，Pa；

　　　P_5——富余压力，取 4.9 kPa。

所以，要求鼓风机出口静压力

$$P = 4.0 + 0.13 + 2.43 + 27.34 + 4.9 = 38.80 \text{ kPa}$$

风量 $Q_6 = 1.26 \text{ m}^3/\text{s} = 75.6 \text{ m}^3/\text{min}$，因此选用 LG40 风机三台，两用一备。LG40 风机风量为 40 m^3/min，风压为 49 kPa，电机功率 55 kW。

鼓风机房也与滤池合建，位于净水间内滤池另一侧，平面尺寸 $L \times B = 15.0 \text{ m} \times 6.2 \text{ m}$。

9.5.8　消毒设计

消毒采用氯气消毒。加氯、加药间平面图如图 9-9 所示。

9.5.8.1　加氯量计算

$$q = Qb = 0.6 \times 83011.5176 = 49807 = 49.807 \text{ kg/d}$$

9.5.8.2　加氯设备选择

（1）自动加氯机

选用 ZJ-II 型转子真空加氯机 2 台，1 用 1 备，每台加氯机加氯量为 0.5～9 kg/h。加氯机外形尺寸为：$B \times H = 330 \text{ mm} \times 370 \text{ mm}$。加氯机安装在墙上，安装高度在地面以上 1.5 m，两台加氯机之间的净距离为 0.8 m。

（2）氯瓶

采用容量为 500 kg 的氯瓶，氯瓶外形尺寸为：外径 600 mm，瓶高 1800 mm。氯瓶自重

146 kg，公称压力 2 MPa。氯瓶采用两组，每组 2 个，1 组使用，2 组备用，每组使用周期约为 30 d。

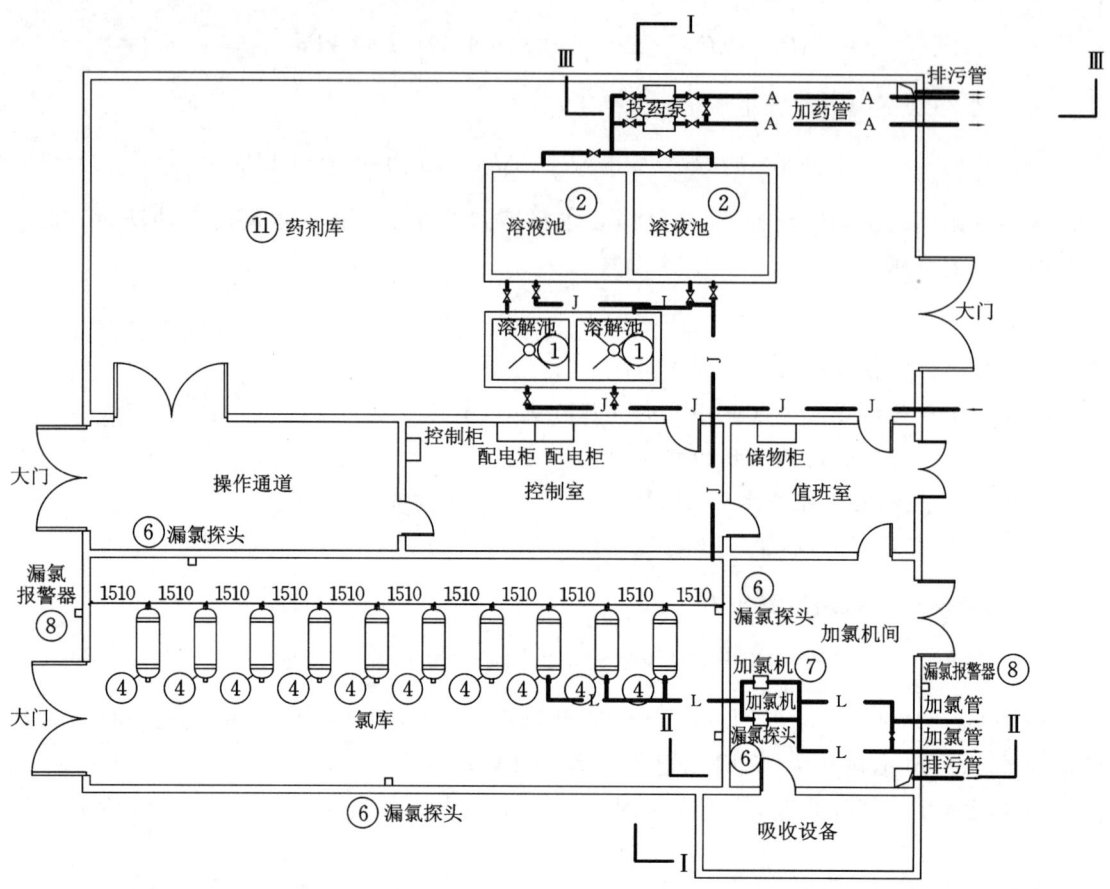

图 9-9　加氯、加药间平面图（二者可合建也可分建）

（3）加氯控制

根据余氯值，采用计算机进行自动控制加氯量。

9.5.8.3　加氯间和氯库

加氯间和氯库合建，中间用墙分隔开，留下供人通行的小门。加氯间平面尺寸为：长 3.0 m，宽 9.0 m；氯库平面尺寸为：长 5.5 m，宽 9.0 m。

氯瓶中的氯气气化时，会吸收热量，一般采用自来水喷淋在氯瓶上，以供给热量。设计中在氯库内设置 DN25 的自来水管，位于氯瓶上方，帮助液氯气化。

在氯库和加氯间内安装排风扇，设在墙的下方。同时安装测定氯气浓度的仪表和报警设施。

为了使氯与水混合均匀，在加氯点后安装静态管道混合装置。

9.5.9 清水池设计

9.5.9.1 平面尺寸计算

（1）清水池有效容积

根据前文计算，清水池有效容积为：

$$V = \frac{7}{6}(0.164 \times 75465.016 + 648) = 15195.02 \text{ m}^3$$

设计中设清水池 2 座，每座清水池有效容积取为 $V_1 = 7598 \text{ m}^3$。

（2）清水池平面尺寸

每座清水池的面积：

$$A = \frac{V_1}{h} = \frac{7598}{5} = 1519.6 \text{ m}^2$$

取清水池宽度 B 为 21 m，则清水池长度 L 为：

$$L = \frac{A}{B} = \frac{1519.6}{21} = 35.95 \text{ m}$$

设计中取为 36 m。

则清水池实际有效容积为 $36 \times 21 \times 5 = 7680 \text{ m}^3$。

清水池超高 h_1 取为 0.5 m，清水池总高度 H 为 5.5 m。

9.5.9.2 管道系统

（1）清水池进水管

清水池进水管为 V 型滤池出水管，采用 DN800。

（2）清水池出水管

由于用户用水量时时变化，清水池出水管应按出水最大流量计，最高日最高时流量为 $Q_h = 4125.68 \text{ m}^3/\text{h}$。

出水管管径：

$$D_2 = \sqrt{\frac{4125.68/3600}{4 \times 0.785 \times 1.6}} = 0.8 \text{ m}$$

设计中取出水管管径为 DN800，则流量最大时，出水管管内流速为 $v = 0.95 \text{ m/s}$，$1000i = 1.35$。

（3）溢流管

溢流管的直径与进水管直径相同，取为 800 mm。在溢流管管段设置喇叭口，管上不设阀门。出口设置网罩，防止虫类进入池内。

（4）排水管

排水管的管径按 2 h 内将池水放空计算。排水管内流速按 1.2 m/s 估计，则排水管管径 D_3 为：

$$D_3 = \sqrt{\frac{3780}{2 \times 3600 \times 0.785 \times 1.2}} = 0.74 \text{ m}$$

设计中取排水管直径为 700 mm。

9.5.9.3 清水池布置

（1）导流墙

在清水池内设置导流墙，以防止池内出现死角，保证氯与水的接触时间不小于 30 min。每座清水池内导流墙设置 2 条，间距为 6 m，将清水池分成 3 格。在导流墙底部每隔 2.0 m 设 0.1 m×0.1 m 的过水方孔，使清水池清洗时排水方便。

（2）检修孔

在清水池顶部设置圆形检修孔 2 个，直径为 1200 mm。

（3）通气管

在清水池顶部设置通气孔，通气孔共设 12 个，每格设 4 个，通气管管径为 200 mm，通气管伸出地面的高度高低错落，便于空气流通。

（4）覆土厚度

清水池顶部设有 1.0 m 覆土厚度。

9.5.10 净水厂平面与高程设计

9.5.10.1 净水厂平面设计

净水厂平面布置主要内容：各构筑物和建筑的平面定位；各种管道、阀门及管道配件布置；排水管（渠）及窨井布置；道路、围墙、绿化及供电线路布置等。

（1）净水厂附属建筑物

净水厂中附属建筑物见表 9-14。

表 9-14　附属建筑物

建筑物名称	建筑面积/m²
办公楼	25×15
化验楼	25×10
机修间	15×15
仓库	15×15

建筑物名称	建筑面积/m²
浴室	15×10
管配件堆场	15×15
传达室	5×5
宿舍	25×15
车库	20×15
锅炉房	15×15
食堂	25×15

（2）平面布置原则

① 建筑结构布置：净水厂的建筑结构应根据水处理工艺流程进行布置，使得不同的处理设备能够有序地排列。建筑结构的高度和体积也需要根据不同的处理设备和进出水口的高度和尺寸进行考虑，以确保设备之间的间隔和通风要求。

② 建筑材料选择：净水厂的建筑材料应具有防水、耐腐蚀、抗紫外线等特性，以保证建筑物的长期使用寿命。建筑材料的选择还应考虑到环保因素，尽量选择对环境友好的材料。

③ 人员进出通道：净水厂的人员进出通道应分别设置，以便于工作人员的进出和安全管理。对于一些危险区域和重要设备，需要设置专门的安全门和报警系统，以确保工作人员的安全。

④ 废水排放和处理：净水厂的废水排放和处理设施也应在建筑物布置中进行考虑。废水处理设施应尽可能地远离进水口和出水口，并且在废水排放前需要进行必要的处理，以满足环保要求。

水处理构筑物按工艺流程呈直线布置，整齐，紧凑。

9.5.10.2 净水厂高程设计

（1）管渠水力计算

配水井到絮凝池之间有1个管式静态混合器、2个90°弯头、1个三通、1个阀门；沉淀池到滤池之间有2个阀门；滤池到清水池之间有2个阀门、2个90°弯头；清水池到吸水井之间有2个阀门、1个90°弯头，沿程水头损失和局部水头损失按照下式计算：

沿程水头损失：

$$h_1 = il$$

$$h_2 = \sum \xi \frac{v^2}{2g}$$

式中　i——水力坡降；

　　　l——流体所在流段管长，m；

ξ——局部阻力系数；

v——流体流速，m/s。

计算结果见表 9-15，其中管式静态混合器水头损失按照 0.5 m 计。

表 9-15　管渠水头损失

管段	管径/m	流速/(m/s)	1000i	长度/m	局部阻力系数	水头损失/m
配水井到絮凝池	0.7	1.25	2.65	66	10.36	1.500
沉淀池到滤池	0.9	0.754	0.748	20	15	0.450
滤池到清水池	0.8	0.95	1.35	45	16.4	0.815
清水池到吸水井	0.8	0.95	1.35	35	12.4	0.618

（2）构筑物液面计算

① 清水池液面

清水池最高水位与清水池所在地面标高相同，为 34 m。

② 吸水井液面

清水池到吸水井管道水头损失为 0.618 m，则吸水井液面标高为：

$$34-0.618=33.382 \text{ m}$$

③ 滤池液面

滤池到清水池水头损失 0.815 m，则滤池出水标高为：

$$34+0.815=34.815 \text{ m}$$

滤池中的水经溢流堰自由跌落 0.43 m，则溢流堰上游水面标高为：

$$34.815+0.43=35.245 \text{ m}$$

滤池过滤水头损失 0.77 m，则滤池中水面标高为：

$$35.245+0.77=36.015 \text{ m}$$

滤池进水自由跌落 0.4 m，则滤池进水液面为：

$$36.015+0.4=36.415 \text{ m}$$

④ 沉淀池与絮凝池液面

沉淀池到滤池水头损失 0.45 m，则沉淀池出水标高为：

$$36.415+0.45=36.865 \text{ m}$$

沉淀池中水头损失 0.44 m，则沉淀池液面为：

$$36.865+0.44=37.305 \text{ m}$$

沉淀池与絮凝池之间水头损失 0.05 m，则絮凝池出水液面为：

$$37.305+0.05=37.31 \text{ m}$$

絮凝池出水与第三段液面间水头损失 0.021 m,则絮凝池第三段液面为:

$$37.31+0.021=37.331 \text{ m}$$

絮凝池第三段与第二段液面水头损失 0.091 m,则絮凝池第二段液面为:

$$37.331+0.091=37.422 \text{ m}$$

絮凝池第二段与第一段液面水头损失 0.192 m,则絮凝池第一段液面为:

$$37.422+0.192=37.614 \text{ m}$$

集配水井到絮凝池水头损失 1.5 m,则集配水井出水液面为:

$$37.614+1.5=39.114 \text{ m}$$

集配水井自由跌落 0.2 m,则集配水井进水液面为:

$$39.114+0.2=39.314 \text{ m}$$

9.6　二泵站设计

9.6.1　水泵选择

根据前文可知:

日常供水:$Q_1=1146$ L/s,$H_1=72.663$ m。

消防供水:$Q_2=1036$ L/s,$H_2=71.556$ m。

因此选用水泵 500S98B,三用一备。

500S98B 性能参数见表 9-16。

表 9-16　500S98B 性能参数

流量/(m³/h)	扬程/m	转速/(r/min)	轴功率/kW	效率(%)	吸上高度/m	质量/kg
1400～2020	59～86	970	431.4～452	75～78	4	3924

水泵配套电机为 Y450-54-6,其性能参数见表 9-17。

表 9-17　Y450-54-6 性能参数

功率/kW	转速/(r/min)	额定电压/kV	质量/kg
560	985	6	3400

500S98B 水泵外形尺寸见表 9-18,进出口法兰尺寸见表 9-19,电动机外形尺寸见表 9-20,电动机安装尺寸见表 9-21。

表 9-18 500S98B **水泵外形尺寸**（单位:mm）

L	L_1	L_2	L_3	B	B_1	B_2	B_3	H	H_1	H_2	H_3	$n\text{-}\Phi d$
1639.5	912	760	580	1550	750	1020	800	1381	800	425	545	4-41

表 9-19 500S98B **水泵进出口法兰尺寸**（单位:mm）

DN_1	D_{01}	D_1	$n_1\text{-}\Phi d_1$	DN_2	D_{02}	D_2	$n_2\text{-}\Phi d_2$
500	620	670	20-25	300	400	440	12-23

表 9-20 Y450-54-6 **电动机外形尺寸**（单位:mm）

L_1	H	h	B	A	$n\text{-}\Phi d$
2080	450	1350	800	1120	4-35

表 9-21 Y450-54-6 **电动机安装尺寸**（单位:mm）

E	L	L_2	DN_2	D_{02}	D_2	$n_2\text{-}\Phi d_2$
1000	3730	1234	500	620	670	20-25

9.6.2 泵房工艺设计

该泵房内共有 4 台水泵,3 用 1 备。

9.6.2.1 水泵基础设计

500S98B 不带底座,采用混凝土块式基础,基础尺寸为:
基础长度:

$$L = B + L_2 + L_3 + (400 \sim 500) = 1550 + 760 + 580 + 410 = 3300 \text{ mm}$$

基础宽度:

$$B = A + (400 \sim 500) = 1120 + 480 = 1600 \text{ mm}$$

基础高度:

$$H = \frac{(2.5 \sim 4.0)(W_1 + W_2)}{LB\rho} = \frac{3 \times (3924 + 3400)}{3.3 \times 1.6 \times 2400} = 1.73 \text{ m}$$

式中　　W_1——水泵质量;

　　　　W_2——电机质量;

　　　　ρ——基础密度,混凝土密度采用 2400 kg/m³。

设计中取基础高度为 1.8 m。

9.6.2.2 吸水管路设计

(1) 吸水管管径

水泵设计流量为 320 L/s,因此吸水管选用 DN600,$v = 1.27$ m/s,$1000i = 6.37$。

（2）吸水管路各管件设计

① 喇叭口

喇叭口小头直径即吸水管管径，$d = 600$ mm。

喇叭口大头直径：

$$D \geqslant (1.3 \sim 1.5)d = 1.5 \times 600 = 900 \text{ mm}$$

喇叭口长度：

$$L \geqslant (3.0 \sim 7.0) \times (D - d) = 4.0 \times (900 - 600) = 1200 \text{ mm}$$

喇叭口距吸水井井壁距离：

$$L_1 \geqslant (0.75 \sim 1.0)D = 1.0 \times 900 = 900 \text{ mm}$$

喇叭口间距：

$$L_2 \geqslant (1.5 \sim 2.0)D = 2.0 \times 900 = 1800 \text{ mm}$$

喇叭口距离吸水井井底距离：

$$L_3 \geqslant 0.8D = 0.8 \times 900 = 720 \text{ mm}$$

设计中取为 800 mm。

喇叭口淹没水深：1 m。

② 90°弯头：DN600，$R = 800$ mm

③ 手动闸阀：Z45T-10 型暗杆楔式闸阀，DN600，$L = 600$ mm，$W = 951$ kg

④ 偏心渐扩：吸水管直径为 600 mm，水泵进口直径 500 mm，则：

$$L = 2 \times (600 - 500) + 150 = 350 \text{ mm}$$

（3）吸水管路水头损失

① 沿程水头损失

管长按 10 m 计，则：

$$h_1 = il = 6.37/1000 \times 10 = 0.0637 \text{ m}$$

② 局部水头损失

$$h_f = \sum \xi \frac{v^2}{2g} = (\xi_1 + \xi_2 + \xi_3)\frac{v_1^2}{2g} + \xi_4 \frac{v_2^2}{2g}$$

式中　ξ_1——喇叭口局部阻力系数，设计中取 0.5；

　　　ξ_2——90°弯头局部阻力系数，设计中取 1.02；

　　　ξ_3——手动闸阀局部阻力系数，按全开考虑取 0.06；

　　　ξ_4——偏心渐缩管局部阻力系数，取 0.18；

　　　v_1——吸水管流速，m/s；

　　　v_2——偏心渐缩管出口流速，m/s，设计中取 2.55 m/s。

　　则：

$$h_f = (0.5 + 1.02 + 0.06) \times \frac{1.27^2}{2 \times 9.81} + 0.18 \times \frac{2.55^2}{2 \times 9.81} = 0.19 \text{ m}$$

吸水管路总水头损失为 0.26 m。

考虑水泵性能下降等因素，取为 0.6 m。

9.6.2.3　压水管路设计

（1）压水管管径

水泵设计流量为 320 L/s，因此吸水管选用 DN400，$v = 2.47$ m/s，$1000i = 21.1$。

（2）压水管配件

① 同心渐扩管

水泵出口锥管法兰尺寸为 DN300，水泵压水管为 DN400，同心渐扩管长度为

$$L = 2 \times (400 - 300) + 150 = 350 \text{ mm}$$

② 止回阀

采用 HH44X-10 微阻缓闭止回阀，DN400，$L = 980$ mm，$W = 750$ kg。

③ 电动闸阀

水泵出水管设 1945T-10 型电动暗杆楔式闸阀，DN400，$L = 540$ mm，$W = 775$ kg。

④ 同心渐扩管

水泵出水管为 DN400，联络管为 DN800，则长度为

$$L = 2 \times (800 - 400) + 150 = 950 \text{ mm}$$

⑤ 联络管与输水管

联络管与输水管均采用 DN800 钢管。

9.6.2.4　泵房平面设计

（1）水泵机组布置

水泵机组采用单排平行布置，水泵基础之间净距采用 2.0 m。

（2）吸水井平面布置

水泵基础之间净距 2 m，基础长度为 3.3 m，则两端两根吸水管中心间距为 19.2 m，考虑喇叭口尺寸和喇叭口与墙壁之间的要求，最终确定吸水井尺寸为：22.2 m×3.0 m。

（3）泵房平面布置

根据水泵基础尺寸、吸压水管设计要求和间距要求，最终确定水泵间净尺寸为 30.3 m×10 m，配电值班室尺寸为 5 m×10 m，则泵房总平面尺寸为 35.3 m×10 m。

9.6.2.5　泵房高程设计

（1）泵轴标高

为减小泵房高度，充分利用水泵吸水能力，水泵采用吸入式工作。水泵安装高度：

$$H_{SS} = \frac{Pa}{\rho g} - H_{SV} - \sum h_s - h_{va}$$

$$H_{ss} = 10.33 - 4 - 0.6 - 0.43 = 5.3 \text{ m}$$

泵轴标高：27.035 m+5.3 m=32.335 m

（2）泵房中各工艺标高

① 泵基础顶面标高

500S98B 型水泵泵轴中心距泵基础顶面距离 $H_1 = 0.475$ m，则泵基础顶面标高为：32.335 m−0.475 m=31.860 m；电机侧基础顶面标高为：32.335 m−0.125 m=32.210 m。

② 泵房内地面标高

取水泵基础高于泵房地面 0.4 m，则泵房地面标高为：31.86 m−0.40 m=31.46 m。

③ 水泵进水口中心标高

水泵进水口中心标高：32.335 m−0.1 m=32.235 m。

④ 水泵出水口中心标高

水泵出水口中心标高和水泵泵轴标高齐平为 32.235 m。

⑤ 泵房操作平台高度

泵房操作平台高度与地面高度齐平为 34 m。

⑥ 泵房底下部分高度

泵房底下部分高度：34 m−31.46 m=2.54 m。

9.6.2.6 辅助设备设计

（1）引水设备

水泵采用吸入式，因此需设引水设备。选用水环式真空泵作为引水设备。真空泵最大排气量：

$$Q_v = \frac{K(W_P + W_S)H_a}{T(H_a - H_{ss})}$$

$$W_P = \frac{\pi}{4} \times 0.5^2 \times 5.0 = 0.98 \text{ m}^3$$

$$W_S = \frac{\pi}{4} \times 0.6^2 \times 10 = 2.83 \text{ m}^3$$

$$H_{ss} = 5.3 \text{ m}$$

$$Q_v = \frac{1.1 \times (0.98 + 2.83) \times 10.33}{4 \times 60 \times (10.33 - 5.3)} = 0.036 \text{ m}^3/\text{s} = 2.16 \text{ m}^3/\text{min}$$

最大真空值：

$$H_{v\max} = \frac{760H}{10.33}$$

$$H = H_{ss} + (1.3 - 0.8) = 5.8 \text{ m}$$

$$H_{v\max} = \frac{760 \times 5.8}{10.33} = 427 \text{ mmHg}$$

由 $Q_v = 2.16 \text{ m}^3/\text{min}$，$H_{v\max} = 427 \text{ mmHg}$，选择两台 SK3 型水环式真空泵，一用一备，

采用一字布置于墙边,占地 $L \times B = 3300$ mm $\times 700$ mm。

SK3 型水环式真空泵性能参数见表 9-22。

表 9-22　SK3 型水环式真空泵性能参数

抽气量/(m³/min)	配套电机	功率/kW
3.0	Y132S-4	5.5

(2) 计量设备

泵房出水管上设 LD 型电磁流量计,直径 800 mm,测量范围 $282 \sim 42400$ m³/h。流量计设于泵房外的流量计井内,距离泵房 5.0 m。

吸水管上设真空表,型号为 Z60-Z,测量范围 $0 \sim 760$ mmHg。压水管上设压力表,型号为 Y100,量程 $0 \sim 1.0$ MPa。

(3) 起重设备

泵房内最大设备为 500S98B 型水泵,质量为 3924 kg,因此选用 LDT4-S 电动单梁起重机,最大起重量 4000 kg,跨度 10.5 m,采用 AS310-164/1 型电动葫芦。采用单梁悬挂式吊车时,地下式泵房高度计算:

$$H = H_1 + H_2$$
$$H_1 = a_1 + c_1 + d + e + h$$

已知 $H_2 = 2.24$ m,根据起重机型号和水泵及电机尺寸可得:

$$H_1 = 0.587 + 0.55 + 0.85 \times 1.64 + 1.35 + 0.4 = 4.281 \text{ m}$$

本设计中取 $H_1 = 5.0$ m,则泵房总高度为 7.24 m。

(4) 排水设备

泵房内设集水坑,尺寸为 $L \times B \times H = 2.0$ m $\times 1.0$ m $\times 1.8$ m,有效容积 3.0 m³。

集水坑内设两台潜水排污泵,型号为 50QW15-7-0.75,一用一备。50QW15-7-0.75 水泵性能参数为:$Q = 15$ m³/h,$H = 7$ m,$n = 2820$ r/min,泵轴功率 $N = 0.75$ kW。

第三篇　排水工程毕业设计

10　排水工程毕业设计内容及要求

10.1　排水工程毕业设计选题

排水工程毕业设计选题应面向工程实际,并结合毕业设计的特点,使学生能够获得综合性的训练,同时注意工作量要适中,确保学生在毕业设计时间内,能够完成设计任务。排水工程毕业设计题目主要有以下几种类型:

① 城市或城镇的排水工程规划;

② 城市污水处理厂的工艺设计;

③ 居住小区排水工程及污水再生回用处理工艺设计;

④ 某工厂或企业排水工程及工业废水处理工艺设计。

10.2　排水工程毕业设计主要内容及要求

10.2.1　排水工程毕业设计主要内容

(1) 城市排水工程规划

城市排水工程规划具体包括以下几项内容:

① 排水系统体制的选择。

② 排水管道规划及污水处理厂的位置选择。具体有排水管网定线、污水处理厂的位置确定、排水管网的水力计算、绘制排水工程规划图及污水主干管纵断面图。

③ 雨水管道规划。具体有雨水管道定线、雨水管道水力计算、绘制雨水管道平面图及某一条雨水管道的纵断面图。

(2) 城市污水处理厂工艺设计

城市污水处理厂工艺设计具体包括以下几项内容:

① 污水处理工艺选择及污水处理构筑物的工艺设计计算。包括工艺流程的确定,各单体构筑物的工艺设计和部分主要构筑物的平、剖面图的绘制。

② 污泥处理工艺选择及污泥处理构筑物的工艺设计计算。包括工艺流程的确定,各单体处理构筑物的工艺设计和部分主要构筑物的平、剖面图的绘制。

③ 污水泵站的工艺设计。包括选泵、泵站工艺设计计算和泵站平、剖面图的绘制。

④ 污水处理厂的平面布置。包括污水处理厂处理构筑物和辅助建筑物的平面布置图及平面工艺图的绘制。

⑤ 污水处理厂竖向布置及高程计算。

⑥ 工程投资及处理成本计算。

10.2.2 排水工程毕业设计的要求

排水工程毕业设计的要求包括:

① 完成排水管网和雨水管道的定线,至少应对两个排水管网定线方案进行技术经济比较,从中选优。

② 排水管网的主干管、区域干管、支干管及倒虹吸管应进行详细的水力计算与高程计算。水力计算应采用计算机编程计算。不计算的管道不必编号,最不利点应校核。有跌水井的应计算一个。

③ 按给出的原始资料合理地选定设计暴雨强度公式进行雨水管道的水力计算。从街道明渠开始只计算其中一、二条雨水管道即可。雨水管道也可只布置第一修建期的管线。

④ 污水泵站工艺设计要确定水泵机组的台数、水泵型号、泵站的结构形式以及集水池的容积,并应进行泵站水泵机组管道水力计算和电器设备等布置的设计,泵站的建筑与结构设计可参照标准图大致来确定。

⑤ 应根据原始资料与城市规划情况,并考虑环境效益与社会效益,合理地选择污水处理厂的位置。

⑥ 根据水体自净能力以及要求的处理水质并结合当地的具体条件,如水资源情况、水体污染情况等来确定污水处理程度与处理工艺流程。

⑦ 根据原始资料、当地具体情况以及污水性质与成分,选择合适的污泥处理工艺方法,进行各单体构筑物的设计计算。

⑧ 污水处理厂平面布置要紧凑合理,节省占地面积,同时应保证运行管理方便。

⑨ 在确定污水处理工艺流程时,同时选择适宜的各处理单体构筑物的类型。对所有构筑物都进行设计计算,包括确定有关设计参数、负荷与尺寸等。

⑩ 对需要绘制平、剖面图的构筑物还要进行更详细的设计与计算,包括各部位构件的形式、构成与具体尺寸等。

⑪ 对污水与污泥处理系统要做出较准确的水力计算与高程计算。

⑫ 对排水管网与污水处理厂都要进行经济概算与成本分析。

10.3 排水工程毕业设计图纸绘制

10.3.1 图纸的具体内容

对于毕业设计时间为 14 周(包括 2 周毕业实习)左右的院校,排水工程毕业设计应完成 A1 图纸 8～10 张。具体如下:

① 排水工程规划图,A1 图或 A0 图 1 张。

② 污水主干管、雨水管纵断面图,A1 图 1～2 张。

③ 污水处理厂平面布置图,A1 图 1 张。

④ 污水处理厂平面工艺图,A1 图 1 张。

⑤ 主要处理构筑物(如初沉池、曝气池、二沉池、消化池等)平、剖面图,A1 图 2～3 张。每位同学具体绘制的构筑物图,由指导教师确定。

⑥ 污水泵站平、剖面图,A1 图 1 张。

⑦ 污水处理厂高程图,A1 图 1 张。

⑧ 节点大样图(根据单体构筑物图,由指导教师指定),A2 图 1 张。

如果毕业设计时间超过 14 周(包括 2 周毕业实习),图纸量还应适当增加。

10.3.2 图纸的基本要求

毕业设计图纸尽量采用计算机绘图,但也应有一定数量的手工绘图。图纸上的表达内容应满足以下要求:

(1) 城市排水系统总平面图

城市排水系统总平面图比例尺采用 1:25000～1:5000。在城市排水系统总平面图中,应当明显地表示出城市各区的划分、道路与街坊、铁路、桥梁、主要排水企业以及公园绿地等。

以最鲜明的线条绘出污水管道、雨水管道、泵站与处理厂、污水排放口、雨水排放口位置等,同时注明各计算管段的管径、管长、坡度等数据以及管道的走向。

给出河流的位置及流向、地形等高线、风向玫瑰图,还应绘制图例。

(2) 排水管道纵断面图

排水管道纵断面图横向比例尺一般为 1:1000、1:500、1:300,纵向比例尺一般为 1:200、1:100、1:50。纵断面图中应标明地面标高、管道内底标高、埋深、坡度、管径、管长、充满度等。还应绘制与本管道相交的道路、铁路、河谷、建筑物、构筑物以及其他专业管道、管沟及电缆等的水平距离和标高。

(3) 污水处理厂平面布置图

污水处理厂平面布置图比例尺采用 1:500～1:200。在污水处理厂的平面布置图中,必须将污水与污泥处理构筑物、泵站及附属构筑物按比例绘出,并注明其主要尺寸。

图上应标示出坐标线、风向玫瑰图(或指北针)、各构筑物及建筑物的平面位置(用坐标表示)与编号、道路与绿地的平面位置。

各种构筑物及各种管道布置尽量紧凑,节省占地面积,但同时还要遵守设计规范,考虑运行管理、检修、运输及远期发展的可能性。还要注意土方平衡,以减少土方量与施工费用。

除平面布置外,图中还应有构筑物及建筑物编号对照表、图例、说明等。

(4) 污水处理厂平面工艺图

污水处理厂平面工艺图宜采用与污水处理厂平面布置图相同的比例。污水处理厂平面工艺图与污水处理厂平面布置图不同的地方是,平面工艺图重点表示污水处理厂内各种管线的平面位置及走向,而平面布置图重点表示污水处理厂内各构筑物、建筑物及其他辅助设施的平面位置(用坐标表示),图面上没有各种管道。

污水和污泥流程应尽量考虑重力流,避免迂回曲折。污水与污泥管道按计算结果注明其管径、长度、坡度、闸阀与其他构件位置以及管道与其构筑物之间的相对位置等。

图中还应有各种管线的图例及说明等。

(5) 污水处理厂高程图

污水处理厂高程图横向比例可采用 1∶1000~1∶500,纵向可采用 1∶100~1∶50,也可以不按比例绘制。

在污水与污泥高程图中,要求沿污水与污泥在处理中流动距离最长、水头损失最大的流程,并按最大设计流量进行高程计算,以此来绘制各处理构筑物与连接管道(槽)的高程剖面图。为保证各构筑物之间的污水能靠重力自流,必须精确计算各构筑物及管道中的水头损失,包括沿程水头损失和局部水头损失,还应考虑事故与扩建等情况所需要的储备水头。

高程图中必须注明原有地面与平整后地面标高;构筑物的顶部、底部及其有效水位的标高;受纳水体的洪水位、常水位与枯水位标高等。构筑物之间的连接管应标出管径和管中心的标高,连接渠应标出渠顶、渠底和有效水位的标高。

(6) 污水泵站平、剖面图

污水泵站平、剖面图比例尺可采用 1∶100~1∶30。污水泵站平、剖面图应达到施工图深度,泵站结构、吸水管及出水管均采用双线绘制。除了合理准确地布置机组、管道、闸阀与电气设备之外,还应注明各部件的精确位置、相对尺寸以及各种设备与构件的型号。

图中应明确标出泵站底板的标高、水泵机组基础的标高、泵轴标高、集水池中最高水位和最低水位的标高、各种管道的标高、吊车梁的标高等。机座基础与各种预留孔洞也应明确绘出。图中还应有材料表和说明。

(7) 单体处理构筑物平、剖面图

单体处理构筑物平、剖面图比例尺可采用 1∶100~1∶30。各构筑物的平、剖面图应力求达到施工图的深度。要求将其本身及其附属设备与部件按计算或设计尺寸详细绘出,附属设备等符号也应在图中标出,还应绘制必要的剖面图与节点大样图。材料表中应详尽列出构筑物所需的设备、部件、仪表等型号。

构筑物必须采用双线绘制,并标出材料符号。由于毕业设计中构筑物没有经过结构设计计算,一些构造尺寸可参照表 10-1 选用。

表 10-1　单体构筑物主要构造尺寸（参考）

名称	尺寸/mm	名称	尺寸/mm
底板厚	200～300	集（配）水渠厚	50～100
池壁厚	200～250	栏杆高	800
隔墙厚	100～250	栏杆竖杆间距	1500～2000
抹面厚	20～25	爬梯宽	500～1000
走道宽	700～1800	爬梯倾角	≤70°
走道厚	80～100	建筑物超高	300～500

10.4　排水工程毕业设计计算说明书的编制

排水工程毕业设计计算说明书的正文部分一般包括设计说明书和设计计算书两部分。

10.4.1　排水工程毕业设计说明书的内容

（1）概述

① 设计任务与设计依据

说明毕业设计任务书的内容、设计要求与设计依据。如果是真实的工程设计，还应对委托设计书及选厂报告的批准机关、文号、日期、批准内容与涉及委托单位等加以说明。

② 城市概况及自然条件

a. 对设计对象概况进行简要介绍，如城市的地理位置、城市功能、经济概况及发展规划等。

b. 对设计城市的总体规划、分期修建计划、河流等水体情况、铁路与重要工业企业的位置和作用等做一般性描述。

c. 概述城市的地形特点、工程地质、水文地质与气象等自然资料，城市受纳水体的名称、流量、水质、污染状况、水文情况、功能与现在利用情况，以及当地环保部门对水体排放污水的要求等。

③ 主要设计资料

说明设计所用资料的名称、来源、编制单位、日期等情况。

（2）排水系统体制的选择及排水系统方案的确定

① 排水系统体制的选择

说明排水系统体制选择的原则，论述说明所选排水系统体制的合理性。

② 排水系统方案的确定

a. 排水管网定线　说明排水管网定线原则，结合城市地形、总体规划、污水处理厂的可能选址等资料,拟定两个或两个以上的排水管网布置方案,并从技术方面对几个排水管网的布置方案进行论证。

b. 污水处理厂位置的选择　根据地形、气象、水文等原始资料,考虑城市总体规划与环境影响等因素,通过简单的技术经济比较选择适宜的厂址,并加以说明。

c. 排水系统水力计算　对水力计算方法及电算程序进行说明,给出电算程序框图以及两个以上排水系统方案的计算结果。

d. 排水系统方案　通过技术经济比较,确定一个最优的排水系统方案,并对该方案的合理性、经济性进行论证。

e. 污水管(渠)设计　说明排水系统布置形式及特点;最不利点埋深的确定以及系统的最大埋深;污水管(渠)的主要尺寸和材料;基础处理、接口形式;中途泵站的设置、选址、排水能力以及提升高度等情况;紧急排放口设置以及附属构筑物的设计。

(3) 雨水管(渠)布置与设计

① 说明雨水管(渠)布置原则以及设计方案的特点;雨水管(渠)采用的材料、基础处理、接口形式;管(渠)特殊构筑物的设计。

② 说明雨水管(渠)设计计算及雨水量计算参数的选择,如流速、坡度、重现期、集水时间等。

③ 对雨水管(渠)的水力计算方法、电算程序以及主要计算结果进行说明。

(4) 污水处理厂设计

① 污水量与水质确定

a. 污水处理厂进水水量与水质　根据所给城市各区域的面积、人口密度、污水量标准、工业企业与公共建筑的排水量和水质以及给水排水设计手册等资料,计算进入污水处理厂的污水设计流量及其相应的水质。

b. 处理后水质应达到排放标准。

② 污水处理程度的确定

a. 当已知接纳处理后排放污水的自然水体的原始资料时,污水处理程度确定的原则是:既要满足根据给出原始资料与水体自净理论计算出的处理程度,又要满足国家现行的污水排放标准。

b. 当没有接纳处理后排放污水的自然水体的原始资料时,污水处理程度按照国家现行的污水排放标准确定,不需要考虑接纳水体的环境容量和水体自净能力。

③ 污水与污泥处理工艺选择

a. 城市污水与污泥处理工艺介绍　介绍目前在实际工程中应用较多的污水处理技术及其技术经济对比情况。

b. 污水与污泥处理工艺设计方案选择　对所选的污水与污泥处理工艺设计方案进行论证,说明污水、污泥处理工艺选择的合理性、先进性以及技术特点,对所采用的新技术的工艺原理要进行分析与说明。按照流程顺序说明各工艺单元的功能、设计方案比较或选型及其优缺点。

c. 说明处理后污水、污泥的处置办法以及综合利用的考虑。

④ 污水处理厂平面布置与高程布置

a. 说明污水处理厂平面布置的原则,给出污水处理厂的占地面积,介绍污水处理厂各功能分区的分布情况。

b. 介绍污水处理厂污水、污泥处理工艺平面布置的特点。

c. 说明污水处理厂高程布置的原则,介绍污水处理厂处理水排放口处河流的洪水位、常水位和最低水位,阐述污水处理厂污水、污泥处理工艺竖向布置的特点。

d. 简要说明厂内主要辅助建筑物(化验室、办公楼、辅助车间、中心控制室、药剂仓库、值班室及福利设施等)的建筑面积及其使用功能,厂内给水、污水与排水、雨水、道路、绿化等设计。

⑤ 各处理构筑物的设计

按流程顺序说明各处理构筑物设计参数的选择,介绍各处理构筑物的数量、尺寸、构造、材料及其特点,说明主要设备的型号、规格、技术性能与数量等。

⑥ 泵站工艺设计

a. 泵站位置选择及说明。

b. 泵站设计流量和扬程的确定。

c. 泵站构造形式的确定及说明。

d. 泵站主要尺寸、设备型号与数量、技术性能等说明。

e. 泵站辅助设施的设计与说明。

f. 关于泵站设计的其他说明。

⑦ 工程概算与成本分析

a. 根据各构筑物土建工程量,采用土建工程概算单价及当地建筑工程预算定额进行编制,概算还包括机械与电气设备、监测与控制仪器、分析化学仪器等费用。

b. 提出需要的运行、管理机构及其职工编制的建议,计算出支付职工工资、福利待遇所需的费用。

c. 处理成本分析,包括处理吨水的运行管理费用与含土建和设备折旧在内的处理成本费用的计算与分析。

(5) 存在的问题与建议

提出设计存在的问题和解决办法的建议。

10.4.2　排水工程毕业设计计算书的要求

排水工程毕业设计计算书的主要内容就是各工艺单元的设计计算过程与计算结果,总体上可按设计说明书的内容顺序组织。对于每一个工艺单元的设计计算,可按计算过程编制计算书。设计计算书应当有以下几项内容:

① 设计计算依据。包括重要的基础数据、有关的规范规定等。

② 列出主要的计算公式,并说明参数的选择依据。

③ 要有计算过程。

④ 列出最后的计算结果。

11 排水管道与设计计算

11.1 排水体制与排水管道系统

11.1.1 排水体制

城市污水是由生活污水、工业废水和雨水组成。这些污水可采用同一管渠系统进行排除,亦可采用两个或两个以上各自独立的管渠系统进行排除。污水的这种不同的排除方式,称作排水体制。

11.1.2 排水管道系统

(1)合流制排水系统

合流制排水系统,是将生活污水、工业废水和雨水采用同一管渠排除的系统。早期出现的合流制排水系统,是将系统排除的混合污水不经任何处理直接排入水体。由于污水未经无害化处理直接排放,造成受纳水体的严重污染。为解决这一问题出现了截流式合流制系统,即在受纳水体岸边建造一条截流干管,将晴天的污水完全截流到污水处理厂,经处理后排放;雨天时将污水和初降雨水截流到污水处理厂进行处理,当混合污水的流量超过截流干管的输水能力后,超出的部分混合污水经溢流井溢出直接排入水体。现在大多数城市已采用这种合流制排水系统。

(2)分流制排水系统

分流制排水系统,是将生活污水、工业废水和雨水分别采用两个或两个以上各自独立的管渠系统排除的系统。排除生活污水和工业废水的系统称作污水排水系统;排除雨水的系统称作雨水排水系统。

分流制可分为完全分流制、不完全分流制和半分流制。在城市中同时具有污水排水系统和雨水排水系统的称作完全分流制系统;只具有污水排水系统,未建雨水排水系统,雨水依靠地面、街道边沟、水渠等排除的称作不完全分流制系统;为解决初降雨水污染严重的问题,在完全分流制的基础上,在雨水排入水体之前的干管上设跳跃井,将初降雨水截流排入污水排水系统,与污水一起送入污水处理厂进行处理后排放。降雨量增大到一定程度后,雨水跳过跳跃井进入下游雨水管渠直接排入水体。

（3）混流制排水系统

在某些城市老城区已采用合流制排水系统，而在新城区采用分流制排水系统，出现合流制与分流制并存的现象，这种排水系统称为混流制排水系统。混流制排水系统，兼有分流制与合流制排水系统的特点。

11.1.3　排水体制的选择

排水体制的选择，是排水工程规划和设计的重要内容，对城市的总体规划和环境保护影响深远，直接影响到工程投资、维护管理、设计和施工等诸多问题。排水体制的选择，主要应考虑环境保护、工程投资和维护管理三个方面的因素。

从环境保护方面考虑，采用合流制将生活污水、工业废水和雨水全部送入污水处理厂进行处理后排放，是最佳的选择。但污水处理厂的处理能力增加太多，截流干管的尺寸很大，增加工程投资。晴天时又造成输水能力和处理能力的极大浪费，从经济上来看，现在无法实现。

截流式合流制是对老城市合流制的一种改造形式，存在着雨天部分混合污水直接排入水体造成污染的问题。今后的解决方式是，将雨天溢流的混合污水暂时贮存，待晴天时送入污水处理厂逐渐进行处理。或将截流式合流制改造成完全分流制系统，但在资金和施工方面存在着诸多困难。

分流制将污水全部送入污水处理厂进行处理，从环境保护、工程投资和维护管理等多方面考虑，是现阶段新建城市或老城市新城区的首选排水体制。分流制也存在初降雨水污染的问题，将来可通过将其改造成半分流制予以解决。

综上所述，对于新建城市应首选分流制；对于已形成合流制的老城市应在完善截流式合流制的同时，考虑到将来的发展方向，如将来规划是将合流制改造成分流制，新建地区或新建、改建排水工程应采用分流制。在资金比较短缺的小城市，也可考虑先建成不完全分流制，以后逐渐建成完全分流制系统。

11.1.4　排水管道系统的布置形式

城市排水管道系统的平面布置，直接影响到污水能否顺利排除和工程造价，一般根据地形、城市总体规划、污水处理厂位置、污水的种类、河流和地质条件等因素确定。

地形是决定排水系统平面布置的主要因素，在地势适当向水体倾斜的地区，雨水管渠的干管应垂直河流布置，称作正交式。正交式管道长度短、管径小，比较经济。污水管道的干管也应采用这种正交式布置形式，沿河布设主干管，将污水截流送入污水处理厂；截流式合流制系统一般也采用这种布置形式。

在地形向河流有较大倾斜的地区，污水管道的干管宜平行于河流布置，以避免管道坡度过大而造成管内流速过大，使管道受到严重冲刷，主干管与等高线及河流成一定角度敷设，称作平行式。

在地势分成高低差别明显不同的地区，可分别在高区和低区敷设独立的管道系统，称作分区式；当城市被河流或主要铁路干线分成若干分区时，也可考虑采用分区式布置。

在城市中央地势较高、中央向周围倾斜的地区,雨水管道宜采用辐射式分散布置,污水管道的干管宜采用辐射式布置,截流干管可采用环绕式布置形式。地势平坦的特大城市,亦可考虑采用这种布置形式。

11.1.5　排水区域的划分和管道定线

排水区域一般根据地形按分水线划分,地形平坦的地区按一定的服务面积划分,使每根干管合理分担排水面积,尽量减少管道的埋深,少设或不设中途泵站,使污水以最短的距离自流排出。

在一般情况下,城市地形多倾向水体,可将主干管沿河敷设,干管垂直于等高线布置,尽量设在集水线上。在地形平坦的地区,为减少平行于等高线的横支管,应适当减少相邻干管的布设距离。

11.1.6　控制点与中途泵站位置的确定

对整个排水系统的埋深起控制作用的点称作控制点。有的城市因某小块地区的地势低洼而成为控制点,或因某个大的集中排水口埋深较大成为控制点,加大了整个排水系统的埋深。对于这种情况应考虑采取局部抽升等措施,以减少整个排水系统的埋深,降低工程造价。

当管道埋深接近最大埋深时,应考虑设中途泵站,提高下游管段的设计标高。但中途泵站的位置设在这一点并不一定合理。如计算出的中途泵站的位置接近污水处理厂或总排水口,提升后的管道长度远小于整个系统的管道长度。对于这种情况可考虑将中途泵站的位置适当前移,增加提升后管段的长度,减少整个系统管道的平均埋深,减少泵站的提升流量,节省工程造价和运行费用。

11.2　排水管道和雨水管道设计计算

11.2.1　污水设计流量

（1）街坊生活污水设计流量

居住区生活污水设计流量,一般按居住区人口密度、污水量标准计算单位面积的平均污水流量,即比流量,然后用比流量乘以设计管段服务面积和总变化系数求得。

$$Q_1 = F \cdot q_0 \cdot K_z \tag{11-1}$$

式中　Q_1——居住区生活污水设计流量,L/s;

　　　F——设计管段服务的街坊面积,hm²;

　　　q_0——单位面积的平均污水流量,即比流量,L/(s·hm²);

K_z——生活污水量总变化系数。

居住区污水比流量：

$$q_0 = \frac{n \cdot P}{86400} \tag{11-2}$$

式中　n——居住区生活污水量标准，L/(人·d)；

　　　P——人口密度，人/hm²。

生活污水量总变化系数：

$$K_z = \frac{2.7}{Q^{0.11}} \tag{11-3}$$

式中　Q——平均日平均时污水流量，L/s。

为了简化计算，公共建筑生活污水量和小型工业企业的集中排水量，一般按计算街坊生活污水流量的方法近似计算，包括在居住区内按面积计算。

（2）工业企业生活污水设计流量

$$Q_2 = \frac{A_1 B_1 K_1 + A_2 B_2 K_2}{3600T} + \frac{C_1 D_1 + C_2 D_2}{3600} \tag{11-4}$$

式中　Q_2——工业企业生活污水设计流量，L/s；

　　　A_1——一般车间最大班职工人数，人；

　　　B_1——一般车间生活污水量标准，以 25 L/(人·班)计；

　　　K_1——一般车间生活污水量时变化系数，以 3.0 计；

　　　A_2——热车间最大班职工人数，人；

　　　B_2——热车间生活污水量标准，以 35 L/(人·班)计；

　　　K_2——热车间生活污水量时变化系数，以 2.5 计；

　　　C_1——一般车间最大班使用淋浴的职工人数，人；

　　　D_1——一般车间淋浴用污水量标准，以 40 L/(人·班)计；

　　　C_2——高温、严重污染车间最大班使用淋浴的职工人数，人；

　　　D_2——高温、严重污染车间淋浴用污水量标准，以 60 L/(人·班)计。

（3）工业废水设计流量

$$Q_3 = \frac{m \cdot M \cdot K_z}{3600T} \tag{11-5}$$

式中　Q_3——工业废水设计流量，L/s；

　　　m——单位产品的废水量标准，L/单位产品；

　　　M——产品的平均日产量；

　　　K_z——总变化系数。

（4）城市污水设计流量

$$Q = Q_1 + Q_2 + Q_3 \tag{11-6}$$

式中　Q_1——居住区生活污水设计流量,L/s;

　　　Q_2——工业企业生活污水设计流量,L/s;

　　　Q_3——工业废水设计流量,L/s。

采用式(11-6)计算出的城市污水总设计流量,是各种污水同时出现最大流量时的情况,可用作污水管道系统的设计,但不适用污水泵站和污水处理厂的设计。

11.2.2　污水管道系统水力计算

(1) 水力计算公式

$$Q = \omega \cdot v \tag{11-7}$$

$$v = \frac{1}{n} R^{\frac{2}{3}} I^{\frac{1}{2}} \tag{11-8}$$

式中　Q——流量,m³/s;

　　　ω——过水断面面积,m²;

　　　v——流速,m/s;

　　　n——管壁粗糙系数,混凝土管道一般取 0.014;

　　　R——水力半径,m;

　　　I——水力坡度(即水面或管底坡度)。

(2) 设计参数

① 设计充满度

污水管道按非满流设计,污水在管道中的水深 h 与管径 D 的比值称作设计充满度。根据我国《室外排水设计标准》规定,污水管道的最大设计充满度见表 11-1。

表 11-1　污水管道的最大设计充满度

管径或渠高/mm	最大设计充满度	管径或渠高/mm	最大设计充满度
200～300	0.55	500～900	0.70
350～450	0.65	≥1000	0.75

② 设计流速

在设计充满度的情况下,通过设计流量时的污水流速称作设计流速。为了防止污水中泥沙颗粒沉淀产生淤积,阻塞管渠,规定污水管道的最小设计流速为 0.6 m/s。为了防止因污水流速过大对管道造成冲刷损坏,规定金属管道的最大设计流速为 10 m/s,非金属管道的最大设计流速为 5 m/s。

随着设计流量的逐段增加,下游管段的设计流速也应相应增加。当流量保持不变时,流速不应减少。当下游管段流速大于 1.0 m/s(陶土管)或 1.2 m/s(混凝土管)时,设计流速才允许小于上游管段。在有旁侧管接入时,旁侧管设计流速不应大于干管设计流速。

③ 最小管径和最小设计坡度

为了有利于污水管道的养护,对污水管道的最小管径和最小设计坡度做了明确规定,当计算所需的污水管道管径小于最小设计管径时,采用最小设计管径。这种管段称作不计算管段。

④ 埋设深度

确定污水管道的埋设深度,主要考虑三个方面的因素。为了保证在地面静动荷载的作用下管道不被损坏,需保证在管道上有一定的覆土厚度,车行道下污水管道的最小覆土厚度不宜小于 0.7 m。除满足以上两条外,还必须满足与街坊、公共建筑、工业企业内污水排出管道的衔接要求,保证这些污水顺畅排入。

⑤ 污水管道的衔接

污水上下游管道的衔接方式有管顶平接、水面平接,特殊情况下还可能出现管底平接。为了施工的方便一般采用管顶平接,即上下游管段的管顶标高相同。

在地势平坦或管道埋深较大的情况下,为了减少管道埋深可考虑采用水面平接。有时可能出现采用管顶平接时,下游管段的水面高于上游管段水面的情况,这时必须采用水面平接。

当下游管道坡度明显大于上游管道坡度时,下游管道的管径可以减小,但最多减小 100 mm。在下游管段管径小于上游管段管径时,采用管顶平接或水面平接时,有可能出现下游管段管底高于上游管段管底的情况,这时只能采用管底平接。

(3) 设计与计算

① 水力计算方法

污水管道水力计算的任务是,在已知污水设计流量的情况下,根据地形条件来确定污水管道的管径、设计坡度、流速和充满度。为了简化计算已编制成水力计算图和水力计算表。每个管径一个计算图表,图表中有四个设计参数:流量 Q、流速 v、坡度 i 和充满度 h/D,其中流量为已知,必须先确定管径后,查图表确定其他三个参数。由于需要先确定两个参数才能计算出另外两个参数,因此有多种方案可供选择,设计结果不是唯一的。一般增加管径,可减少设计流速和坡度,减少管道埋深,降低施工费用,但管径增大将增加管材的造价。

如何在多个可选方案中选出一个比较合理的方案,是一个比较复杂的问题,一般根据设计者的经验来确定。对于经验不多的设计人员,特别是对进行毕业设计的学生来说,针对地势比较平坦的地区,可考虑适当加大管径,以减小管道坡度和埋深。当地势较陡时,可考虑适当增加管道坡度以减小管径。总之,以管道坡度尽量接近地面坡度为宜,两者差异不宜过大,同时又要满足流速、充满度等其他约束条件的要求。近年来开发出许多污水管道计算机设计软件,引入了一些优化设计方法,在一定程度上解决了这一问题。

② 设计内容

a. 确定污水处理厂位置,干管和主干管定线;

b. 划分设计管段和管段服务面积;

c. 计算各管段的设计流量;

d. 列表进行水力计算,确定各管段的管径、坡度、流速、充满度;

e. 确定管道连接方式,计算管底标高和埋深;

f. 对于需设中途泵站或跌水井的管段进行特殊设计;

g. 绘制污水管道系统平面布置图和纵断面图。

11.2.3 雨水及合流制管渠水力计算

(1) 雨水管渠系统

① 雨水设计流量计算公式

$$Q = \Psi \cdot q \cdot F \qquad (11-9)$$

式中　Q——雨水设计流量,L/s;

　　　Ψ——综合径流系数;

　　　q——设计暴雨强度,L/(s·hm²);

　　　F——汇水面积,hm²。

设计暴雨强度应按下式计算

$$q = \frac{167A_1(1+C\lg P)}{(t+b)^n} \qquad (11-10)$$

式中　P——设计重现期,年;

　　　t——降雨历时,min;

　　　A_1、C、b、n——地方参数。

② 设计参数的选择

雨水管渠系统设计参数的选取,可根据建设地区的地形、资金等多方面因素综合确定。一般设计重现期选用 0.5～3.0 年,地面集水时间选用 5～15 min,地面集水距离的合理范围是 50～150 m。

(2) 合流制管渠系统

① 溢流井上游管道的设计流量

$$Q = Q_s + Q_m + Q_d \qquad (11-11)$$

式中　Q——溢流井上游管道的设计流量,L/s;

　　　Q_s——雨水设计流量,L/s;

　　　Q_m——工业废水设计流量,L/s;

　　　Q_d——生活污水设计流量,L/s。

② 溢流井下游管道的设计流量

$$Q' = (n_0+1)Q_{f1} + Q_{s1} + Q_{f2} \qquad (11-12)$$

式中　Q'——溢流井下游管道的设计流量,L/s;

　　　n_0——截流倍数;

　　　Q_{f1}——溢流井上游生活污水设计流量和工业废水设计流量之和,L/s;

　　　Q_{s1}——溢流井下游排水面积上的雨水设计流量,L/s;

　　　Q_{f2}——溢流井下游生活污水设计流量和工业废水设计流量之和,L/s。

（3）雨水管渠系统设计

① 雨水管渠设计的控制因素

a. 雨水管渠系统采用无压满流设计；

b. 雨水管道的最小管径为 300 mm，相应的最小坡度为 0.003；

c. 最小流速为 0.75 m/s，最大流速同污水管道系统；

d. 雨水管道采用管顶平接，当下游管段的管径小于上游管段管径时采用管底平接；

e. 在进行雨水干管布线时，应尽量使管段的服务面积呈线性增长。如出现下游管段设计流量小于上游管段时，将上游管段的设计流量作为本管段的设计流量。

② 设计内容

a. 根据地形特点确定雨水干管的定线；

b. 划分设计管段和各管段的服务面积；

c. 确定雨水设计参数；

d. 计算各管段雨水设计流量；

e. 列表进行水力计算，确定管径、坡度、流速、管内流行时间，管道通过能力，管底标高和埋深；

f. 绘制雨水管渠系统平面布置图和纵断面图。

（4）合流制管渠系统设计

① 合流制管渠设计的特点

a. 合流制管渠系统按雨天设计流量无压满流设计，按污水最大流量进行旱流校核。旱流时的流速应不小于污水管渠最小设计流速，否则应改变管径和坡度，或改变管渠断面形式，或增设冲洗设施。

b. 合流制管渠系统的其他控制因素同雨水管渠系统。

② 设计内容

a. 溢流井上游管渠系统设计。

b. 溢流井下游管渠系统设计。

c. 溢流井设计。

d. 其他同雨水管渠系统设计。

11.3　设计方案比较

城市排水系统对于保护城市环境、防治水体污染、保障人民身心健康、保证经济可持续发展具有重要作用。排水系统工程浩大，涉及范围广，影响因素多，可提出许多可行的设计方案，如何在众多方案中选择一个理想的实施方案，是一件非常困难而又必须完成的工作。建立城市排水系统科学评价的指标体系，是完成这一任务的基础和关键。

11.3.1　技术经济评价的指标体系

（1）影响排水系统方案确定的因素

① 排水体制

城市排水系统有分流制、合流制和混流制三种排水体制,采用不同的排水体制,对于设计方案的形成和确定有十分重要的影响,它将决定干管和主干管的走向和位置。

② 城市自然条件

城市的地形、河流的走向和位置,城区内主要铁路干线的位置,将决定排水系统的布置形式,是干管和主干管定线的主要影响因素。

③ 污水处理厂或排放口的位置

根据污水主要受纳水体的流向、环境容量和城市取水口的位置,决定城市污水是采用集中处理还是分散处理,最终确定污水处理厂和污水排放口的位置。污水排放口最好设在取水口的下游,当出现污水排放口与取水口交错布置的情况时,可考虑取水口上移或排放口下移,或设污水处理厂使污水达标排放,或强化净水工艺保证净水水质。

④ 工程分期

根据环保要求和资金情况,排水工程可分期建设,分阶段实施。工程分期不仅影响到不同时期的工程资金投入,也关系到工程在不同时期的效益,应综合考虑确定。

(2) 评价指标体系

建立和选择合适的排水系统评价指标,是进行设计方案技术经济比较的前提和基础。

① 指标的选择

评价指标应具有科学性、客观性、可量化性和可操作性,尽量不用或少用人为因素影响大、定义模糊的指标。评价指标应既能反映静态情况,又能反映动态趋势,将资金利用和工程效益的动态价值考虑在内。评价指标的选取应尽量考虑到各方面的因素,将对方案有影响的各种指标选入评价指标体系。评价指标和评价方法,应尽量与国内外现行的方法相衔接,增加指标体系的适应性。

② 指标体系

为了科学、客观地评价各种设计方案,从中选出理想的实施方案,需要建立多元化、多层次的指标体系。根据排水工程的特点和国内外的经验,一般将环境、土地、经济、实施、动迁和管理等列为一级评价指标,每个一级指标下再分为若干二级指标。依据实际工程的特点,可适当增减各级指标。

a. 环境影响 保护环境是排水系统建设的主要任务之一。对水环境的影响,主要考虑对污水排放口下游水体不同区域的影响,既要考虑目前对水体的影响,又要考虑长期对水体造成的潜在影响。保护饮用水水源免受污染,是排水系统建设的首要任务,需要考察污水排放对饮用水水源水质的直接影响和间接影响,需要考虑事故排放时的风险影响,还需考虑将来对供水事业发展的影响。对周围环境的影响,主要是对附近居民和企事业单位的影响。

b. 土地占用 我国人均耕地占有量仅为世界人均的 1/3,土地紧张,土地占用指标尤为重要。排水工程设施应尽量减少土地的总占用量,同时应尽量不占良田、少占耕地。为了保护环境,需要设立足够距离的卫生防护带。

c. 经济方面 总建设费用,包括静态投资和动态投资,是一项非常重要的经济指标。运行费用,是工程投入使用后,包括设备折旧在内的正常运行成本。我国排水工程建设滞后于经济建设的重要原因是,总建设费用过大,运行费用过高,现行的收费体制不合理,很难保障排水工程设施的正常运行。根据土地用途的不同,其价值差异很大,在对项目建设进行选址时,应将土地机会成本指标考虑在内。

d. 实施方面　工程的总工程量、施工的难易程度、影响实施的条件等因素对项目的实施都将产生影响。

e. 运行管理　排水管渠的长度越大、结构越复杂,排水系统维护管理的工作量越大。排水泵站和污水处理厂的数量越多,所需的管理人员越多,运行管理越复杂。

f. 动迁安置　因工程建设需要动迁的单位和居民的数量越多,动迁安置的工作量越大,这不仅涉及经济问题,还涉及社会问题和法律问题。动迁单位性质和移民的组成及动迁的位置,对搬迁安置难度的影响较大。

(3) 经济指标的运用

① 项目总投资

项目总投资＝第一部分费用＋第二部分费用＋第三部分费用

第一部分费用包括建筑工程费,设备、器材、工具等购置费,安装工程费。

第二部分费用包括建设单位管理费,征地拆迁费,工程监理费,供电费,设计费,招投标管理费等。

第三部分费用包括工程预备费,价格因素预备费,建设期贷款利息,铺底流动资金。

第一部分费用可查有关排水工程投资估算、概算指标确定。

第二部分费用按实际工程项目内容计算,设计阶段可按第一部分费用的一定百分比计算。

第三部分费用可按工程各项目实际情况计算,设计阶段也可按第一部分费用的百分比计算,工程预备费用按 10% 计,价格因素预备费按 5% 计,贷款期利息按贷款当年利息计,铺底流动资金按 30% 流动资金计,流动资金按年经营费用的 1/4 计。

项目总投资＝固定资产投资＋铺底流动资金

固定资产投资＝固定资产静态投资＋固定资产动态投资

固定资产静态投资＝建筑工程费用＋设备器具购置费＋安装工程费＋基本预备费＋其他

固定资产动态投资＝涨价预备费＋固定资产投资方向调节税＋建设期利息

② 污水处理厂经营费用和单位处理成本

污水处理厂经营费用及单位处理成本可参考表 11-2 计算确定。

表 11-2　经营费用及单位处理成本

序号	项目	费率	计算基数费用/万元
1	动力费		$0.876N \cdot d/k$
2	药剂费		$0.365 \times 10Q(a_1b_1 + a_2b_2 + \cdots)$
3	工资福利费		$A \times N$
4	固定资产基本折旧费	4.6%	折旧 18 年,固定资产＝$0.84 \times$工程总投资
5	大修基金提成	2.4%	固定资产投资

续表11-2

序号	项目	费率	计算基数费用/万元
6	无形资产和递延资产摊销费	8.0%	无形资产和递延资产
7	工程修理维护费	1.0%	固定资产投资
8	管理费、销售费和其他费用	15.0%	(1+2+3+…+7)
9	流动资金利息支出		流动资金借款(万元/年)×借款年利率
10	年经营成本		(1+2+3+5+7+8)
11	年总成本		(1+2+3+…+9)
	其中:可变成本		(1+2+8+9)
	固定成本		(3+4+5+6+7)
12	单位处理成本		年总成本/(365Q)
13	单位经营成本		年经营成本/(365Q)

11.3.2 技术经济评价方法

对不同的设计方案进行技术经济比较,就是要对方案构成影响的各项因素进行分析、评价和比较,从众多可行的方案中选出最佳的设计方案。

(1) 费用综合比较法

对于一次性投资建成的排水工程,若只考虑经济因素,可采用总费用综合比较法,力求总费用最低为原则。将工程的总投资加上额定投资偿还期内经营费用的总和作为总费用。

$$总费用 = K + T_0 \cdot S \tag{11-13}$$

式中　K——项目总投资,万元;

　　　T_0——额定投资偿还期,年;

　　　S——年经营费用,万元。

我国城市排水工程的额定投资偿还期一般为 20 年。对于多个可行方案进行总费用的直接比较,以总费用最低的方案为最佳设计方案。这种方法计算简单,比较方便,但经济因素以外的其他因素都没有考虑在内,显然不够准确,只能在特殊的情况下采用。

(2) 综合评分法

若要对一个排水工程设计方案进行全面的评价,就必须把对方案构成影响的各种因素均考虑在内进行综合分析比较。通常需要考虑的因素有建设费用、运行费用、经济效益、环境效益、占地面积、施工方式、动迁安置、运行管理等,根据具体情况影响因素可作适当调整,再将每种因素划分为几个级别,每一个级别规定一定的得分。由于各影响因素所起的作用不同,可对各种因素采用不同的权重系数。对于可量化的因素通过计算确定级别和评分,对于无法量化的因素可采用专家评分法予以确定级别,然后逐项进行加权平均计算出总得分。

（3）模糊综合评分法

模糊综合评分法将各种因素的影响程度划分为若干等级,每个等级规定一定的得分,相邻两个等级间的评分是不连续的,有时将造成一定的误差。如被评为一级得 5 分,二级得 4 分,若某个因素在进行评级时处在一级和二级之间,无论是评为一级还是二级都会造成一定误差。模糊综合评分法引入了隶属度的概念,给出了一种合适的解决方法。如第一方案的因素一处在一级和二级之间,我们就将它贴近于一级或二级的程度定义为隶属度。如因素一70%贴近一级,30%贴近二级,就定义它对于一级的隶属度为 0.7,对于二级的隶属度就为 0.3(即 1−0.7)。

12 污水处理厂工艺选择与设计计算

12.1 污水处理典型工艺

12.1.1 污水处理方法的分类

现代城市污水处理工艺可按不同的方法进行分类。按污水处理程度分为一级、二级和三级处理;按处理原理可分为物理处理、化学处理和生物处理。

（1）一级处理

一级处理主要以物理处理方法为主,去除污水中呈悬浮状态的固体污染物质。经过一级处理后的污水,SS 可去除 $40\%\sim70\%$,BOD_5 可去除 $25\%\sim35\%$,达不到排放标准。一级处理一般作为二级处理的预处理,主要处理构筑物有格栅、沉砂池、沉淀池。

（2）二级处理

二级处理主要以生物处理方法为主,去除污水中呈胶体和溶解状态的有机物,BOD_5 去除率为 $80\%\sim95\%$,可以达到污水排放标准,城市污水一般采用二级处理。二级处理系统由生物处理构筑物和二沉池组成。生物处理构筑物主要有活性污泥法的曝气池,生物膜法的生物滤池、生物转盘、生物接触氧化池等。

（3）三级处理

三级处理是在一级、二级处理后,进一步降解处理有机物、氮和磷等物质,这些物质将导致水体的富营养化,可能造成二次污染。深度处理和三级处理相似,两者又有一定的区别。深度处理是以污水的再利用为目的而进行的处理。三级处理的方法很多,包括物理法、化学法、物理化学法和生物法。

12.1.2 污水处理典型工艺流程

目前,我国城市污水一般采用二级生物处理工艺。生物处理方法种类较多,各具不同的特点,如何选取一种合适的生物处理方法和生物处理构筑物,是设计者必须作出的选择,这对进行毕业设计的学生来说,是一个比较困难的问题。

常规活性污泥法处理工艺流程如图 12-1 所示。生物膜法处理工艺流程如图 12-2 所示。A-O 法生物脱氮处理工艺流程如图 12-3 所示。氧化沟处理工艺流程如图 12-4 所示。AB

法生物处理工艺流程如图 12-5 所示。SBR 法生物处理工艺流程如图 12-6 所示。

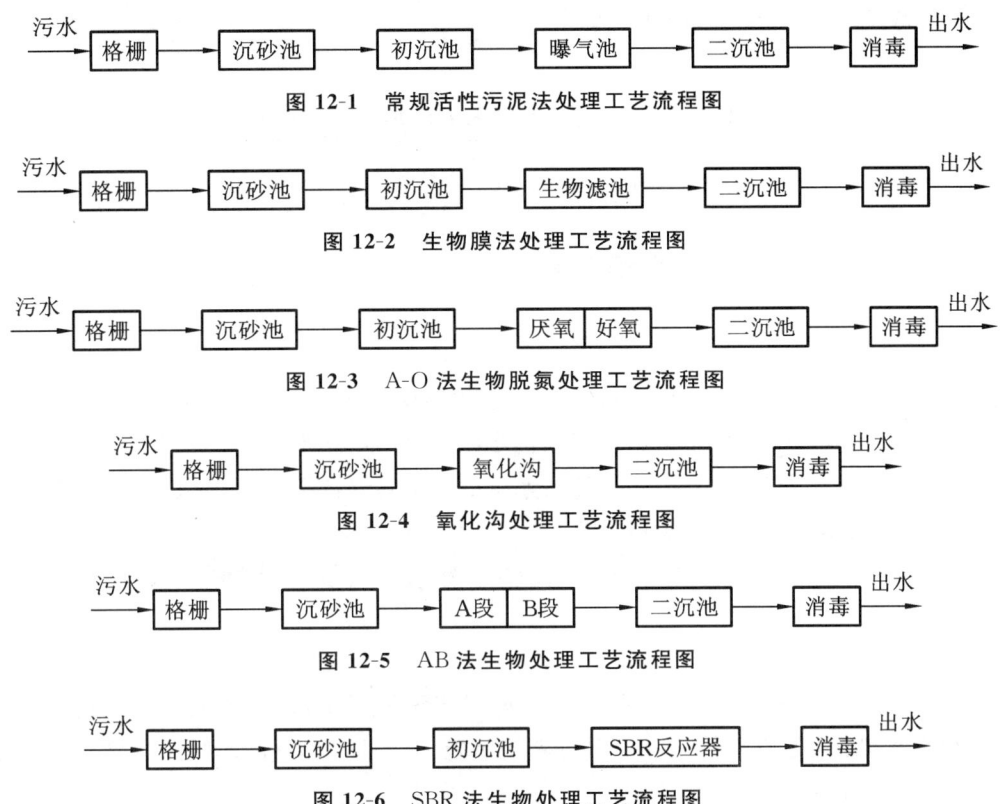

图 12-1 常规活性污泥法处理工艺流程图

图 12-2 生物膜法处理工艺流程图

图 12-3 A-O 法生物脱氮处理工艺流程图

图 12-4 氧化沟处理工艺流程图

图 12-5 AB 法生物处理工艺流程图

图 12-6 SBR 法生物处理工艺流程图

上述六种工艺是城市污水处理常用的处理流程,均能达到处理要求,满足国家有关的污水排放标准。还有很多污水处理工艺可供选择,设计者可查阅有关资料。

12.1.3 污泥处理典型工艺流程

污泥一般采用浓缩、消化、脱水等方法进行处理,最终处置的途径有做肥料、做建筑材料、焚烧、填埋、投海等。污泥处理工艺流程如图 12-7～图 12-9 所示。

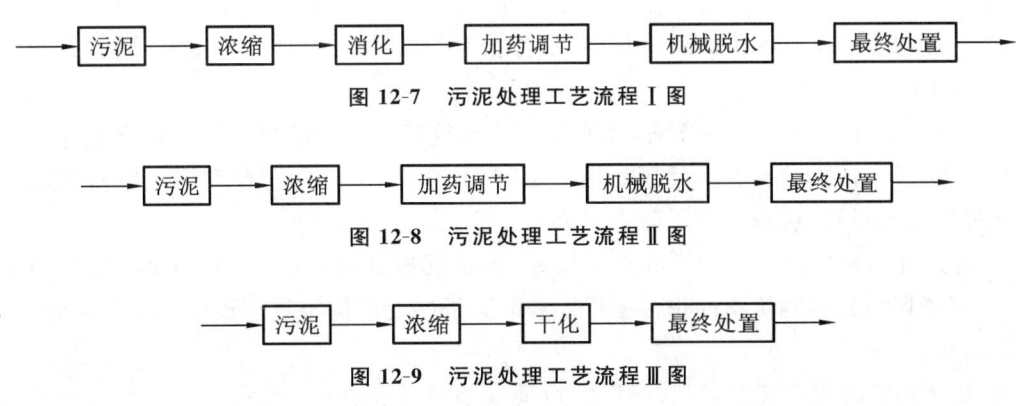

图 12-7 污泥处理工艺流程 I 图

图 12-8 污泥处理工艺流程 II 图

图 12-9 污泥处理工艺流程 III 图

目前,我国大部分污水处理厂采用流程 I 的污泥处理工艺,在一些小型污水处理厂中,也有的采用流程 II 和流程 III 的污泥处理工艺。

12.2 污水处理厂布置

12.2.1 污水处理厂平面布置

(1) 平面布置的内容

① 生产性构筑物　用于生产的构筑物包括各种污水处理构筑物、污泥处理构筑物、配水井、泵房、鼓风机房、中心控制室、投药间、消毒间、污泥脱水间、变电站、沼气柜等。

② 各种管线　各处理构筑物之间的污水、污泥管道或管渠,空气管道、沼气管道、给水管道、雨水管道,输配电、控制与通信电线等。

③ 辅助建筑物　污水处理厂的主要辅助构筑物有办公楼、化验室、运转值班室、机修车间、仓库、食堂等。

(2) 平面布置原则

① 污水处理厂平面布置,应按污水、污泥处理流程的要求,根据各处理构筑物的功能和性质,结合厂区地形、地质和气候等因素力求便于施工、操作和运行管理,尽量做到挖填土方平衡,经过技术经济比较确定。

② 在进行污水处理厂平面布置时,应考虑远期发展和扩建的可能性,留有适当的扩建余地。如有远期规划,应按远期规划布置,分期进行建设。

③ 处理构筑物应尽量按流程顺序布置,避免管线迂回,充分利用地形,降低能耗,减少土方量。

④ 处理构筑物的布置应紧凑,缩短连接管渠,节省占地,便于管理。考虑到在构筑物之间敷设管渠、阀门等附属设备,施工和运行管理的要求,构筑物之间一般留有不小于 5 m 的间距。消化池应距初沉池较近,以缩短污泥管线。消化池与其他构筑物之间的距离不小于 20 m。

⑤ 经常有人工作业和活动的建筑物,如办公楼、化验室、中心控制室等,应布置在夏季主导风向的上风向一方。

⑥ 污泥构筑物应尽量集中布置,以利于安全和管理。污泥区应布置在夏季主导风向的下风向一方,并远离办公楼和生活区。沼气柜、沼气管道、沼气加压和利用装置与其他危险品仓库的位置与设计,应符合有关防火规范的要求。

⑦ 各处理构筑物的连接管线应自成体系,保证其独立运行,在某个构筑物因故停止运行时,不至于影响其他构筑物的正常运行。并联运行的处理构筑物应设均匀配水装置,并设有连通管渠。

⑧ 处理构筑物应合理设置超越管线,以便在事故或检修时,污水能超越后续构筑物或

直接排入水体。处理构筑物宜设防空管道,排出的污水应回流处理。

⑨ 变电所应设在耗电量大的构筑物附近,如鼓风机房、泵房等。鼓风机房应设在曝气池附近。

12.2.2　污水处理厂高程布置

(1) 布置原则

① 尽量使污水和污泥在各构筑物之间以重力流流动,避免不必要的跌水,减少提升次数。还应考虑污水处理厂扩建时预留的贮备水头。

② 在进行高程布置时,应考虑土方平衡。

③ 浓缩池、消化池、污泥脱水机间的高程确定,应注意污泥水能自流排入泵站集水池和其他污水处理构筑物。

④ 污水处理厂出水管不受洪水顶托。

(2) 计算方法

① 计算水头损失时,用最大流量作为设计流量,涉及远期流量的管渠与设备,按远期最大流量计算。还要考虑某一构筑物停止运行时,与其并联运行的其他构筑物与有关连接管渠能通过全部流量。

② 在进行水力计算时,应选择距离最长损失最大的流程。还须考虑管内淤积阻力增加的可能。必须留有充分的余地,防止水头不够发生涌水,影响构筑物正常运行。

③ 在进行高程计算时,先计算出各构筑物和连接管渠的水头损失,确定构筑物之间的相对高程。在地势适宜的地区,以受纳水体的最高水位为基准点,逆污水处理流程向上倒推计算,确定各处理构筑物的标高和水面标高。在受纳水体最高水位较高,污水无法自流排入时,应在水体前设提升泵站和防潮井。水体水位高时,启动泵站抽升排放。在污水处理厂厂址远高于受纳水体最高水位时,应根据挖填方平衡先确定容积最大的构筑物的埋深和标高,以此为基准推算其他构筑物的高程。

12.2.3　污水处理厂的配水与计量

(1) 处理构筑物之间连接管渠的设计

为了便于维护和清洗,污水处理构筑物之间的连接,应以矩形明渠为宜。明渠可用钢筋混凝土制成,也可用砖砌,某些部位可用钢筋混凝土管或铸铁管连接。寒冷地区为了防冻,明渠可加盖板。

为了防止沉淀,污水在明渠内必须保持一定的流速。在最大流量时,流速介于 $1.0 \sim 1.5$ m/s 之间,在最小流量时,流速不得小于 0.4 m/s。在管道中的流速应大于明渠中的流速,尽量大于 1 m/s。

(2) 配水设施

在污水处理厂中,同类型、同尺寸的处理构筑物都在两座或两座以上,为了实现向各构筑物均匀配水,必须设置有效的配水设施。图 12-10 中(a)为中心管式配水井,(b)为倒虹管式配水井,这两种配水井适用于 2 座或 4 座为一组的圆形构筑物,因对称性好,配水效果较好;(c)为挡板式配水槽,可用于更多同类型的处理构筑物;(d)为非对称性配水槽,构造简单,造价低,但配水均匀性较差;(e)为对称式配水槽,是(d)的改进型,用于同类构筑物多时的情况,配水效果较好,但构造比(d)型稍复杂;(f)为配水渠道,适用于大中型污水处理厂,构筑物数量较多的情况,在构物的进水端设置进水渠道,水从一侧进入,流速控制在 0.3 m/s 以下,可保证配水均匀。

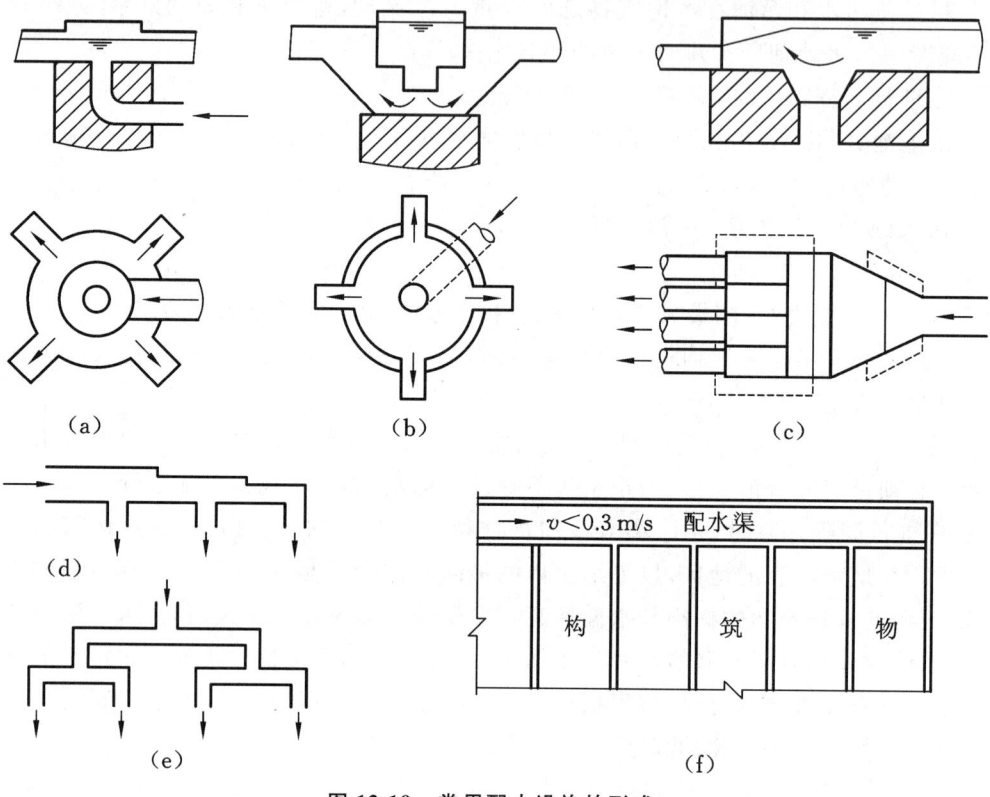

（a）　　　　　　　　　（b）　　　　　　　　　（c）

（d）

（e）　　　　　　　　　（f）

图 12-10　常用配水设施的形式

（3）计量设施

准确掌握污水处理厂所处理的污水流量,对提高工作效率和运行管理水平非常必要。对于污水计量设施,要求测量精度高、水头损失小、操作简单、不沉积杂物,并能配用自动记录仪表。

污水处理厂总处理水量的计量设施,一般安装在沉砂池与初沉池之间或总出水管道上。有条件时,应对各主要处理构筑物分别进行计量,但这样会增加水头损失。

污水处理厂常用的计量设施是巴式计量槽和薄壁堰。电磁流量计、超声波流量计等因测量精度高,便于自动化控制等因素逐渐受到重视。

12.3　污水处理厂工艺设计

12.3.1　污水处理构筑物的设计

（1）格栅

格栅一般安装在污水处理厂、污水泵站之前，用以拦截大块的悬浮物或漂浮物，以保证后续构筑物或设备的正常工作。

① 格栅的类型

格栅栅条的断面形式、栅条间距和栅渣清除方式，是选择格栅应考虑的主要因素。

格栅栅条常用的断面形式有圆形、正方形、矩形、半圆形等。圆形断面水力条件好，但刚度较差。矩形断面刚度好，水力条件不如圆形。半圆形断面水力条件和刚度都较好，但形状相对复杂。一般多采用矩形断面。

污水处理厂可设置二道格栅，总提升泵站前设置粗格栅（50～100 mm）或中格栅（10～40 mm）。处理系统前设置中格栅或细格栅（3～10 mm）。亦可在总提升泵站前只设置一道中格栅。

当格栅拦截的栅渣量大于 0.2 m³/d 时，采用机械清渣方式；栅渣量小于 0.2 m³/d 时，可采用人工清渣方式。为了改善劳动条件和提高自动化水平，也可采用机械清渣方式。

② 格栅设计

格栅的设计内容、计算公式和主要设计参数见《给水排水设计手册（第三版）（第 5 册）》。

（2）沉砂池

① 沉砂池的类型及特点

常用的沉砂池类型有平流式沉砂池、曝气沉砂池、多尔沉砂池和钟式沉砂池。平流式沉砂池构造简单，处理效果较好，工作稳定。但沉砂中夹杂一些有机物，易于腐化散发臭味，难以处置，并且对有机物包裹的砂粒去除效果不好。曝气沉砂池，在曝气的作用下，颗粒之间产生摩擦，将包裹在颗粒表面的有机物摩擦去除掉，产生洁净的沉砂，同时提高颗粒的去除效率。多尔沉砂池设置了一个洗砂槽，可产生洁净的沉砂。钟式沉砂池依靠电动机械转盘和斜坡式叶片，利用离心力将砂粒甩向池壁去除，并将有机物脱除。这三种沉砂池在一定程度上克服了平流式沉砂池的缺点，但构造比平流式沉砂池复杂。一般多采用曝气沉砂池。

② 沉砂池设计

沉砂池设计的主要内容和设计见《给水排水设计手册（第三版）（第 5 册）》。

（3）沉淀池

污水处理厂常用的沉淀池的类型有平流式、辐流式和竖流式，还可采用斜板（管）沉淀池和迷宫沉淀池。

① 沉淀池的特点及其使用条件

由于沉淀池构造的差别，各种类型的沉淀池具有不同的特点，适用于不同的条件。常用沉淀池有平流式沉淀池、辐流式沉淀池、竖流式沉淀池和斜(管)板沉淀池。

平流式沉淀池沉淀效果好,对冲击负荷和温度变化适应性强,施工方便,平面布置紧凑,占地面积小,但配水不易均匀,采用机械排泥时设备易腐蚀,采用多斗排泥时,排泥不易,操作工作量大,适用于地下水位较高、地质条件较差的地区和大中小型污水处理厂。

辐流式沉淀池个数较少,比较经济,便于管理,机械排泥设备已定型,排泥较方便,但池内水流不稳定,沉淀效果相对较差,排泥设备比较复杂,对运行管理要求较高,池体较大,对施工质量要求较高。适用地下水位较高的地区,适用于大、中型污水处理厂。

竖流式沉淀池占地面积小,排泥方便,运行管理简单,但池体深度较大,施工困难,对冲击负荷和温度的变化适应性差,造价相对较高,池径不易过大,适用于小型污水处理厂或工业废水处理站。

斜(管)板沉淀池沉淀效果好,占地面积小,排泥方便,但易堵塞,造价高。适用于原有沉淀池的挖潜或扩大处理能力,适用于初沉池。

② 沉淀池设计

沉淀池设计的内容、计算公式和主要设计参数见《给水排水设计手册(第三版)(第5册)》。

(4) 生物处理构筑物

目前常用的生物处理构筑物主要有活性污泥法、生物膜法、厌氧法、自然生物处理法。由于活性污泥法处理程度高,净化效果好,是目前使用最多的污水处理方法。

① 活性污泥法

活性污泥法的类型较多,主要有普通活性污泥法、生物脱氮除磷法、SBR法、氧化沟法、AB法等。活性污泥法的设计内容和主要设计参数见《给水排水设计手册(第三版)(第5册)》。

② 生物膜法

生物膜法的主要类型有生物滤池、生物转盘、生物接触氧化法和生物流化床等,生物膜法的设计内容和主要设计参数见《给水排水设计手册(第三版)(第5册)》。

③ 自然生物处理法

污水自然生物处理法有稳定塘和土地处理法,自然生物处理法的设计内容和主要设计参数见《给水排水设计手册(第三版)(第5册)》。

12.3.2　污泥处理构筑物设计

污泥处置就是通过适当的方法对污泥进行处理,防止污泥腐化发臭,使其中的有毒有害物质得到妥善处理和综合利用,变害为利,确保污水处理厂正常运行,为污泥找到最终出路。污泥最终处置的主要方法是做农业肥料、做建筑材料、填地、填海造地和排海。

(1) 污泥浓缩

① 污泥浓缩方法的选择

污泥浓缩的主要目的就是减少污泥体积,从而降低后续处理构筑物和设备的负荷,减少处理费用。常用的浓缩方法有重力浓缩法、气浮浓缩法和离心浓缩法。

重力浓缩法操作方便,动力消耗小,运行费用低,贮存污泥能力强,但占地面积大,浓缩效果不理想,污泥易腐化,散发臭气,适用于处理初沉污泥和剩余污泥。

气浮浓缩法浓缩效果好,出泥含水率低,占地面积小,只为重力法的1/10,运行效果稳定,不受季节影响,产生臭气少,能去除油类,但运行费用高于重力浓缩法,低于离心浓缩法,操作管理要求较高,电耗大,污泥贮存能力小,适用于处理初沉污泥和剩余污泥。

离心浓缩法浓缩效果好,工作效率高,占地面积极小,几乎不散发臭气,工作环境好,但要求专用的离心设备,耗电量大,对操作人员技术要求较高,管理复杂,适用于处理剩余污泥。

② 浓缩池设计

浓缩池设计的内容、计算公式和主要设计参数见《给水排水设计手册(第三版)(第5册)》。

(2) 污泥消化

污泥中含有大量的有机物,一般用厌氧消化法进行污泥处理,即在无氧的条件下,利用兼性菌和厌氧菌降解有机物,最终产生二氧化碳和沼气,使污泥得到稳定。

厌氧消化可分为标准消化、高负荷消化、二级消化、两相消化、厌氧污泥床、自然消化等。不同类型的厌氧消化方法,适用于不同情况的污水处理厂。标准消化池的特点是池内不设搅拌设备,污泥不加热,消化时间长,负荷低,产气量少,适用于小型污水处理厂,现已基本停用。高负荷消化池的特点是池内设搅拌设备,污泥加热比标准消化时间短,产气量多,高温比中温消化时间短,负荷高,产气量大,但能耗较高,适用于大、中、小型污水处理厂。一级消化池与高负荷消化池相同,二级消化池污泥不搅拌和加热,减少污泥体积,降低能耗,适用于大、中型污水处理厂。

(3) 污泥脱水

① 污泥调节

污水处理工艺产生的初沉污泥、剩余污泥、腐殖污泥和污泥消化后产生的消化污泥,均由亲水性带电胶体颗粒组成,直接脱水非常困难。在污泥脱水前需要进行适当的调节预处理,常用的预处理方法有化学调节法、热处理法、冷冻法和淘洗法。由于化学调节法经济实用、简单方便,在国内外被广泛应用。在条件合适时,亦可考虑采用淘洗调节法。

② 污泥干化与脱水

经过浓缩、消化后的污泥含水率有95%～97%,体积较大,不利于进行最终处置。经过干化或脱水处理,污泥含水率可降至60%～80%,体积减小为原来的1/10～1/5,由流态变为固态,为综合利用和最终处置提供了方便。污泥干化场的优点是设备简单,操作方便,耗电少,缺点是占地面积大,受季节和气候影响较大,劳动强度大,适用于气候干燥、用地不紧张地区的小型污水处理厂。脱水机械分为带式压滤机、板框压滤机、真空脱水机和离心脱水机。其中带式压滤机的优点是连续生产,效率高,设备少,投资较少,劳动强度小,能耗维护费低,缺点是污泥调节药剂费用大,运行费用较高,泥饼含水率较高,适用于大、中、小型污水处理厂,国内外广泛应用。板框压滤机的优点是泥饼含水率低,体积小,节省后续处理的费用,污泥调节药剂投量少,缺点是间歇式操作,生产效率低,设备投资大,适用于采用干燥、焚烧、填埋处理的污泥和小型污水处理厂。真空脱水机的优点是连续生产,工作效率高,运行稳定,可自动控制,缺点是附属设备多,工序复杂,运行费用较高,大、中、小型污水处理厂均可采用,目前使用较少。离心脱水机的优点是效率高,基建费用少,占地小,环境好,自动化程度高,运行费用低,缺点是机械设备复杂,电耗大,泥饼含水率较高,噪声大,发达国家使用较多,适用于大、中、小型污水处理厂。

12.4 污水泵站工艺设计

12.4.1 污水泵站形式

污水泵站可分为多种形式,根据水力条件、工程造价以及泵站规模、水文地质条件、施工方法等因素,选择污水泵站的形式。

(1)泵站的建造形式

① 分建式泵站

集水池与机器间分建成两个独立的建筑物,两者之间有一定的距离。这种泵站集水池和机器间可建成不同的形状,结构处理简单,无渗漏问题,水泵维护检修方便,但增加了吸水管的长度。分建式泵站适合于非自灌式泵站。

② 合建式泵站

将集水池与机器间合建成一个建筑物,布置紧凑、占地少、节省材料,便于开槽施工,适用于自灌式泵站。

将集水池与机器间用隔墙分开,这样可保持机器间干燥,有利于水泵的保养和检修,称为干式泵站。

把集水池建在机器间的下方,电动机设在机器间中,而水泵叶轮等设在集水池中,机器间与集水池合建在一起,称为湿式泵站。这种泵站结构简单,造价较低,但对水泵部件腐蚀严重,工作环境较差,水泵的维修保养不方便。

③ 圆形泵站

在设计流量较小或水泵台数不大于 4 台时,可采用圆形或下圆上方形泵站。圆形泵站便于用沉井法施工,造价较低。

④ 矩形泵站

当设计流量大于 1 m³/s 时,一般采用矩形泵站。矩形泵站平面尺寸不受限制,室内面积利用率高,工艺布置较为合理,便于起吊检修,适合于大中型泵站,多采用开槽方式施工。

⑤ 半地下式泵站

为了满足水泵自灌式启动的要求,将机器间设在地下,值班室和配电间设在地上,有利于运输、采光、通风和操作。一般采用半地下式污水泵站。

⑥ 全地下式泵站

在某些特殊的情况下,泵站的全部构筑物都设在地下,地面上没有任何建筑物。这种泵站几乎不占地,但通风条件差,容易发生中毒事故,设备容易受潮影响正常运行,深度较大,造价较高。在不允许地面上有建筑物的情况下,才考虑采用全地下式泵站。

（2）水泵的启动方式

① 自灌式泵站

自灌式泵站水泵叶轮或泵轴低于集水池最低水位,在任何水位的情况下都能直接启动,不需专用的启动辅助设备,启动可靠,操作简单。但增加了泵站的深度,增加地下工程造价,给维修保养带来不便。开启频繁的污水泵站宜采用自灌式泵站。

② 非自灌式泵站

非自灌式泵站泵轴设在集水池最高水位之上,不能直接启动,需要设置真空泵、真空罐等引水设备。这种泵站深度较浅,结构简单,室内干燥,卫生条件好,利于采光和自然通风,有利于设备的维修保养。在水泵启动不频繁,水文地质条件不好,施工有一定困难的情况下,才可考虑采用非自灌式泵站。

12.4.2 污水泵站设计

（1）水泵的选择

① 流量 城市污水的流量是不均匀的,污水泵站一般按最高日最高时流量设计,通过调整水泵工作台数兼顾其他流量时段的情况。

② 扬程 水泵扬程由污水提升高度和吸水管、压水管水头损失确定。

$$H = H_{ss} + H_{sd} + \sum h_s + \sum h_d \tag{12-1}$$

式中 H_{ss}——集水池最低水位与水泵轴高差,m;

H_{sd}——水泵轴与压水管出水口高差,m;

$\sum h_s$——吸水管水头损失,m;

$\sum h_d$——压水管水头损失,m。

③ 水泵台数 为了适应不同流量时的情况,工作泵的台数不宜少于 2 台,中小型污水泵站一般不超过 4 台,大型污水泵站不超过 8 台。为保证泵站的正常工作,污水泵站应设备用泵,如果工作泵不多于 4 台,且为同一型号水泵,可设 1 台备用泵;如果工作泵为 5~6 台,且为同一型号水泵,可设 1~2 台备用泵;如果工作泵多于 6 台时,需设 2 台备用泵。

④ 泵型 根据水质、水量和提升高度确定水泵的型号,同一泵站应尽量选用类型相同的水泵,以利于管理和维修。

污水泵站一般选用离心泵、轴流泵、混流泵和潜污泵。在流量大、扬程低时选用轴流泵,在流量小时选用离心污水泵,在中等流量时选用混流泵,污泥回流泵站多选用螺旋泵。潜污泵由于辅助设备少、安装方便,近年来受到重视。当污水中含有腐蚀性物质时,可采用耐腐蚀泵。

（2）集水池

① 集水池水位 集水池最高水位应按进水管充满度计算。集水池最低水位应满足所选水泵吸水水头的要求。自灌式泵房应满足水泵叶轮浸没深度的要求。

② 集水池容积 集水池容积由集水池有效容积和死水容积两部分组成。

有效容积即最高水位与最低水位之间的调节容积,对于全昼夜运行的大型污水泵站,集水池有效容积应不小于最大一台水泵 5 min 的出水量,死水容积即最低水位以下的容积。

(3) 管路系统

① 吸水管　每台水泵都应设置单独的吸水管,吸水管入口处应设置喇叭口,其直径为吸水管直径的 1.3~1.5 倍。吸水管的进水口高于井底 $0.8D$(D 为喇叭口直径),喇叭口距吸水井壁不小于 $(0.75\sim1.0)D$。吸水管的流速采用 0.7~1.5 m/s。吸水管的水平部分应顺着水流方向稍微抬高,管坡度可采用 0.005。水平变径时,应采用偏心渐缩管,并使管顶水平。

② 出水管　出水管流速一般采用 0.8~2.5 m/s。污水泵站每台水泵最好设置单独的出水管,在不得已时才考虑共用一条出水管,但应核算只有一台水泵工作时的流速,不得小于0.7 m/s。

③ 阀门　污水泵站应在总进水管进入格栅前设置总进水阀门,以便于清淤、检修或事故时使用。对于自灌式泵站,除立式轴流泵外,应在每台泵的吸水管上设截止阀,以防止水泵停止运行或检修拆卸水泵时,向机器间灌水。进水阀在水泵运行中处于常开状态。多台水泵共用一条出水管时,应在每台水泵的出水管上设置阀门,避免水泵之间发生串水现象,影响出水量;并在闸阀与水泵之间设置止回阀。当每台水泵设置单独的出水管,在出水井中加设隔墙分开,出水无倒灌问题时,可取消止回阀,有时也可取消闸阀。

(4) 水泵机组的布置

① 水泵的排列形式　水泵机组的布置应以保证运行安全,装卸、维修和管理方便,管道长度最短,接头配件最少,水头损失最小为原则。水泵少于 4 台的小型泵站,一般采用单排布置,水泵多于 4 台的泵站可考虑采用双排布置。

② 水泵机组间的安装间距　为了安装、维修和运行管理的方便,水泵机组、管道等设备之间,设备与墙壁之间应保留一定的间距,设计时可参考表 12-1。

表 12-1　水泵机组间的安装间距

泵站大门至机组或管道	最大设备宽度 +1 m,但不得小于 2 m
水管与水管	应大于 0.7 m
水管外壁与配电设备	低压设备不宜小于 1.5 m,高压设备不宜小于 2 m
水泵(或基础)与墙壁	不宜小于 1 m
电机与墙壁	电机轴长 +0.5 m,但不宜小于 3 m
水管外壁与相邻机组	应不小于 0.7 m,如电机容量大于 55 kW 时,应不小于 1 m

13 排水工程毕业设计实例

13.1 设计任务及设计资料

13.1.1 设计题目及设计任务

（1）设计题目

辽宁省 C 市排水工程规划及污水处理厂设计

（2）设计任务

① 排水管网规划设计,含两个以上的方案比较;

② 污水泵站工艺设计,含部分工艺施工图设计;

③ 污水处理工艺设计,含部分单体构筑物的工艺施工图设计;

④ 污泥水处理工艺设计,含部分单体构筑物的工艺施工图设计;

⑤ 排水管网与污泥处理厂的工程预算。

13.1.2 设计的原始资料及依据

（1）地形与城市规划资料

① 城市地形与总体规划图一张,比例为 1:10000。

② 城市各区人口密度与居住区生活污水量标准（平均日）见表 13-1。

表 13-1 城市各区人口密度和污水量标准

指标区域	人口密度/（人/hm²）	污水量标准/[L/（人·d）]
一区	430	150
二区	410	160

③ 城市综合径流系数 $\varphi = 0.5$。

④ 城市工业企业与公共建筑的排水量和水质资料见表 13-2。

表 13-2　城市工业企业与公共建筑的排水量和水质资料

企业与公共建筑名称	平均排水量/(m³/h)	最大排水量/(m³/h)	SS/(mg/L)	BOD₅/(mg/L)	pH 值
工厂甲	260	280	240	280	7.3
工厂乙	240	240	300	320	7.5
工厂丙	220	300	280	290	7.1

注:工业企业废水的特殊水质可以另行说明;如国有企业与公共建筑的废水已经处理,按处理后的水质填写。

(2) 气象资料

① 气温资料见表 13-3。

表 13-3　城市气温资料

年平均气温/℃	10	月平均最高气温/℃	30
年最低气温/℃	−26	月平均最低气温/℃	−8
年最高气温/℃	35	月平均气温/℃	22
温度在 −10 ℃以下的天数/d	75	温度在 0 ℃以下的天数/d	105
降雨量/(mm/d)	1150	年蒸发量/(mm/d)	220

② 常年主导风向:东南风。

③ 设计暴雨强度公式及其参数如下:

$$q = 1900(1+0.66 \lg p)/(t+8)^{0.8}$$

参数:$p=1$、$t=t_1+mt_2$、$t_1=10$、$m=2$、t_2 为管内流行时间。

(3) 地质资料

地质资料见表 13-4。

表 13-4　城市地质资料

	土壤性质	冰冻深度/m	地下水位(地表下)/m
排水管网干管处一般性资料	黏土	0.9	7
污水中途泵站与污水处理厂处	黏土	0.9	7

(4) 受纳水体水文与水质资料

受纳水体为河流,污水处理厂排放口处资料见表 13-5。

表 13-5　城市污水受纳水体水文水质资料

	流量/(m³/s)	流速/(m/s)	水位/m	水温/℃	DO/(mg/L)	BOD₅/(mg/L)	SS/(mg/L)
最小流量时	51	1.0	53	8	8.0	3.0	10

	流量 /(m³/s)	流速 /(m/s)	水位/m	水温 /℃	DO /(mg/L)	BOD₅ /(mg/L)	SS /(mg/L)
最高水位时	56	1.8	56	18	8.4	2.4	15
常水位时	54	1.5	55	12	8.1	2.6	12
在污水总排放口下游30 km处有取水口,要求BOD₅≤4.0 mg/L							

13.2　排水管道、雨水管道布置及污水处理厂选址

13.2.1　自然概况

C市位于辽宁省,地处北温带中纬度地区,属温带季风型大陆性气候,日光充足,降雨集中,四季变化明显,冬寒夏热,雨热同季。城市常年主导风向为东南风。这座城市的地势北高,南低。该市的自然土壤主要为亚黏土,平均冰冻深度0.9 m,平均地下水位7 m。C市依地势以铁路分为东西两大片区域,西部人口密度为410人/hm²,东部人口密度为430人/hm²。C市有三座工厂,分散分布在市区内。城市南侧有一条河流由东至西从城市边缘流过,河岸较平直,河流洪水位56 m,枯水位为53 m,常水位为55 m。

13.2.2　排水体制的确定

排水系统体制的选择要根据城镇及工业企业的规划、环境保护的要求、污水利用情况、原有排水设施、水质、水量、地形、气候和水体等条件,从全局出发,在满足环境保护的前提下,通过技术经济比较,综合考虑确定。本设计采用分流制,将生活污水、工业废水和雨水分别在两个各自独立的管渠内排除。

13.2.3　城市污水管网的设计

城市排水系统在平面上的布置,随着地形、竖向规划、污水处理厂的位置、土壤条件、河流情况以及污水的种类和污染程度等因素而定。管道系统布置要符合地形趋势,一般宜顺坡排水,取短捷路线。每段管道均应划给适宜的服务面积。汇水面积划分除依据明确的地形外,在平坦地区要考虑与各毗邻系统的合理分担。

该城市的地势向水体有适当倾斜,故采用截流式布置即各排水流域的干管以最短距离沿与水体垂直的方向布置,再沿与水体平行的方向敷设主干管,将各干管的污水截流送至污水处理厂进行处理。流量很小而地形又较平坦的上游支线,一般可采用非计算管段,即采用最小管径,按最小坡度控制。该种布置对减轻水体污染、保护环境有重大作用。

该城区地形坡度较小,自北向南倾斜,干管基本上与等高线垂直,主干管布置在城区南面,可初步确定建一个污水处理厂,厂址位于河流下游。

根据管道定线原则及城区实际情况,设计初步考虑两套方案。管道的布置方案应在同等条件和深度下进行技术经济比较,全面考虑。根据电算结果,方案一比方案二的造价低,而且在布置上也合理。设计采用方案一。

13.2.4 城市雨水管道设计

雨水管道设计应充分利用地形,根据城市规划采用正交布置。正交布置的干管长度短、管径小,因而经济,雨水排出也迅速。但是,由于雨水未经处理就直接排放,会使水体遭受污染,影响环境。雨水管道设计充满度按满流计算,管道流时最小设计流速一般不小于 0.75 m/s,雨水管与合流管不论在街坊和厂区内或在街道下,最小管径均为 300 mm,最小设计坡度为 0.002。为防止管壁因地面荷载受到破坏,管顶需要有一定厚度的覆土。

13.2.5 污水处理厂厂址的选择

C 市两个区的污水最后汇总到污水干管送入污水处理厂进行处理,厂内的排放管将处理过的污水统一排放。

厂址必须位于集中给水水源下游,并应设在城镇、工厂厂区及生活区的下游和夏季主风向的下风向。为保证卫生要求,厂址应与城镇、工厂厂区生活区及农村居民点保持约 300 m以上的距离,但也不宜太远。

根据以上原则,将 C 市污水处理厂建在该城的西南角。污水处理厂位于流经该城的河流下游,土质为黏土。水厂地质条件较好,地下水位也较低,有利于施工。河流最高水位 56 m,污水处理厂不会受冲淹。该城常年主导风向东南风。污水处理厂主导风向的下方没有街区,不会影响城区的环境卫生。厂内的生活区位于主导风向的上方。

13.3 排水管道、雨水管道设计计算

13.3.1 排水管道设计计算

排水管网水力计算的步骤为:
① 在蓝图里计算每个街坊的面积;
② 定线;
③ 节点编号;
④ 计算每段管路所负责的汇水面积;

⑤ 量出每段管路的长度；

⑥ 确定出每个节点标高。

经过以上的步骤，设计两套方案，并确定出它们原始数据表，原始数据表包括七项数据：①管段编号，②街坊面积，③管段长度，④上游地面标高，⑤集中流量，⑥上游接管数，⑦比流量。原始数据表列好后，把它输入计算机进行运算，经过多次调试运行，选出最优方案。

污水管道水力计算结果见表13-6。

表 13-6　污水管道水力计算结果

节点编号		管道长度 L/m	设计流量/(L/s)	管径 D/mm	坡度 i(‰)	流速 v/(m/s)	充满度		降落量 i×L/m	地面标高/m		水面标高/m		管内底标高/m		埋深/m	
上游	下游						h/D	H/m		上游	下游	上游	下游	上游	下游	上游	下游
(1)	(2)	(3)	(4)	(5)	(6)	(7)	(8)	(9)	(10)	(11)	(12)	(13)	(14)	(15)	(16)	(17)	(18)
1	2	290.9	13.58	300	2.5				0.727	62.8	62.5			61.8	61.073	1	1.43
2	3	261.4	23.02						0.654	62.5	62.2			61.073	60.419	1.43	1.78
3	4	257.6	34	350	1.64	0.601	0.569	0.199	0.424	62.2	61.8	60.568	60.145	60.369	59.946	1.83	1.85
4	5	237.8	72.01	500	1		0.587	0.293	0.238	61.8	61.6	60.089	59.851	59.796	59.557	2	2.04
5	6	428.6	84.82		0.92	0.602	0.675	0.337	0.395	61.6	61.2	59.851	59.456	59.513	59.119	2.09	2.08
6	7	346	200.93	700	0.78	0.698	0.7	0.49	0.27	61.2	60.9	59.409	59.139	58.919	58.649	2.28	2.25
7	8	376.9	230.44	800	0.69	0.699	0.624	0.499	0.262	60.9	60.6	59.048	58.787	58.549	58.287	2.35	2.31
8	9	471.5	271.18		0.7	0.722	0.7	0.56	0.328	60.6	60.2	58.787	58.458	58.227	57.898	2.37	2.3
9	10	355.8	316.45		0.95	0.842			0.337	60.2	59.8	58.458	58.121	57.898	57.561	2.3	2.24
10	11	448.2	347.02	900	0.87		0.617	0.555	0.389	59.8	59.5	58.016	57.627	57.461	57.072	2.34	2.43
11	12	1448.4	380.91	900	0.83	0.843	0.668	0.601	1.203	59.5	59.3	57.627	56.425	57.026	55.823	2.47	3.48
12	13	424.1	31.21	300	2.5				1.06	63	62.4			62	60.94	1	1.46
13	14	181.7	74.33	500	0.98	0.6	0.603	0.302	0.178	62.4	62.2	61.041	60.863	60.74	60.562	1.66	1.64
14	15	248.8	76.11		0.97	0.601	0.615	0.308	0.241	62.2	61.9	60.863	60.623	60.556	60.315	1.64	1.58
15	16	465	109.77	600	0.76			0.369	0.354	61.9	61.5	60.584	60.231	60.215	59.861	1.68	1.64
16	17	181.9	139.51		0.85	0.66	0.7	0.42	0.155	61.5	61.3	60.231	60.075	59.811	59.655	1.69	
17	18	229.8	158.19	700	0.76	0.661	0.597	0.418	0.175	61.3	61.1	59.973	59.798	59.555	59.38	1.74	1.72
18	19	516.6	173.47		0.73		0.645	0.451	0.376	61.1	60.5	59.798	59.422	59.346	58.971	1.75	1.53
19	20	544.4	277.43	800		0.738	0.7	0.56	0.397	60.5	60.1	59.422	59.025	58.862	58.465	1.64	1.63

续表13-6

上游	下游	管道长度L/m	设计流量/(L/s)	管径D/mm	坡度i(‰)	流速v/(m/s)	h/D	H/m	降落量i×L/m	地面标高上游/m	地面标高下游/m	水面标高上游/m	水面标高下游/m	管内底标高上游/m	管内底标高下游/m	埋深上游/m	埋深下游/m
20	21	263.6	302.2	900	0.67	0.739	0.613	0.552	0.177	60.1	59.9	58.917	58.74	58.365	58.188	1.73	1.71
21	22	586.5	323.96		0.65	0.74	0.65	0.585	0.381	59.9	59.3	58.666	58.285	58.081	57.7	1.82	1.6
22	23	672.7	708.23	1200	0.56	0.844	0.695	0.834	0.374	59.3	59.2	56.358	55.984	55.523	55.149	3.78	4.05
23	24	415.1	34.93	350	1.61	0.6	0.583	0.204	0.669	63	62.5	62.154	61.485	61.95	61.281	1.05	1.22
24	25	430.1	66.52	450	1.1	0.608	0.65	0.293	0.475	62.5	61.9	61.473	60.999	61.181	60.706	1.32	1.19
25	26	436.5	98.59	600	0.83	0.609	0.557	0.334	0.364	61.9	61.5	60.891	60.526	60.556	60.192	1.34	1.31
26	27	334.6	116.34		0.76		0.64	0.384	0.255	61.5	61.4	60.526	60.272	60.142	59.888	1.36	1.51
27	28	219	131.85			0.624	0.7	0.42	0.167	61.4	61.2	60.272	60.105	59.852	59.685	1.55	1.52
28	29	360.8	146.36	600	0.94	0.692			0.339	61.2	60.8	60.105	59.765	59.685	59.345	1.52	1.45
29	30	490.1	186.74	700	0.79	0.693	0.66	0.462	0.387	60.8	60.4	59.707	59.321	59.245	58.859	1.55	1.54
30	31	326.2	224.45		0.69		0.614	0.491	0.225	60.4	60.1	59.25	59.025	58.759	58.534	1.64	1.57
31	32	238.1	254.29	800	0.65	0.694	0.684	0.547	0.155	60.1	59.9	59.025	58.87	58.478	58.323	1.62	1.58
32	33	318.6	270.94		0.69	0.721	0.7	0.56	0.221	59.9	59.5	58.781	58.56	58.221	58	1.68	1.5
33	34	268.9	293.73		0.82	0.782			0.22	59.5	59.2	58.48	58.26	57.92	57.7	1.58	
34	35	1060	960	1400	0.45	0.844	0.692	0.969	0.481	59.2	59.1	55.918	55.437	54.949	54.468	4.25	4.63
35	36	325.8	25.99	300	2.5				0.815	63	62.5			62	61.186	1	1.31
36	37	234.8	48.49	400	1.31	0.6	0.613	0.245	0.306	62.5	62.2	61.331	61.024	61.085	60.779	1.41	1.42
37	38	263.6	63.62	450	1.1		0.632	0.284	0.289	62.2	61.9	61.013	60.725	60.729	60.44	1.47	1.46
38	39	312.4	80.57	500	0.94	0.601	0.646	0.323	0.294	61.9	61.5	60.713	60.419	60.39	60.096	1.51	1.4
39	40	273.6	99.93	600	0.8		0.569	0.341	0.219	61.5	61.3	60.338	60.118	59.996	59.777	1.5	1.52
40	41	312.4	122.55		0.72		0.677	0.406	0.226	61.3	61	60.118	59.893	59.712	59.487	1.59	1.51
41	42	233.1	148.75		0.62	0.602	0.612	0.428	0.145	61	60.8	59.815	59.67	59.387	59.241	1.61	1.56
42	43	280.5	159.5		0.6		0.649	0.455	0.169	60.8	60.5	59.67	59.501	59.215	59.046	1.58	1.45
43	44	517.2	173.3	700	0.58	0.603	0.699	0.489	0.301	60.5	60	59.39	59.089	58.901	58.6	1.6	1.4
44	45	272.8	204.18		0.8	0.71	0.7	0.49	0.219	60	59.8	59.089	58.87	58.599	58.38	1.4	1.42
45	46	333.5	234.88		1.06	0.816			0.355	59.8	59.4	58.845	58.49	58.355	58	1.45	1.4

续表13-6

节点编号 上游	节点编号 下游	管道长度 L /m	设计流量/ (L/s)	管径 D /mm	坡度 i (‰)	流速 v/ (m/s)	充满度 h/D	充满度 H /m	降落量 $i \times L$ /m	地面标高/m 上游	地面标高/m 下游	水面标高/m 上游	水面标高/m 下游	管内底标高/m 上游	管内底标高/m 下游	埋深/m 上游	埋深/m 下游
46	47	257.7	280.67	800	0.93	0.817	0.646	0.517	0.239	59.4	59.1	58.356	58.117	57.839	57.6	1.56	1.5
47	48	1611.2	1216	1400	0.6	0.982	0.75	1.05	0.961	59.1	59	55.437	54.476	54.387	53.426	4.71	5.57
48	49	424.1	34.9	350	1.61	0.6	0.582	0.204	0.684	62.9	62.4	62.054	61.37	61.85	61.166	1.05	1.23
49	50	221.2	65.19	450	1.08	0.601	0.645	0.29	0.24	62.4	62.1	61.356	61.116	61.066	60.826	1.33	1.27
50	51	262.4	85.88	500	0.92	0.602	0.682	0.341	0.24	62.1	61.9	61.116	60.876	60.775	60.535	1.32	1.37
51	52	306.4	110.13	600	0.76		0.616	0.37	0.234	61.9	61.5	60.803	60.57	60.434	60.2	1.47	1.3
52	53	270.6	137.61	700	0.65	0.603	0.574	0.402	0.177	61.5	61.3	60.478	60.302	60.077	59.9	1.42	1.4
53	54	317.8	154.38		0.61	0.604	0.631	0.442	0.195	61.3	61	60.237	60.042	59.795	59.6	1.5	1.78
54	55	220.1	174.44	700	0.59	0.606	0.7	0.49	0.129	61	60.8	60.019	59.89	59.529	59.4	1.47	1.85
55	56	283.2	186.99		0.67	0.65	0.587	0.293	0.191	60.8	60.5	59.781	59.59	59.291	59.1	1.51	2.04
56	57	275.3	204.12		0.8	0.71	0.675	0.337	0.221	60.5	60.2	59.511	59.29	59.021	58.8	1.48	2.08
57	58	296.2	208.55	800	0.76	0.698	0.566	0.453	0.227	60.2	60	59.153	58.927	58.7	58.473	1.5	1.53
58	59	355.3	222.08		0.74	0.699	0.596	0.477	0.262	60	59.5	58.739	58.477	58.262	58	1.74	1.5
59	60	232.3	299.86	800	0.85	0.798	0.7	0.56	0.198	59.5	59.3	58.477	58.279	57.917	57.719	1.58	1.58
60	61	328.2	310.41	800	0.91	0.826	0.7	0.56	0.299	59.3	59	58.279	57.98	57.719	57.42	2.3	2.24
61	62	603.7	1516.02	1600	0.51	0.983	0.717	1.147	0.306	59	59.5	54.373	54.066	53.226	52.919	5.77	6.08
62	63	408.7	35.07	350	1.61	0.6	0.585	0.205	0.658	62.9	62.4	62.055	61.397	61.85	61.192	1.05	1.21
63	64	235.6	53.05	400	1.32	0.614	0.65	0.26	0.31	62.4	62	61.397	61.087	61.137	60.827	1.26	1.17
64	65	264.7	62.97	450	1.17	0.6	0.614	0.276	0.309	62	61.8	61.053	60.745	60.777	60.468	1.22	1.33
65	66	306.9	82.7	500	0.98	0.615	0.647	0.324	0.302	61.8	61.5	60.742	60.44	60.418	60.116	1.38	1.38
66	67	270.2	99.08	600	0.86	0.616	0.554	0.333	0.232	61.5	61.3	60.349	60.117	60.016	59.784	1.48	1.52
67	68	316	110.73		0.81	0.617	0.607	0.364	0.255	61.3	61	60.117	59.862	59.753	59.498	1.55	1.5
68	69	217.9	129.27		0.75	0.618	0.694	0.416	0.164	61	60.8	59.862	59.698	59.446	59.282	1.74	1.52
69	70	239.3	136.05	700	0.81	0.644	0.7	0.42	0.194	60.8	60.5	59.698	59.504	59.278	59.084	1.52	1.42
70	71	292.1	139.59		0.77	0.738	0.55	0.385	0.225	60.5	60.3	59.369	59.144	58.984	58.759	1.64	1.54
71	72	341.4	162.97		0..7	0.739	0.625	0.437	0.241	60.3	59.9	59.144	58.903	58.707	58.466	1.59	1.43

续表13-6

节点编号		管道长度 L /m	设计流量/ (L/s)	管径 D /mm	坡度 i (‰)	流速 v/ (m/s)	充满度		降落量 i×L /m	地面标高 /m		水面标高 /m		管内底标高 /m		埋深 /m	
上游	下游						h/D	H /m		上游	下游	上游	下游	上游	下游	上游	下游
72	73	261.1	184.15	700	0.67	645	0.695	0.486	0.174	59.9	59.7	58.903	58.729	58.417	58.243	1.48	1.46
73	74	543.9	708.23		0.78	0.687	0.7	0.49	0.422	59.7	59	58.512	58.09	58.022	57.6	1.68	1.4
74	75	71.6	34.93	1600	0.57	1.05	0.75	1.2	0.041	59	58.9	54.066	54.025	52.866	52.825	6.13	6.07

13.3.2 雨水干管设计计算

(1) 确定暴雨公式

设计暴雨强度公式为

$$q = \frac{1900(1+0.66\lg p)}{(t+8)^{0.8}} \tag{13-1}$$

$$t = t_1 + mt_2 \tag{13-2}$$

式中 q——设计暴雨强度，L/(s·hm²)；

       p——设计重现期，a；

       t——降雨历时，min；

       m——折减系数，管道采用2，明渠采用1.2，陡坡地区管道采用1.2~2。

取参数 $p=1, t_1=10, m=2$。

(2) 雨水管渠水力计算的步骤

雨水管渠水力计算的步骤为：

① 定线；

② 节点编号；

③ 计算每段管路所负责的汇水面积；

④ 量出每段管路的长度；

⑤ 确定出每个节点标高。

经过以上的几个步骤，就可以按照雨水管的计算表计算。雨水管网水力计算结果见表13-7。

表 13-7 雨水管网水力计算结果

节点编号		管道长度 L/m	汇水面积 F /hm²	单位面积径流量 Q_0	设计流量 Q /(L/s)	管内流行时间/min		管径 D /mm	坡度 i(‰)	流速 v /(m/s)	降落量 i×L /m	通水能力 /(L/s)	地面标高 /m		管内底标高 /m		埋深 /m	
上游	下游					本段 t	∑t						上游	下游	上游	下游	上游	下游
(1)	(2)	(3)	(4)	(5)	(6)	(7)	(8)	(9)	(10)	(11)	(12)	(13)	(14)	(15)	(16)	(17)	(18)	(19)
1	2	289.2	8.08	94.08	760	3.71	0	900	2.08	1.3	0.604	827	62.8	62.5	61.2	60.596	1.6	1.9
2	3	252.4	14.62	71.38	1044	4.21	3.71	1200	0.84	1	0.212	1131	62.5	62.2	60.596	60.084	2.2	2.12
3	4	253.8	22.66	56.78	1287	3.13	7.92	1200	1.53	1.35	0.389	1527	62.2	61.8	60.084	59.695	2.12	2.11
4	5	241.7	33.04	49.61	1639	3.44	11.0	1500	0.85	1.17	0.207	2068	61.8	61.6	59.695	59.182	2.41	2.42
5	6	429.4	38.35	43.7	1676	5.96	14.47	1500	0.89	1.2	0.386	2121	61.6	61.2	59.182	58.796	2.42	2.4
6	7	344.5	47.54	36.46	1734	4.59	20.43	1500	0.97	1.25	0.336	2209	61.2	60.9	58.796	58.459	2.4	2.44
7	8	376	56.06	32.47	1820	4.93	25.02	1500	1	1.27	0.379	2244	60.9	60.6	58.459	58.08	2.44	2.52
8	9	473.4	65.43	29.14	1907	6.21	29.95	1500	1	1.27	0.477	2244	60.6	60.2	58.08	57.603	2.52	2.6
9	10	354.9	77.96	25.89	2018	4.55	36.16	1500	1.05	1.3	0.375	2297	60.2	59.8	57.603	57.228	2.6	2.57
10	11	437.6	88.02	23.97	2110	5.61	40.71	1500	1.05	1.3	0.462	2297	59.8	59.3	57.228	56.766	2.57	2.53
11	12	199.7	101.43	22.01	2232	2.56	46.32	1500	1.05	1.3	0.211	2297	59.3	59.1	56.766	56.555	2.53	2.54

13.4 污水处理厂工艺设计计算

13.4.1 工艺流程的选择

（1）污水处理工艺流程

污水处理采用典型的二级处理工艺,具体的流程为污水进入污水处理厂,经过格栅至集水间,由水泵提升到平流沉砂池,经初沉池沉淀后,污水进入 AAO 反应池,进行脱氮除磷处理。在二次沉淀池中,活性污泥沉淀后,回流至污泥泵房。二沉池出水经加氯处理后,排入水体。

（2）污泥处理工艺流程

污泥处理采用中温厌氧二级消化工艺,消化过程分别在两池串联进行。在一级消化池中,设有集气、加热、搅拌等设备,不排除上清液。污泥中有机物的分解主要是在一级消化池完成,在此期间产气最活跃。在二级消化池中设有集气设备,及撤除上清液装置,但不再加热和搅拌,污泥在二级消化池中最后完成消化,全部消化过程产生的上清液都由二级消化池排除。消化后污泥输送至脱水机房,脱水后泥饼直接外运。

13.4.2 格栅设计计算

污水处理厂的污水由一根 $\phi 1400$ mm 的管从城区直接接入格栅间。格栅设两个,可以在水量小的时候,开启一个,水量大的时候,两个都开启,格栅计算简图如图 13-1 所示。

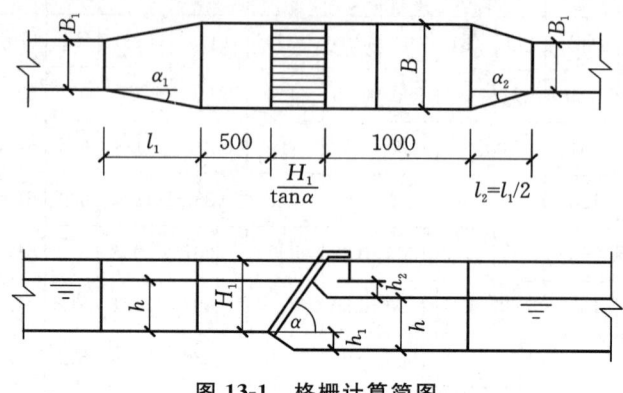

图 13-1 格栅计算简图

(1) 栅条的间隙数

设 $h=1.1$ m, $v=1.0$ m/s, $b=20$ mm,带入各值,得 $n=\dfrac{1.698\sqrt{\sin 60°}}{0.02\times 1.1\times 0.9\times 2}=39.9$ 个,取 40 个。

(2) 栅槽宽度

设栅条宽度 $S=10$ mm,则栅槽宽度 $B=S(n-1)+bn=0.01\times(40-1)+0.02\times 40=1.19$ m。

(3) 进水渠道渐宽部分的长度

设进水渠宽 $B_1=0.7$ m,其渐宽部分展开角度 $\alpha_1=20°$,则 $L_1=\dfrac{B-B_1}{2\tan\alpha_1}=\dfrac{1.19-0.7}{2\tan 20°}=0.67$ m。

(4) 栅槽与出水渠道连接处的渐窄部分长度

$$L_2=\frac{L_1}{2}=\frac{0.67}{2}=0.34 \text{ m}$$

(5) 通过格栅的水头损失

设栅条断面为锐角矩形断面,$\beta=2.42$, $k=3$,则

$$h_1=\beta(S/b)^{\frac{4}{3}}v^2\sin\alpha/2g=3\times 2.42\times\left(\frac{0.01}{0.02}\right)^{4/3}\times\frac{0.9^2}{2\times 9.8}\times\sin 60°=0.1 \text{ m}$$

(6) 栅后槽中高度

设栅前渠道超高 $h_2=0.3$ m,则 $H=h+h_1+h_2=1.1+0.1+0.3=1.4$ m

(7) 栅槽总长度

$$L = L_1 + L_2 + 0.5 + 1.0 + \frac{H_1}{\tan\alpha} = 0.67 + 0.34 + 0.5 + 1.0 + \frac{1.1 + 0.3}{\tan60°} = 3.32 \text{ m}$$

(8) 每日栅渣量

在格栅间隙为 20 mm 的情况下,栅渣量为每 1000 m³ 污水产 0.05 m³,则

$$W = \frac{QW_1}{1000} = \frac{1.698/2 \times 86400 \times 0.05}{1000} = 3.67 \text{ m}^3/\text{d}$$

因为 W 大于 0.2 m³/d,所以宜采用机械清渣。

13.4.3　污水泵房设计计算

本设计采用干式矩形半地下合建式泵房,它具有布置紧凑、占地少、结构节省的特点。

集水池和机器间由隔水墙分开,只有吸水管和叶轮淹没在水中,机器间经常保持干燥,以利于对泵房的检修和保养,也可避免污水对轴承、管件、仪表的腐蚀。

在自动化程度较高的泵站、较重要地区的雨水泵站、开启频繁的污水泵站中,应尽量采用自灌式泵房。自灌式泵房的优点是启动及时可靠,不需引水的辅助设备,操作简单;缺点是泵房较深,增加工程造价。采用自灌式泵房时水泵叶轮(或泵轴)低于集水池的最低水位,在高、中、低 3 种水位情况下都能直接启动。

(1) 水泵流量的确定

考虑 5 台水泵(其中 1 台备用),每台水泵的容量为 $Q_0 = \frac{Q_{\max}}{4} = \frac{1698}{4} = 424.5$ L/s = 1528.2 m³/h

(2) 水泵总扬程的估算

经过格栅间的前闸板水头损失约为 0.1 m;

经过格栅的水头损失约为 0.2 m;

经过格栅间的后闸板水头损失约为 0.2 m;

则集水池最高水位标高 = 54.02 - 0.1 - 0.2 - 0.2 = 53.52 m。

集水池有效水深取 $h = 2.5$ m;

则集水池最低水位标高 = 53.52 - 1.5 = 52.02 m;

水泵的静扬程 = 细格栅进水水面标高 - 集水池最低水位标高 = 63.24 - 52.02 = 11.22 m;

泵站内管线水头损失估算为 1 m,考虑安全水头 0.5 m,总计为 1.5 m;

局部损失估算为 1 m;

则估算水泵总扬程为(根据 $H = H_{ST} + \sum h$ 来估算)$H = 11.22 + 1.5 + 1 = 13.72$ m。

(3) 水泵和电动机的选择

选用 350WLZ-24 式水泵 5 台,4 台工作。水泵转速 590 r/min,轴功率 84.2 kW,配套电机型号 JSL127-10。

（4）管路水头损失计算及扬程核算

① 吸水管路的水头损失

设计中每根吸水管管径 600 mm，$L_2 = 3.56$ m，$v = 1.5$ m/s，$1000i = 4.044$。吸水管上安装 DN750 mm×600 mm 的吸水喇叭口 1 个（$\xi = 0.1$），DN600 的阀门 1 个（$\xi = 0.1$），DN600 mm×300 mm 的偏心渐缩管 1 个（$\xi = 0.2$），DN300 的橡胶柔性接头 1 个（$\xi = 0.2$）。

$$h_1 = \sum L \cdot i + \sum \xi \frac{v^2}{2g} = 3.56 \times 0.004044 + (0.1 + 0.1 + 0.2 + 0.2) \times \frac{1.5^2}{2 \times 9.8} = 0.08 \text{ m}$$

② 压水管路的水头损失

压水管流速取为 $v = 2.1$ m/s，则管径为 $d = 0.49$ m，取 DN500。

泵站内 DN500 压水管管长 10.6 m，泵站外 DN500 输水管 7.6 m，则总长为 18.2 m（$v = 2.03$ m/s，$1000i = 10.879$），DN500×300 偏心异径管 1 个（$\xi = 0.29$），DN500 的 90°弯头 2 个，其中 1 个在沉砂池进水端（$\xi = 0.64$），DN500 蝶阀 1 个（$\xi = 0.2$），DN500 管道伸缩节 1 个（$\xi = 0.21$），DN500 止回阀 1 个（$\xi = 1.8$），DN500 挠性接头 1 个，在沉砂池进水端（$\xi = 0.21$）。

$$h_2 = \sum (L \cdot i) + \sum \left(\xi \frac{v^2}{2g} \right)$$

$$= 18.2 \times 0.010879 + (0.29 + 0.64 + 0.64 + 0.2 + 0.21 + 1.8 + 0.21) \times \frac{2^2}{2 \times 9.8} = 0.97 \text{ m}$$

③ 水泵的所需总扬程

水泵总扬程为 $11.22 + 0.08 + 0.97 = 12.27$ m，所以，所选水泵满足要求。

13.4.4　平流沉砂池设计计算

本设计采用平流沉砂池，选取 2 座，则每座沉砂池流量 $Q = 0.849$ m³/s，平流沉砂池计算简图见图 13-2。

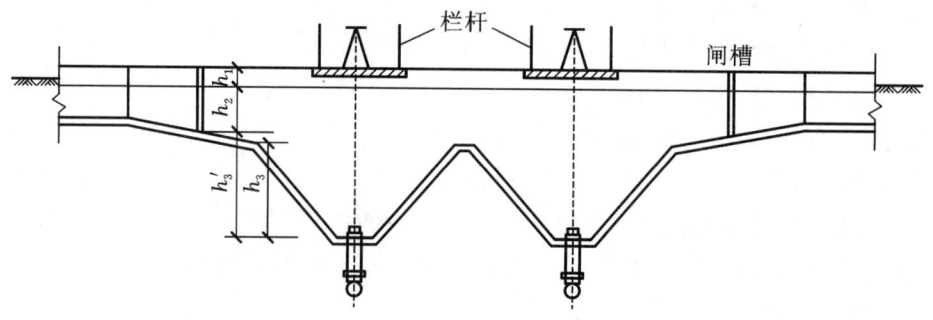

图 13-2　平流沉砂池计算简图

（1）沉砂池长度

设停留时间 $t = 40$ s，设计流速 $v = 0.3$ m/s，则 $L = vt = 0.3 \times 40 = 12$ m

（2）水流断面面积

$$A = \frac{Q}{v} = \frac{0.849}{0.3} = 2.83 \ \text{m}^2$$

（3）池子总宽度

设有效水深 $h_2 = 1.0$ m，则 $B = \frac{A}{h_2} = \frac{2.83}{1} = 2.83$ m

共分为 4 格，则每格宽 $b = 2.83/4 = 0.71$ m

（4）沉砂斗所需容积

设 $T = 2$ d，城市污水沉砂量 $X = 30 \ \text{m}^3/10^6 \ \text{m}^3$，则 $V = \frac{QXT \times 86400}{10^6 K_z} =$

$\frac{0.849 \times 30 \times 2 \times 86400}{1.3 \times 10^6} = 3.39 \ \text{m}^3$

（5）每个沉砂斗的容积

设每一个分格有 2 个沉砂斗，则 $V_0 = \frac{3.39}{4 \times 2} = 0.42 \ \text{m}^3$

（6）沉砂斗尺寸

① 沉砂斗上口宽

设斗高 $h_3' = 0.7$ m，斗宽 $a_1 = 0.5$ m，倾角 $\alpha = 60°$，则 $a = \frac{2h_3'}{\tan 60°} + a_1 = \frac{2 \times 0.7}{\tan 60°} + 0.5 = 1.3$ m

② 沉砂斗容积

$$V_0 = \frac{h_3'}{6}(2a^2 + 2aa_1 + 2a_1^2) = \frac{0.7}{6} \times (2 \times 1.3^2 + 2 \times 0.5 \times 1.3 + 2 \times 0.5^2) = 0.60 \ \text{m}^3$$

（7）沉砂室高度

采用重力排砂，设池底坡度为 0.02，坡向砂斗，则 $L_2 = \frac{L - 2a - 0.2}{2} = \frac{12 - 2 \times 1.3 - 0.2}{2} = 4.35$ m

$$h_3 = h_3' + 0.06L_2 = 0.7 + 0.06 \times 4.35 = 0.96 \ \text{m}$$

（8）沉砂池总高度

本设计采用超高 $h_1 = 0.3$ m，则 $H = h_1 + h_2 + h_3 = 0.3 + 1 + 0.96 = 2.26$ m

（9）验算最小流速

在最小流量时，只用一格工作（$n_1 = 1$），则 $v_{\min} = \frac{Q_{\min}}{n_1 \omega_{\min}} = \frac{0.42}{1 \times 1 \times 0.71} = 0.59 \ \text{m/s} > 0.15 \ \text{m/s}$

13.4.5　辐流式沉淀池设计计算

本设计选用中心进水周边出水辐流沉淀池，辐流式初沉池计算图见图 13-3。

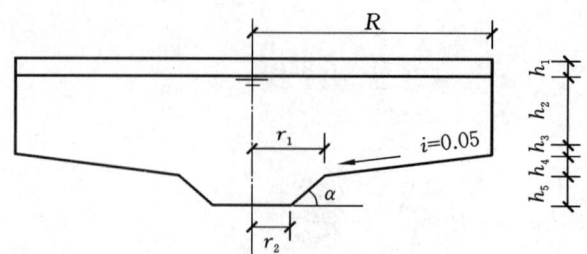

图 13-3　辐流式初沉池计算图

（1）沉淀部分水面面积

设表面负荷 $q'=2$ m³/(m²·h)，$n=4$，则 $F=\dfrac{Q}{nq'}=\dfrac{1.698\times86400}{4\times2}=764.1$ m²

（2）池子直径

$$D=\sqrt{\frac{4\times F}{\pi}}=\sqrt{\frac{4\times764.1}{\pi}}=31.2 \text{ m，取 } D=32 \text{ m}$$

（3）沉淀部分有效水深

设沉淀时间 $t=1.7$ h，则 $h_2=q't=2\times1.7=3.4$ m

（4）污泥部分所需容积

设计中取污泥量为 25 g/(人·d)，污泥含水率 95%，采用机械刮泥，$T=4$ h，则

$$S=\frac{25\times100}{(100-95)\times1000}=0.5 \text{ L/(人·d)}$$

$$N=N_{实际}+N_{工业}$$

$$N_{实际}=806.01\times430+700.77\times410=633900 \text{ 人}$$

$$N_{工业}=\frac{280\times24\times240+240\times24\times300+300\times24\times280}{25}=214272 \text{ 人}$$

$$N=N_{实际}+N_{工业}=633900+214272=848172 \text{ 人}$$

$$V=\frac{SNT}{1000n}=\frac{0.5\times848167\times4}{1000\times24\times4}=17.67 \text{ m}^3$$

（5）污泥斗容积

设污泥斗上部和下部半径分别为 $r_1=2$ m，$r_2=1$ m，$\alpha=60°$，则

$$h_5=(r_1-r_2)\tan\alpha=(2-1)\tan60°=1.73 \text{ m}$$

$$V_1=\frac{\pi h_5}{3}(r_1^2+r_1r_2+r_2^2)=\frac{\pi\times1.73}{3}(2^2+2\times1+1^2)=12.7 \text{ m}^3$$

（6）污泥斗以上圆锥部分污泥容积

设池底径向坡度为 0.05，则

圆锥体高度 $h_4=(R-r_1)\times0.05=(16-2)\times0.05=0.7$ m

圆锥体容积 $V_2=\dfrac{\pi h_4}{3}(R^2+Rr_1+r_1^2)=\dfrac{\pi\times0.7}{3}\times(16^2+16\times2+2^2)=213.94$ m³

（7）污泥总容积

$$V_1 + V_2 = 12.7 + 213.94 = 226.64 \text{ m}^3 > 17.67 \text{ m}^3$$

（8）沉淀池总高度

设沉淀池超高 $h_1 = 0.3$ m，缓冲层高度 $h_3 = 0.5$ m，则 $H = h_1 + h_2 + h_3 + h_4 + h_5 = 0.3 + 3.4 + 0.5 + 0.7 + 1.73 = 6.63$ m

（9）集水槽堰负荷校核

$$q = \frac{Q_{max}}{n\pi D} = \frac{1698}{4 \times 3.14 \times 32} = 4.22 \text{ L/(s} \cdot \text{m)} > 2.90 \text{ L/(s} \cdot \text{m)}$$

要设双边进水的集水槽

13.4.6　AAO反应池设计计算

（1）进出水水质

TN 的浓度为 $[6 \times 633900 + (260 \times 34 + 240 \times 37 + 220 \times 42)]/115700 = 33.1$ g/m^3

TP 的浓度为 $[633900 + (260 \times 7 + 240 \times 4 + 220 \times 15)]/115700 = 5.53$ g/m^3

经处理后进水水质为 BOD$_5$ 为 135.91 mg/L，COD$_{cr}$ 为 400 mg/L，SS 为 132.51 mg/L，TN 为 33.1 mg/L，TP 为 5.53 mg/L。

出水水质为 BOD$_5 \leqslant 10$ mg/L，COD$_{cr} \leqslant 50$ mg/L，SS$\leqslant 10$ mg/L，TN$\leqslant 15$ mg/L，TP$\leqslant 0.5$ mg/L。

（2）判断是否可采用 AAO 法

BOD$_5$/COD$_{cr} = 181.21/400 = 0.45 > 0.3$　　可进行生化处理

BOD$_5$/TN $= 181.21/33.1 = 5.47 > 4$　　可有效脱氮

BOD$_5$/TP $= 181.21/5.53 = 32.77 > 17$　　可采用生物脱磷工艺

（3）有关设计参数

水力停留时间 t 一般采用 7～14 h，设计取 $t = 8$ h。活性污泥的浓度 X_V 一般采用 2000～4000 mg/L，设计中取 $X_V = 3000$ mg/L，则

混合液污泥浓度 $X = \dfrac{R}{1+R} \dfrac{10^6}{SVI} r = \dfrac{0.5}{1+0.5} \times \dfrac{10^6}{120} \times 1.2 = 3333$ mg/L

BOD$_5$污泥负荷 $N = 0.3$ kgBOD$_5$/(kgMLSS $\cdot$ d)

回流污泥浓度 $X_r = 12000$ mg/L

TN 的去除率 $\eta_{TN} = \dfrac{TN_0 - TN_e}{TN_0} \times 100\% = \dfrac{33.1-15}{33.1} \times 100\% = 54.68\%$

污泥回流比 $R = 0.5$。

混合液内回流比 $R_i = \dfrac{\eta_{TN}}{1-\eta_{TN}} \times 100\% = \dfrac{0.5468}{1-0.5468} \times 100\% = 120.67\%$，本设计取 $R_i = 120\%$。

（4）反应池容积

$$V = Qt = 115700 \times 8/24 = 38566.67 \text{ m}^3$$

（5）反应池总水力停留时间

$$t = \frac{V}{Q} = \frac{38566.67}{115700} = 0.33 \text{ d} = 8 \text{ h}$$

设水力停留时间比为厌氧：缺氧：好氧＝1：1：3，则

① 厌氧池

水力停留时间 $t_厌 = 0.2 \times 8 = 1.6$ h

体积 $V_厌 = 0.2 \times 38566.67 = 7713.33$ m³

② 缺氧池

水力停留时间 $t_缺 = 0.2 \times 8 = 1.6$ h

体积 $V_缺 = 0.2 \times 38566.67 = 7713.33$ m³

③ 好氧池

水力停留时间 $t_好 = 0.6 \times 8 = 4.8$ h

体积 $V_好 = 0.6 \times 38566.67 = 23140$ m³

（6）校核氮磷负荷

$$好氧段总氮负荷 = \frac{Q \times TN_0}{XV_好} = \frac{115700 \times 33.1}{3333 \times 23140} = 0.049 \text{ kgTN/(kgMLSS·d)（符合要求）}$$

$$厌氧段总磷负荷 = \frac{Q \times TP_0}{XV_厌} = \frac{115700 \times 5.53}{3333 \times 7713.33} = 0.025 \text{ kgTN/(kgMLSS·d)（符合要求）}$$

（7）反应池主要尺寸

反应池总容积 $V = 38566.67$ m³

设反应池 4 座，单座池容 $V_单 = V/4 = 38566.57/4 = 9641.67$ m³

有效水深 $h = 4.2$ m

单座有效面积 $S_单 = \dfrac{V_单}{h} = \dfrac{9641.67}{4.2} = 2295.64$ m²

采用 5 廊道式推流式反应池，第一廊道为厌氧段，第二廊道为缺氧段，后三廊道为好氧段，每廊道宽度 $b = 7$ m

单组反应池长度 $L = \dfrac{S_单}{nB} = \dfrac{2295.64}{5 \times 7} = 65.59$ m，取 66 m

校核：$b/h = 7/4.2 = 1.7$　（满足 $b/h = 1 \sim 2$）

　　　$L/b = 66/7 = 9.43$　（满足 $L/b = 5 \sim 10$）

取超高为 0.3 m，则反应池总高 $H = 4.2 + 0.3 = 4.5$ m

（8）反应池进、出水系统计算

① 进水管

单座反应池进水管设计流量 $Q_1 = Q/4 = 115700/4 \times 86400 = 0.33$ m³/s

管道流速 $v = 0.9$ m/s

管道过水断面面积 $A = Q_1/V = 0.33/0.9 = 0.37$ m²

管径 $d = \sqrt{\dfrac{4A}{\pi}} = \sqrt{\dfrac{4 \times 0.37}{\pi}} = 0.68$ m

取进水管管径 700 mm

校核管道流速 $v = \dfrac{Q}{A} = \dfrac{0.33}{\frac{1}{4}\pi \times 0.7^2} = 0.86$ m/s

② 回流污泥管

单座反应池回流污泥管设计流量 $Q_R = R \times Q = 0.5 \times 0.33 = 0.17$ m³/s

管道流速 $v = 0.7$ m/s

取回流污泥管管径 550 mm

③ 出水堰

$$Q_3 = (1 + R + R_{内}) \frac{Q}{2} = (1 + 0.5 + 1.2) \times 0.67/2 = 0.9 \text{ m}^3/\text{s}$$

$$H = \sqrt[3]{\left(\frac{Q_3}{1.86b}\right)^2} = \sqrt[3]{\left(\frac{0.9}{1.86 \times 7}\right)^2} = 0.17 \text{ m，取 } 0.2 \text{ m}$$

④ 出水管

单组反应池出水管设计流量 $0.33 \times (1 + 0.5) = 0.5$ m³/s

管道流速 $v = 0.9$ m/s

管道过水断面积 $A = \dfrac{Q_5}{v} = \dfrac{0.5}{0.9} = 0.56$ m²

管径 $d = \sqrt{\dfrac{4A}{\pi}} = \sqrt{\dfrac{4 \times 0.56}{3.14}} = 0.84$ m

取出水管管径 1000 mm

（9）剩余污泥

设污泥产率系数为 0.5，污泥自身氧化系数为 0.06，则

剩余生物污泥为 $W_1 = aQ_{av}\dfrac{S_0 - S_e}{1000} - k_d X_V V$

$$= 0.5 \times 115700 \times \frac{135.91 - 10}{1000} - 0.05 \times 0.75 \times 3.3 \times 48200$$

$$= 7283.89 - 5964.75 = 1319.14 \text{ kg/d}$$

剩余非生物污泥为 $W_2 = 50\% Q_{av} \dfrac{SS_0 - SS_e}{1000} = 0.5 \times 115700 \times \dfrac{110.42 - 10}{1000} = 5809.3$ kg/d

总剩余污泥量为 $W = W_1 + W_2 = 1319.14 + 5809.3 = 7128.44$ kg/d

污泥含水率按 99.2% 计，污泥容积密度按 1000 kg/m³ 计，则 $V_{泥} = \dfrac{W}{\rho(1-p)} =$

$\dfrac{7128.44}{1000(1-99.2\%)} = 891$ m³/d

（10）曝气系统设计计算

① 设计需氧量 AOR

碳化需氧量 D_1：

$$D_1 = \frac{Q_{av}(S_0 - S_e)}{1 - e^{-0.23 \times 5}} - 1.42W_1 = \frac{115700 \times (135.91 - 10)}{(1 - e^{-0.23 \times 5}) \times 1000} - 1.42 \times 1319.14 = 20137.08 \text{ kgO}_2/\text{d}$$

硝化需氧量 D_2:

$$D_2 = 4.57 Q_{av}(TN_0 - N_e) - 4.57 \times 12.4\% W_1$$
$$= 4.57 \times 112974.58 \times (0.0331 - 0.015) - 4.57 \times 12.4\% \times 1319.14$$
$$= 8822.83 \text{ kgO}_2/\text{d}$$

反硝化脱氮产生的氧量 D_3:

$$D_3 = 2.86 W_1 = 2.86 \times 1319.14 = 3772.74 \text{ kgO}_2/\text{d}$$

设计需氧量 $AOR = D_1 + D_2 - D_3 = 20137.08 + 8822.83 - 3772.74 = 25187.17 \text{ kgO}_2/\text{d}$

去除每 1 kg BOD_5 的需氧量 $Q = \dfrac{AOR}{Q_{av}(S_0 - S_e)} = \dfrac{25187.17}{115700 \times (135.91 - 10)/1000} = 1.7 \text{ kgO}_2/\text{kgBOD}_5$

② 标准需氧量 SOR

本工程采用鼓风曝气。微孔曝气器设于池底,距池底 0.25 m。

淹没水深 $= h - 0.25 = 4.2 - 0.25 = 3.95$ m

氧转移效率按 $E_A = 20\%$ 计

查表得水中溶解氧饱和度 $C_{s(20)} = 9.17$ mg/L,$C_{s(25)} = 8.38$ mg/L。

空气扩散器出口处绝对压力 $P_b = P_0 + 9.8 \times 103 \times$ 淹没水深 $= 1.013 \times 105 + 9.8 \times 103 \times 3.95 = 1.40 \times 105$ Pa

空气离开好氧池时氧的百分比:$O_t = \dfrac{21 \times (1 - E_A)}{79 + 21 \times (1 - E_A)} = \dfrac{21 \times (1 - 20\%)}{79 + 21 \times (1 - 20\%)} = 17.54\%$

$$C_{sm(25)} = C_{s(25)} \left(\frac{p_b}{2.006 \times 10^5} + \frac{Q_t}{42} \right) = 8.38 \times \left(\frac{1.48 \times 10^5}{2.066 \times 10^5} + \frac{17.54}{42} \right) = 9.50 \text{ mg/L}$$

则标准需氧量 $SOR = \dfrac{25187.17 \times 9.17}{0.82(0.95 \times 1 \times 9.50 - 2) \times 1.024^{(25-20)}} = 35611.38 \text{ kgO}_2/\text{d} = 1483.81 \text{ kgO}_2/\text{h}$

相应反应池最大时标准需氧量:$SOR_{max} = 1.4 SOR = 1.4 \times 1483.81 = 2077.33$ kg/h

好氧反应池平均时供气量 G_s:$G_s = \dfrac{SOR}{0.3 E_A} = \dfrac{35611.38}{0.3 \times 20\%} = 593523$ m³/d $= 24730.13$ m³/h

好氧反应池最大时供气量 G_{smax}:$G_{smax} = 1.4 G_s = 1.4 \times 24730.13 = 34622.18$ m³/h

单池供气量:$G_{s单} = \dfrac{G_{smax}}{12} = \dfrac{34622.18}{12} = 2885.18$ m³/h $= 0.8$ m³/s

③ 曝气器数量(以单池计):

AAO 反应池的平面面积为 5510 m²,每个空气扩散器的服务为 0.52,则所需个数

$$n = \frac{F}{f} = \frac{5510}{0.52} = 10596 \text{ 个,取 } 10800 \text{ 个}$$

在相邻的两个廊道的隔墙上设一根干管,共 6 根干管,在每根干管上设 10 对配气竖管,共 20 根配气竖管,反应池共设 120 根配气竖管,每根竖管上安装的空气扩散器的个数为

$\dfrac{10800}{120}=90$ 个。

每个空气扩散器的配气量为 $\dfrac{34622.18}{120\times 90}=3.20$ m³/h

曝气头的布置如图 13-4 所示。空气管路压力损失计算见表 13-8。

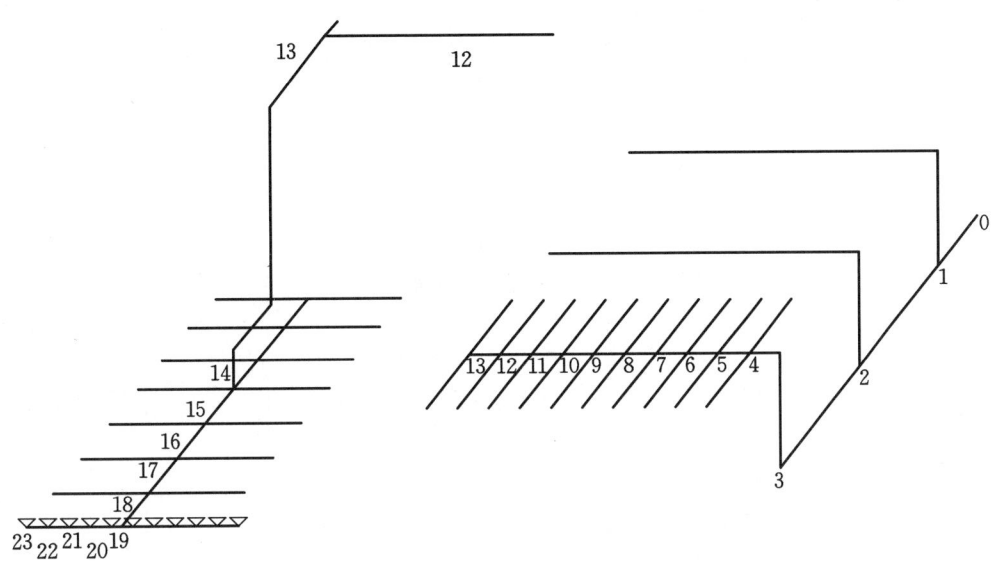

图 13-4　曝气头的布置

表 13-8　空气管路压力损失计算表

管段编号	管段长度/m	空气流量		空气流速 $v/(m/s)$	管径 D/mm	配件	管段当量长度 L_0/m	管段计算长度 L_0+L/m	压力损失	
		m³/h	m³/min						9.8 Pa/m	9.8 Pa
23~22	0.6	3.2	0.05	1.10	32	弯头一个	0.62	1.22	0.15	0.18
22~21	0.6	6.4	0.11	2.28	32	三通一个	1.18	1.78	0.28	0.50
21~20	0.6	9.6	0.16	3.32	32	三通一个	1.18	1.78	0.7	1.25
20~19	0.6	12.8	0.21	4.35	32	三通一个,大小头一个	1.27	1.78	0.9	1.68
19~18	0.6	16	0.27	2.29	50	三通一个,大小头一个	2.18	2.78	0.13	0.36
18~17	0.8	32	0.54	3.18	60	三通一个,大小头一个	2.71	3.51	0.31	1.09

续表13-8

管段编号	管段长度/m	空气流量		空气流速 v/(m/s)	管径 D/mm	配件	管段当量长度 L_0/m	管段计算长度 L_0+L/m	压力损失	
		m³/h	m³/min						9.8 Pa/m	9.8 Pa
17~16	0.8	64	1.07	3.55	80	四通一个,大小头一个	3.75	4.35	0.38	1.65
16~15	0.8	96	1.6	3.4	100	四通一个,大小头一个	4.9	5.7	0.18	1.03
15~14	0.8	128	2.13	4.5	100	四通一个,大小头一个	4.9	5.7	0.38	2.17
14~13	7.1	288	4.8	4.5	150	三通一个,闸门一个,弯头两个	13.56	19.56	0.28	5.48
13~12	6.6	576	9.6	9.06	150	三通一个,大小头一个	8.14	14.74	0.7	10.32
12~11	6.6	1152	19.2	6.52	250	四通一个,大小头一个	14.72	21.32	0.28	5.97
11~10	6.6	1728	28.8	9.78	250	四通一个,大小头一个	14.72	21.32	0.45	9.59
10~9	6.6	2304	38.4	9.05	300	四通一个,大小头一个	18.32	24.92	0.35	8.72
9~8	6.6	2880	48	11.32	300	四通一个,大小头一个	18.32	24.92	0.51	12.34
8~7	6.6	3456	57.6	9.98	350	四通一个,大小头一个	22.04	28.64	0.41	11.74
7~6	6.6	4032	67.2	8.92	400	四通一个,大小头一个	25.88	32.48	0.3	9.74
6~5	6.6	4608	76.8	10.19	400	四通一个	24.03	30.69	0.34	10.44
5~4	6.6	5184	86.4	11.46	400	四通一个,大小头一个	25.88	32.48	0.42	13.64

管段编号	管段长度/m	空气流量		空气流速 v/(m/s)	管径 D/mm	配件	管段当量长度 L₀/m	管段计算长度 L₀+L/m	压力损失	
		m³/h	m³/min						9.8 Pa/m	9.8 Pa
4~3	7.3	5760	96	10.06	450	四通一个，大小头一个，弯头一个	38.32	45.62	0.29	13.23
3~2	14	5760	96	10.06	450	弯头一个	8.52	22.52	0.29	6.53
2~1	14	11520	192	11.32	500	三通一个，大小头一个	34.54	48.54	0.26	12.62
1~0	56	17280	288	9.55	800	三通一个，大小头一个	59.45	115.45	0.13	15.01

（11）设备选型

空气管道系统的总压力损失 $\sum(h_1+h_2)=155.28\times9.8=1521.71$ Pa＝1.52 kPa

网状膜空气扩散器的压力损失为 5.88 kPa，则总压力损失为 5.88＋1.52＝7.4 kPa，为安全取 9.8 kPa。

空压机的选择：空气扩散器安装在反应池距池底 0.2 m 处，因此，空压机所需压力为 $p=(4.2-0.2+1)\times9.8=49$ kPa。

空压机供气量：34622.18 m³/h＝577.04 m³/min

选 4 台 L82WDA 鼓风机，风压为 58.8 kPa，进口流量为 147 m³/min。

13.4.7　辐流式二沉池设计计算

本设计采用 4 座辐流式二次沉淀池。二沉池的集配水是采用双层中管式集配水井，曝气池的来水经中心管进入外层配水井，由配水井均匀地分配给二沉池，二沉池的出水经集水槽汇集，送入内层集水井，然后由集水井进入出水管道送走。

（1）沉淀部分水面面积

本设计取表面负荷 $q=1$ m³/(m²·h)，则 $F=\dfrac{Q_{max}}{nq'}=\dfrac{6112.8}{4\times1}=1528.2$ m²。

（2）池子直径

$$D=\sqrt{\frac{4F}{\pi}}=\sqrt{\frac{4\times1528.2}{3.14}}=44 \text{ m}$$

（3）堰口负荷计算

采用出水堰双边出水，堰长为 $L=2\pi D=2\times3.14\times44=276.32$ m。

最大时堰口负荷 $q_1' = \dfrac{Q_0}{L} = \dfrac{1528.2 \times 1000}{276.32 \times 3600} = 1.54$ L/(s·m) $<$ 1.7 L/(s·m)。

（4）沉淀部分有效水深

设沉淀时间取 $t = 4$ h，则有效水深 $h_2 = qt = 1 \times 4 = 4$ m。

（5）径深比校核

$$D/h_2 = 44/4 = 11$$

径深比宜为 $6 \sim 12$，所以符合要求。

（6）污泥区容积

二沉池污泥区容积按 2 h 计算，则 $V = \dfrac{4(1+R)QR}{4(1+2R)} = \dfrac{4 \times (1+0.5) \times 1.698 \times 3600 \times 0.5}{4 \times (1+2\times0.5)} =$ 2292.3 m³

（7）污泥斗容积

设污泥斗上部半径 $r_1 = 2$ m，下部半径 $r_2 = 1$ m，$\alpha = 60°$

$$h_5 = (r_1 - r_2)\tan\alpha = (2-1) \times \tan 60° = 1.73 \text{ m}$$

$$V_1 = \frac{\pi h_5}{3}(R^2 + Rr_1 + r_1^2) = \frac{\pi \times 1.73}{3} \times (2^2 + 2\times1 + 1^2) = 12.7 \text{ m}^3$$

（8）污泥斗以上圆锥体部分污泥容积

设池底径向坡度为 0.05，则

圆锥体部分高度 $h_4 = (R - r_1) \times 0.01 = (22 - 2) \times 0.05 = 1$ m

圆锥体部分容积 $V_2 = \dfrac{\pi h_4}{3}(R^2 + Rr_1 + r_1^2) = \dfrac{\pi \times 1}{3} \times (222 + 22\times2 + 22) = 556.83$ m³

竖直段污泥部分的高度：$h_6 = \dfrac{(2292.3 - 12.7 - 556.83) \times 4}{\pi \times 44^2} = 1.13$ m

（9）沉淀池高度

设计沉淀池超高 $h_1 = 0.3$ m，缓冲层高度 $h_3 = 0.5$ m，则总高度

$$H = h_1 + h_2 + h_3 + h_4 + h_5 = 0.3 + 4 + 0.5 + 1 + 1.73 = 7.53 \text{ m}$$

13.4.8 接触池设计计算

（1）加氯量确定

采用液氯消毒，加氯量应经试验确定。对生活污水，当无实测资料时，可采用下列数值：

① 一级处理后的污水 $20 \sim 30$ mg/L；

② 不完全人工二级处理的污水 $10 \sim 15$ mg/L；

③ 完全人工二级处理后的污水 $5 \sim 10$ mg/L。

本工程无实测资料，采用加氯量为 8 mg/L，则每日加氯量 $q = 8 \times 1.698 \times \dfrac{86400}{1000} = 1174$ kg/h

（2）加氯消毒设备

液氯由真空转子加氯机加入，加氯机设计两台，采用一用一备。每小时加氯量：$\dfrac{1174}{24} =$

48.92 kg/h

因此,本设计中采用 ZG 型转子加氯机。

（3）接触池计算

① 接触池容积

设计中取消毒接触时间 $t=30$ min,则 $V=Q_{max}t=1.698\times30\times60=3056$ m³。

② 接触池表面积

设计中取有效水深 $h_2=3$ m,则 $F=\dfrac{V}{h_2}=\dfrac{3056}{3\times2}=509$ m²。

③ 接触池长度

本设计中取 $B=5.0$ m,则 $L=\dfrac{F}{B}=\dfrac{509}{5}=102$ m。

本设计中选用 5 廊道,则每廊道长 $L'=\dfrac{102}{5}=21$ m。

长宽比: $\dfrac{L'}{B}=\dfrac{102}{5}=20.4>10$,符合要求。

④ 接触池高度

本设计超高 $h_1=0.3$ m,则 $h=h_1+h_2=0.3+3=3.3$ m。

13.4.9　计量堰设计计算

本工程采用巴氏计量槽。其中,m_0 取 0.5;当流量为 $Q=1698$ L/s,查表得:$b=0.90$ m, $H_1=0.86$ m,则 $L_1=0.5b+1.2=0.5\times0.9+1.2=1.65$ m。

$$L_2=0.60 \text{ m}$$
$$L_3=0.9 \text{ m}$$
$$B_1=1.2b+0.48=1.2\times0.9+0.48=1.56 \text{ m}$$
$$B_2=b+0.3=0.9+0.3=1.2 \text{ m}$$

选择 $H_2=1.3$ m。

$$\frac{H_1}{H_2}=\frac{0.86}{1.1}=0.66<0.70(\text{自由流})$$

13.4.10　浓缩池设计计算

（1）浓缩污泥量的计算

浓缩池主要浓缩来自二沉池的剩余污泥,则 $W=7128.44$ kg/d,即 $Q=891$ m³/d。

（2）所需空气量计算

每座气浮池流量为 $Q=\dfrac{891}{2}=445.5$ m³/d=18.56 m³/h<100 m³/h

本设计为矩形气浮池,水温为 20 ℃时,空气溶解度 $C_s=18.7$ mL/L,空气密度 $\gamma=1.164$ g/L,溶气效率 η 取 0.5,按不加混凝剂考虑固体负荷率 $q_s=45$ kg/(m²·d)。

出水处采用回流加压溶气的流程。

容器水下降到大气压时,理论上释放的空气为

$$R = \frac{QS_a\left(\dfrac{A}{S}\right)1000}{P_1 C_s(fP-1)} = \frac{445.5 \times 0.02 \times 5 \times 1000}{1.164 \times 18.7 \times (0.5 \times 4-1)} = 2046.69 \ \text{m}^3/\text{d} = 85.28 \ \text{m}^3/\text{h}$$

总流量为 $Q_\text{总} = Q + R = 18.56 + 85.28 = 103.84 \ \text{m}^3/\text{h}$

所需空气量为 $A = \gamma C_s(fP-1)R \times \dfrac{1}{1000} = 1.164 \times 18.7 \times (0.5 \times 4-1) \times 2046.69 \times$

$\dfrac{1}{1000} = 44.55 \ \text{kg/d}$

实际需要量为 $44.55 \times 2 = 71.16 \ \text{kg/d}$。

（3）表面积

污泥干重为 $S = QS_a = 445.5 \times 5 = 2227.5 \ \text{kg/d}$

$$F = \frac{S}{M} = \frac{2227.5}{45} = 49.5 \ \text{m}^2$$

设长宽比为 3,则 $B = \sqrt{16.5} = 4.06 \ \text{m}$

$$L = 3 \times 4.06 = 12.18 \ \text{m}$$

（4）气浮池高度

水平流速 v 取 $5 \ \text{mm/s} = 18 \ \text{m/h}$,则过水断面为 $\omega = \dfrac{Q}{v} = \dfrac{103.84}{18} = 5.77 \ \text{m}^2$。

分离区高度 $d_1 = \dfrac{\omega}{B} = \dfrac{5.77}{4.06} = 1.42 \ \text{m}$

浓缩池高度 $d_2 = 0.3B = 0.3 \times 4.06 = 1.22 \ \text{m}$

超高 $d_3 = 0.3 \ \text{m}$

$$H = 0.3 + 1.42 + 1.22 = 2.94 \ \text{m}$$

按水力负荷进行核算

$$\frac{Q_\text{总}}{F} = \frac{103.84}{49.5} = 2.10 \ \text{m}^3/(\text{m}^2 \cdot \text{h})$$

（5）浓缩后的污泥体积

进泥的含水率 $P_1 = 99.2\%$,浓缩后含水率 $P_2 = 96\%$,则浓缩后污泥的体积为

$$Q_2 = \frac{Q(1-P_1)}{1-P_2} = \frac{891 \times (1-0.992)}{1-0.96} = 178.2 \ \text{m}^3/\text{d}$$

13.4.11　消化池设计计算

本工程污泥消化采用中温厌氧二级消化工艺,其含水率均为 97%,采用中温两极消化处理。消化池的停留时间为 30 d,其中一级消化 20 d,二级消化为 10 d。消化池控制温度为 33～35 ℃,计算温度为 35 ℃,新鲜污泥年平均温度为 17.3 ℃,日平均最低温度为 12 ℃,池外介质为空气时,全年平均气温为 10 ℃,冬季室外采用 −15 ℃。池外介质为土壤时,全年

平均温度为 11 ℃,冬季计算温度为 4.2 ℃。一级消化池进行加热搅拌,二级消化池不加热不搅拌,均为固定盖形式。消化池计算简图如图 13-5 所示。

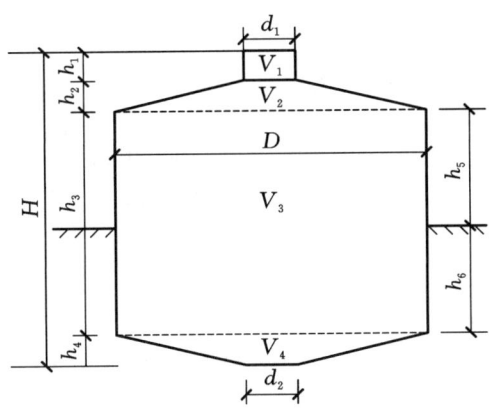

图 13-5 消化池计算简图

(1) 消化池污泥量

$$Q = Q_{初沉} + Q_{浓缩} = 17.67 \times 6 \times 4 + 178.2 = 602.28 \text{ m}^3/\text{d}$$

(2) 消化池各部分尺寸

① 一级消化池容积

$$V = \frac{Q}{P} = \frac{602.28}{5/100} = 12045.6 \text{ m}^3$$

采用 4 座一级消化池,则单池容积为 $V_n = \dfrac{V}{4} = \dfrac{12045.6}{4} = 3011.4 \text{ m}^3$。

消化池设计直径 $D = 18$ m。

集气罩直径 $d_1 = 2$ m,池底下锥直径 $d_2 = 2$ m,集气罩高度采用 $h_1 = 2$ m。

消化池的柱体高度 h_3 应大于 $D/2 = 9$ m,采用 11 m。

下锥体的高度采用 $h_4 = 2$ m,设 $h_2 = 2$ m,则消化池总高度为

$$H = h_1 + h_2 + h_3 + h_4 = 2 + 2 + 11 + 2 = 17 \text{ m}$$

集气罩容积 $V_1 = \dfrac{\pi d_1^2}{4} \times h_1 = \dfrac{\pi \times 2^2}{4} \times 2 = 6.28 \text{ m}^3$

上、下锥体容积:$V_2 = V_4 = \dfrac{\pi h_2}{3}(R^2 + Rr_1 + r_1^2) = \dfrac{\pi \times 2}{3}(9^2 + 9 \times 1 + 1^2) = 190.49 \text{ m}^3$

圆柱体容积:$V_3 = \dfrac{\pi D^2}{4} h_3 = \dfrac{\pi \times 18^2}{4} \times 11 = 2797.74 \text{ m}^3$

消化池有效容积:$V_0 = V_2 + V_3 + V_4 = 190.49 + 2797.74 + 190.49 = 3178.722 \text{ m}^3 >$ 3011.4 m³

采用 2 座二级消化池,二级消化池的各部分尺寸同一级消化池。

② 消化池各部分的表面积的计算

集气罩表面积：$F_1 = \frac{\pi}{4}d_1^2 + \pi d_1 h_1 = \frac{3.14}{4} \times 2^2 + 3.14 \times 2 \times 2 = 15.7 \ m^2$

上、下锥体表面积：

$$F_2 = F_3 = \pi l \frac{D + d_1}{2} = 3.14 \times \sqrt{9^2 + 2^2} \times \frac{18 + 2}{2} = 283.34 \ m^2$$

则池盖表面积共为 $F_1 + F_2 = 15.7 + 283.34 = 300.04 \ m^2$

池壁表面积为 $F_4 = \pi D h_5 = 3.14 \times 18 \times 6 = 339.12 \ m^2$（地面以上部分）；

$F_5 = \pi D h_6 = 3.14 \times 18 \times 5 = 282.6 \ m^2$（地面以下部分）。

（3）消化池热工计算

① 提高新鲜污泥温度的耗热量

污泥投配率为 5%，则每座一级消化池投配的最大污泥量为 $V'' = 3011.4 \times 5\% = 150.57 \ m^3/d$

则全年平均耗热量为 $Q_1 = \frac{V''}{24}(T_D - T_s) \times 4186.8 = \frac{150.57}{24} \times (35 - 17.3) \times 4186.8 = 464924.8 \ kJ/h$

最大耗热量为 $Q_{max} = \frac{V''}{24}(T_D - T_s) \times 4186.8 = \frac{150.57}{24} \times (35 - 12) \times 4186.8 = 604139.54 \ kJ/h$

② 消化池池体的耗热量

消化池各部传热系数：池盖为 $K = 2.93 \ kJ/(m^2 \cdot h \cdot ℃)$，池壁在地面以上部分为 $K = 2.5 \ kJ/(m^2 \cdot h \cdot ℃)$，池壁在地面以下部分及池底为 $K = 1.9 \ kJ/(m^2 \cdot h \cdot ℃)$。

池外介质为大气时，全年平均气温为 $T_A = 10 \ ℃$，冬季室外计算温度为 $T_A = -15 \ ℃$。

池外介质为土壤时，全年平均温度为 $T_B = 11 \ ℃$，冬季计算温度 $T_B = 4.2 \ ℃$。

则池盖部分全年平均耗热量为

$$Q_2 = FK(T_D - T_A) \times 1.2 = 300.04 \times 2.93 \times (35 - 10) \times 1.2 = 26373.52 \ kJ/h$$

最大耗热量为 $Q_{2max} = FK(T_D - T_A) \times 1.2 = 300.04 \times 2.93 \times [35 - (-15)] \times 1.2 = 527470.32 \ kJ/h$

池壁在地面以上部分，全年平均耗热量为

$$Q_3 = F_4 K(T_D - T_A) \times 1.2 = 339.12 \times 2.5 \times (35 - 10) \times 1.2 = 25434 \ kJ/h$$

最大耗热量为 $Q_{3max} = F_4 K(T_D - T_A) \times 1.2 = 339.12 \times 2.5 \times [35 - (-15)] \times 1.2 = 50868 \ kJ/h$

池壁在地面以下部分，全年平均耗热量为

$$Q_4 = F_5 K(T_D - T_A) \times 1.2 = 282.6 \times 1.9 \times (35 - 11) \times 1.2 = 15463.87 \ kJ/h$$

最大耗热量为 $Q_{4max} = F_5 K(T_D - T_A) \times 1.2 = 282.6 \times 1.9 \times (35 - 4.2) \times 1.2 = 19845.30 \ kJ/h$

池底部分，全年平均耗热量为

$$Q_5 = F_6 K(T_D - T_B) \times 1.2 = 300.04 \times 1.9 \times (35 - 11) \times 1.2 = 16418.19 \ kJ/h$$

最大耗热量为

$$Q_{5max} = F_6 K (T_D - T_B) \times 1.2 = 300.04 \times 1.9 \times (35 - 4.2) \times 1.2 = 21070.01 \text{ kJ/h}$$

每座消化池,全年平均耗热量为

$$\sum Q = Q_1 + Q_2 + Q_3 + Q_4 + Q_5 = 464924.8 + 26373.52 + 25434 + 15463.87 + 16418.19$$
$$= 548614.38 \text{ kJ/h}$$

最大耗热量为

$$\sum Q_{max} = Q_{1max} + Q_{2max} + Q_{3max} + Q_{4max} + Q_{5max}$$
$$= 604139.54 + 527470.32 + 50868 + 19845.30 + 21070.01 = 1223393.17 \text{ kJ/h}$$

③ 热交换器的计算

消化池的加热,采用池外套管泥-水热交换器。生污泥在进入一级消化池之前,与回流的一级消化池污泥先行混合后再进入热交换器,其比例为 1:2,全天均匀投配。

进入消化器的生污泥量为 $Q_{s1} = \dfrac{150.57}{24} = 6.27 \text{ m}^3/\text{h}$

回流的消化污泥量为 $Q_{s2} = 6.27 \times 2 = 12.54 \text{ m}^3/\text{h}$

进入热交换器的总污泥量为 $Q = Q_{s1} + Q_{s2} = 18.81 \text{ m}^3/\text{h}$

生污泥的日平均最低温度为 $T_s = 12 \text{ ℃}$

生污泥和消化污泥混合后的温度为 $T_s = \dfrac{1 \times 12 + 2 \times 35}{3} = 27.33 \text{ ℃}$

热交换器外管管径选用 100 mm,内管管径选用 60 mm 时,污泥在内管的流速为 $v =$

$$\dfrac{Q}{\dfrac{1}{4} \pi D^2 \times 3600} = \dfrac{18.81 \times 4}{\dfrac{1}{4} \times 3.14 \times 0.06^2 \times 3600} = 1.85 \text{ m/s(合格)}$$

热交换器出口的污泥温度 $T_s' = T_s + \dfrac{Q_{max}}{Q_s \times 4186.8} = 27.33 + \dfrac{1223393.17}{18.81 \times 4186.8} = 42.86 \text{ ℃}$

热交换器的入口热水温度采用:$T_w = 85 \text{ ℃}$,$T_w - T_w' = 10 \text{ ℃}$。

则循环热水量 $Q_w = \dfrac{Q_{max}}{(T_w - T_w') \times 4186.8} = \dfrac{1223393.17}{(85 - 75) \times 4186.8} = 29.22 \text{ m}^3/\text{h}$

外管内热水流速 $v = \dfrac{29.22}{\dfrac{\pi}{4}(0.1^2 - 0.06^2) \times 3600} = 1.6 \text{ m/s(合格)}$

$$\Delta T_1 = T_s - T_w' = 27.33 - 75 = -47.67 \text{ ℃}$$

$$\Delta T_2 = T_s' - T_w = 42.68 - 85 = -42.14 \text{ ℃}$$

$$\Delta T_m = \dfrac{\Delta T_1 - \Delta T_2}{\ln \dfrac{\Delta T_1}{\Delta T_2}} = \dfrac{-47.67 - (-42.14)}{\ln \dfrac{-47.67}{-42.14}} = 44.85 \text{ ℃}$$

热交换器的套管长度 $L = \dfrac{Q_{max}}{\pi D K \Delta T_m} \times 1.2 = \dfrac{1223393.17}{3.14 \times 0.05 \times 2512.1 \times 44.85} \times 1.2 = 57.6 \text{ m}$

设每根长为 4 m,其根数为 57.6/4=14.4 根,选用 15 根。

(4) 沼气混合搅拌计算

一级消化池的混合搅拌采用多路曝气管式(气通式)沼气搅拌。

搅拌用气量:

单位用气量采用 6 m³/(min·1000m³ 池容),则用气量为 $q=6\times\dfrac{3011.4}{1000}=18.07$ m³/min= 0.3 m³/s

曝气立管管径计算:

曝气立管的流速采用 12 m/s,则所需立管的总面积为 $\dfrac{0.3}{12}=0.025$ m²。

选用立管的直径为 70 mm 时,每根断面 $A=0.004$ m²,所需立管的总数则为 $\dfrac{0.025}{0.004}=6.25$ 根,取 7 根。

核算立管的实际流速为 $v=\dfrac{0.3}{7\times0.004}=10.7$ m/s(符合要求 7~15 m/s)

13.4.12 其他构筑物的计算

(1) 回流污泥泵房

取回流比 $R=0.5$,设 4 台回流污泥泵,则污泥量为 $Q_0=\dfrac{670\times0.5}{2}=170$ L/s。

选用螺旋污泥泵的型号为 LXB600,功率 2.2 kW,据此计算泵房的大小。

(2) 鼓风机房

鼓风机房主要提供 AAO 反应池曝气所需的空气。鼓风机房的设计计算是根据空气量和空气压力确定鼓风机房的大小,然后据鼓风机的大小确定鼓风机房的大小,同时也考虑噪声的影响。

鼓风机选用 L 型罗茨鼓风机,选 4 台 L82WDA 鼓风机,升压为 58.8 kPa,进口流量为 147 m³/min,其中 1 台备用。

(3) 污泥控制室

污泥控制室消化池的控制中心,它的主要作用包括:新鲜污泥的投配;消化池内的污泥循环搅拌;消化污泥的加热;消化池运行情况的监测和控制。

污泥控制室的大小根据污泥投配泵和污泥加热设备的大小确定,具体参数根据有关的规定和经验值选取。

设计污泥控制室为半地下式框架结构,分为三层:地下部分为泵工作间,设有污泥加热循环泵、新鲜污泥投配泵以及排污泵;地面一层为电气仪表、设备控制室;地面二层为热交换间。

(4) 污泥脱水机房

污泥脱水机房包括机械间、药剂贮存间、值班控制室。机械间包括脱水机、皮带输送机、泥浆泵、污泥搅拌机、储泥罐等。药剂贮存间存污泥脱水前预处理所需的药剂。污泥脱水设备采用离心脱水机。

(5) 厂内给水排水以及道路

厂内实行雨、污水完全分流制,厂内污水进入格栅前的进水闸井内,与城市污水一同处理;雨水不经处理,直接排出厂内。厂内道路完全呈环状,主干道宽 8 m,次干道宽 4 m。

13.4.13 污水处理厂高程计算

污水处理厂污水处理高程布置的主要任务是:确定各处理构筑物和泵房的标高,确定处理构筑物之间连接管渠的尺寸及其标高,通过计算确定各部分的水面标高,从而能够使污水沿处理流程在处理构筑物之间通畅地流动,保证污水处理厂的正常运行。

为了降低运行费用和便于维护管理,污水在处理构筑物之间的流动,以按重力流考虑为宜(污泥流动不在此例)。为此,必须精确地计算污水流动中的水头损失,水头损失包括:污水流经各处理构筑物的水头损失,包括从进池到出池的所有水头损失在内;污水通过连接前后两处理构筑物的管渠(包括配水设备)的水头损失,包括沿程与局部水头损失、污水流经量水设备的水头损失。

选择一条距离最长、水头损失最大的流程进行水力计算,并适当留有余地,使实际运行时能有一定的灵活性。以近期最大流量(或泵的最大出水量)作为构筑物和管渠的设计流量,计算水头损失。

污水处理厂处理后的水排入河流,该河流水位远低于污水处理厂的地面标高,洪水位时也不会发生倒灌。

(1) 污水部分高程计算

河边水位:56 m

跌水:2.10 m

跌水井水:58.10 m

出水厂管总损失:$0.000855 \times 100 \times (1+0.3) = 0.11$ m

计量堰下游水位:58.21 m

计量堰水头损失:0.21 m

自由跌水:0.10 m

合计:0.31 m

计量堰上游水位:58.52 m

接触池出水管总损失:$0.000855 \times 5.20 \times (1+0.3) = 0.01$ m

接触池出水口的损失:0.20 m

合计:0.21 m

接触池水位:58.73 m

接触池进水口的损失:0.10 m

合计:0.10 m

混合池水位:58.83

混合池进水管总损失:$0.00127 \times 57 \times (1+0.3) = 0.09$ m

混合池进水口的损失:0.1 m

集配水井外井出水口的损失:0.20 m

合计:0.39 m

集配水井外井水位:59.22 m

集配水井外井进水口的损失:0.10 m

二沉池出水总渠的损失:$0.0021 \times 32 \times (1+0.3)=0.09$ m

合计:0.19 m

二沉池出水总渠起端水位与其集水槽出口水位相同,其水位 59.41 m

二沉池集水槽堰上水头:0.30 m

自由跌水:0.15 m

合计:0.45 m

二沉池水位:59.86 m

二沉池进水头部的损失:0.15 m

二沉池进水管总损失:$0.0021 \times 32 \times (1+0.3)=0.09$ m

集配水井内井出水口损失:0.10 m

合计:0.34 m

集配水井内井水位:60.20 m

集配水井内井进水口损失:0.10 m

总损失:$0.00127 \times 50 \times (1+0.3)=0.08$ m

合计:0.18 m

AAO 反应池集水槽水位:60.38 m

AAO 反应池集水槽堰上水头:0.30 m

自由跌水:0.15 m

合计:0.45 m

AAO 反应池水位:60.83 m

AAO 反应进水口损失:0.15 m

AAO 反应进水管总损失:$0.00127 \times 25 \times (1+0.3)=0.04$ m

集配水井出口损失:0.10 m

合计:0.29 m

集配水井外井水位:61.12 m

集配水井外井进水口损失:0.10 m

初沉池出水总渠损失:$0.0021 \times 5.06 \times (1+0.3)=0.01$ m

合计:0.11 m

初沉池集水槽出口水位与出水总渠起端相同,其水位 61.23 m

初沉池集水槽堰上水头:0.30 m

自由跌水:0.1 m

合计:0.4 m

初沉池水位:61.63 m

初沉池进水头部损失:0.15 m

初沉池进水管总损失:0.0021×5.06×(1+0.3)=0.01 m

集配水井内井出水口损失:0.10 m

合计:0.26 m

集配水井内井水位:61.89 m

集配水井内井进水口损失:0.10 m

集配水井内井入水管总损失:0.00127×61.5×(1+0.3)=0.10 m

合计:0.20 m

平流沉砂池的出水堰水位:62.09 m

平流沉砂池出水堰的堰上水头:0.30 m

自由跌水:0.15 m

合计:0.45 m

平流沉砂池水位:62.54 m

平流沉砂池配水口损失:0.20 m

合计:0.20 m

平流沉砂池配水口水位:62.74 m

平流沉砂池至细格栅损失:0.5 m

细格栅水位:63.24 m。

(2)污泥部分高程计算

污泥处理流程的高程计算从初沉池开始。

按下式求得水头总损失:

$$h_f = 2.49 \times \left(\frac{L}{D^{1.17}}\right) \times \left(\frac{v}{C_H}\right)^{1.85} (1+0.3) \tag{13-3}$$

式中　C_H——污泥浓度系数;

　　　D——污泥管管径,m;

　　　L——管道长度,m;

　　　v——管道流速,m/s。

污泥含水率97%时,污泥浓度系数 $C_H=71$,污泥含水率95%时,污泥浓度系数 $C_H=53$。

初沉池排出的污泥,其含水率为97%。初沉池至贮泥池的管道用铸铁管,长110.98 m,管径150 mm。污泥在管内呈重力流,流速为1.1 m/s,管道水头总损失为

$$h_f = 2.49 \times \left(\frac{110.98}{0.15^{1.17}}\right) \times \left(\frac{1.1}{71}\right)^{1.85} (1+0.3) = 1.48 \text{ m}$$

初沉池出流水头损失取1.5 m,则总水头损失为1.5+1.48=2.98 m。

浓缩池排出的污泥,其含水率为95%。浓缩池至贮泥池的管道用铸铁管,长5.68 m,管径100 mm。污泥在管内呈重力流,流速为1.1 m/s,管道水头总损失为

$$h_f = 2.49 \times \left(\frac{5.68}{0.1^{1.17}}\right) \times \left(\frac{1.1}{53}\right)^{1.85} (1+0.3) = 0.21 \text{ m}$$

浓缩池出流水头损失取 1.5 m，则总水头损失为 1.5+0.21=1.71 m。

一级消化池排出的污泥，其含水率为 95%。一级消化池至二级消化池的管道用铸铁管，长 24.65 m，管径 100 mm。污泥在管内呈重力流，流速为 0.95 m/s，管道水头总损失为

$$h_f = 2.49 \times \left(\frac{24.65}{0.1^{1.17}}\right) \times \left(\frac{0.95}{53}\right)^{1.85} (1+0.3) = 0.69 \text{ m}$$

一级消化池出流水头损失取 1.5 m，则总水头损失为 1.5+0.69=2.19 m。

根据处理构筑物结构尺寸和埋深可确定泥区构筑物的高程：

贮泥池水位　　58.65 m
浓缩池水位　　60.36 m
一级消化池水位　64.50 m
二级消化池水位　62.31 m

13.5　处理成本计算

13.5.1　污水处理厂工程造价

项目总投资＝第一部分费用＋第二部分费用＋第三部分费用

（1）第一部分费用

第一部分费用包括建筑工程费，设备、器材、工具等购置费，安装工程费。可查有关排水工程投资估算、概算指标确定。

污水处理厂的日处理水量：1698 L/s×3.6×24=146707.2 m³/d

根据指标进行计算，各单项构筑物工程造价见表 13-9。

表 13-9　计算各单项构筑物工程造价

序号	名称	投资计算（万元）
1	总平面	83703.5×8000/100=669.63
2	污水泵房	6000×2266.56=1359.94
3	平流沉砂池	8.88×146707.2=103.28
4	初沉池	57.36×146707.2=841.51
5	AAO 反应池	137.52×146707.2=2017.52
6	二沉池	105.92×146707.2=1553.92

序号	名称	投资计算（万元）
7	污泥泵房	61.12×146707.2＝896.70
8	鼓风机房	43.68×146707.2＝640.82
9	浓缩池	17.96×146707.2＝263.49
10	储泥池	5.64×146707.2＝82.74
11	消化池控制室	10.40×146707.2＝152.58
12	消化池	48.08×146707.2＝705.37
13	贮气罐	17.89×146707.2＝262.46
14	锅炉房	24.10×146707.2＝353.56
15	综合楼及控制室	20.24×146707.2＝269.94
16	办公及化验楼	20.24×146707.2＝269.94
17	脱水机房	6.16×146707.2＝90.37
18	投剂室	11.40×146707.2＝167.25
19	机修间	16.64×146707.2＝244.12
20	仓库	17.89×146707.2＝262.46
21	车库	10.40×146707.2＝152.58
22	药剂室	5.92×146707.2＝86.85
23	变电所及配电间	24.10×146707.2＝353.56
合计		11800.59

（2）第二部分费用

第二部分费用包括建设单位管理费、征地拆迁费、工程监理费、供电费、设计费、招投标管理费等。根据有关资料统计，按第一部分费用的 50% 计，则为 11800.59×50%＝5900.3 万元

（3）第三部分费用

第三部分费用包括工程预备费、价格因素预备费、建设期贷款利息、铺底流动资金。

工程预备费按第一部分费用的 10% 计，则 11800.59×10%＝1180.06 万元

价格因素预备费按第一部分费用的 5% 计，则 11800.59×5%＝590.03 万元

贷款期贷款利息、铺底流动资金按第一部分费用的 20% 计，则 11800.59×20%＝2360.12 万元

第三部分费用合计：1180.06＋590.03＋2360.12＝4130.21 万元

（4）工程总投资合计

项目总投资＝第一部分费用＋第二部分费用＋第三部分费用＝11800.59＋5900.3＋

4130.21＝21831.1 万元

13.5.2　污水处理成本计算

污水处理厂成本通常包括工资福利费、电费、药剂费、折旧费、检修维修费、行政管理费以及污泥综合利用收入等项费用。

（1）动力费

$$E_1 = 8760Nd/k = 8760 \times (115 \times 4 + 80 \times 4 + 15 \times 4) \times 0.3/1.4 = 157.68 \text{ 万元}$$

（2）药剂费

$$E_2 = 365 \times 10^6 \times Q(a_1b_1 + a_2b_2) = 365 \times 10^6 \times 6631 \times (1.5 \times 800 + 10 \times 600) = 17.43 \text{ 万元}$$

（3）工资福利费

$$E_3 = AN = 10000 \times 200 = 200 \text{ 万元}$$

（4）折旧提成费

$$E_4 = 0.84SP_4 = 0.84 \times 16631.13 \times 4.6\% = 642.6 \text{ 万元}$$

（5）大修维护基金提成

$$E_5 = 0.84SP_5 = 0.84 \times 16631.13 \times 2.4\% = 335.3 \text{ 万元}$$

（6）日常修理维护费

$$E_6 = 0.84SP_6 = 0.84 \times 16631.13 \times 1\% = 139.7 \text{ 万元}$$

（7）管理费销售费和其他费用

$$E_7 = (E_1 + E_2 + E_3 + E_4 + E_5 + E_6)P_7 = (157.68 + 17.43 + 200 + 642.6 + 335.3 + 139.7) \times 15\% = 223.9 \text{ 万元}$$

（8）综合成本

年处理能力：$\sum E = 1716.6$ 万元

年处理量：$\sum Q = 365Q = 365 \times \dfrac{1698 \times 24 \times 3600}{1000} = 5354.81$ 万吨

单位处理成本：$\dfrac{\sum E}{\sum Q} = \dfrac{1716.6}{5354.81} = 0.32$ 元 $/\text{m}^3$

14　建筑给水排水工程毕业设计
主要内容及要求

14.1　建筑给水排水工程毕业设计主要内容

14.1.1　建筑给水排水工程毕业设计说明书的主要内容

建筑给水排水工程毕业设计说明书的主要内容应根据《建筑给水排水工程教学大纲》要求,结合当前建筑工程技术的实际发展确定。建筑给水排水工程设计按下达的毕业设计任务书进行。设计内容和深度应按照毕业设计要求、基本建设程序和有关的设计规定、规范确定。

(1)建筑给水系统设计

建筑给水系统设计的主要内容:确定生活给水设计标准与参数,进行用水量计算;选择给水方式,布置给水管道及设备;进行给水管网水力计算及室内所需水压的计算;生活水箱容积计算并确定构造尺寸;选择生活水泵;确定管材及设备;绘制给水系统的平面图、系统图及卫生间大样图。

(2)建筑消防系统设计

建筑消防系统设计包括消火栓系统、喷洒灭火系统设计。

建筑消火栓系统设计的主要内容:消防水量计算;消防给水方式的确定;消防栓、消防管道布置;消防管道水力计算及消防水压计算;消防泵的选择;确定稳压系统;绘制消火栓系统的平面图及系统图。

自动喷洒灭火系统设计包括:给水方式的确定;选择、布置喷头;自动喷洒系统水力计算;报警阀、水流指示器的选型;喷洒泵的选择;确定稳压系统;绘制自动喷洒灭火系统的平面图及系统图。

(3)建筑排水系统设计

建筑排水系统设计的主要内容:选择排水体制;确定排水系统的形式和污水处理方法;排水管道水力计算及通气系统计算;屋面雨水排除方式的选择;雨水管道系统水力计算;选择管材及管道安装;绘制排水系统的平面图及系统图。

14.1.2　建筑给水排水工程毕业设计绘制内容

建筑给水排水工程毕业设计绘制内容包括：
① 主要层（如地下室、首层、标准层）给排水消防平面图；
② 贮水池水泵房、卫生间管井、水箱间等大样图；
③ 室内给排水系统图（给水、热水、排水、雨水）；
④ 消防系统图（消火栓、喷洒）。
图纸量控制在 18～22 张（1# 图幅），编制计算说明书，控制在 80 页左右，大约 1.5 万字。

14.2　建筑给水排水工程毕业设计选题

根据《建筑给水排水工程教学大纲》要求，毕业设计选题以层高为 18 层左右，建筑面积不小于 1.5 万平方米的高层综合楼为宜，属于一类建筑。该建筑内设商场、写字间、高级公寓、水泵间、配电室、电梯、空调机房等，是一个典型的工程实例。为满足教学要求，对工程实例可做适当修改，修改中应与工程实践相结合，使学生在毕业设计时间内能完成该楼的建筑给排水工程设计。学生通过高层综合楼建筑给水排水工程毕业设计，基本能熟悉建筑给水排水工程设计的全部过程，为今后从事建筑给水排水工程设计、施工与管理打下良好基础。

14.3　建筑给水排水工程毕业设计图纸绘制

14.3.1　建筑给水排水工程平面图的绘制

建筑给水排水平面图常用比例一般为 1：100。
各类管道、用水器具及设备、消火栓、洒水喷头、雨水斗、阀门、立管等应按图例以正投影法绘制在平面图上，线形按规范规定执行。
安装在下层空间或埋设在地面下而为本层使用的管道可绘制于本层平面图上。
各类管道标注管径，管径以 mm 为单位。管道按管道类别和代号自左至右分别进行编号，各楼层应一致。消火栓可按需要分层按顺序编号。
引入管、排出管应注明与建筑轴线的定位尺寸、穿建筑外墙标高。

14.3.2　建筑给水排水工程系统图的绘制

轴测图宜按 45°正面斜轴测投影法绘制。
管道布置方向应与平面图一致，并按比例绘制。局部管道按比例绘制不清时，此处可不按比例绘制。

楼地面线、管道上的附件、阀门等应予以标示,管径立管编号应与平面图一致。

管道管径、标高应标注,接出的设备与器具宜标示清楚。

重力流管道要标示坡度方向。

14.4　建筑给水排水工程毕业设计说明书的编制

建筑给水排水工程毕业设计说明书包括:

① 前言:简要说明建筑给水排水工程毕业设计目的、意义、设计方法及选题依据。

② 摘要(用中、英文两种文字):对设计内容不加注释和评论的简短陈述,一般不少于400 字,并选择 3～5 个词作为关键词。

③ 目录。

④ 正文:对系统设计方案进行说明论证,介绍各类用水量计算、水力计算的依据及过程,各类设备的选型及管材选择等。

⑤ 主要参考文献。

建议可参照下列格式及内容编写:

摘要

目录

一、设计任务及设计资料

1. 设计任务

2. 设计文件及设计资料

二、设计说明书

1. 建筑给水系统

2. 建筑消防系统

3. 建筑热水系统

4. 建筑排水系统

5. 建筑雨水系统

6. 主要构筑物与设备

三、设计计算

1. 建筑给水系统的计算

2. 建筑消防系统的计算

3. 建筑热水供应系统的计算

4. 建筑排水系统的计算

5. 建筑雨水系统的计算

总结

外文翻译(附原文)

主要参考文献

15　建筑给水系统设计

15.1　给水系统的分类及组成

15.1.1　给水系统的分类

由于高层综合建筑对消防的要求特别严格,必须保证消防用水的安全可靠,一般宜设置独立的生活给水系统、消防给水系统、生产给水系统或生活-生产给水系统。

给水系统按用途可分为:

① 高层建筑生活给水系统:包括生活饮用水系统、热水系统、杂用水系统、中水道系统等。

② 高层建筑消防给水系统:包括消火栓给水系统、自动喷淋消防给水系统、水幕消防给水系统等。

③ 高层建筑生产给水系统:包括软化水系统、循环冷却水系统等。

15.1.2　给水系统的组成

建筑内部给水系统由引入管、水表节点、给水管道、配水装置和用水设备、给水附件、增压和贮水设备等组成。

15.2　给水方式的确定

15.2.1　给水方式的选择原则

内部给水系统应尽量利用外部给水管网的水压直接供水。

高层建筑给水系统的竖向分区,应根据使用设备材料性能、维护管理条件、建筑层数和室外给水管网水压等合理确定。一般分区内最低卫生器具给水配件处的静水压力宜控制在以下范围内:旅馆、饭店、公寓、住宅等为 300~350 kPa,其他为 350~450 kPa。

通常 7～10 层划分为一个供水区。

15.2.2 给水方式的比较

给水方式包括直接给水方式、设水箱的给水方式、设水泵的给水方式、设水泵和水箱的给水方式、气压给水方式、分区给水方式和分质给水方式 7 种基本方式。其中高层建筑常用给水方式有：

15.2.2.1 设水池、水泵和水箱的给水方式

这种供水方式由外管网供水至水池，利用水泵提升和水箱调节流量。供水压力稳定。由于在水池、水箱中储备了一定水量，在停水、停电时可延长供水，供水安全性较高。但这种方式不能充分利用室外管网资用水头，电能消耗较大；设备较多，安装维护麻烦，日常管理维护费用较高；有水泵振动噪声的干扰。适用于外管网水压过低，且不允许直接抽水，允许设置高位水箱的高层建筑。

15.2.2.2 设水池、水泵或水箱部分加压的给水方式

该供水方式下层与室外管网连通，利用室外管网压力供水；上层首先将水用水泵提升至水箱，由水箱出水管将水送入给水管道。由于该系统中存在一定的贮水容积，在停水时可延长供水，供水安全性较高；可以充分利用室外管网压力，可节省电力能源。但安装维护麻烦，投资较大；有水泵振动噪声干扰。适用于室外管网水压经常不足且不允许直接抽水，允许设置高位水箱的高层建筑的给水。

15.2.2.3 分区并联单管给水方式

在给水系统中，设置高位水箱，用水泵集中统一加压，再用单管输水至各区水箱，低区水箱进水管上装设减压阀。该种供水方式供水可靠；管道、设备数量较少；未利用室外管网水压，地区压力损耗大，能源消耗大。适用于室外管网不允许抽水，电价较低，允许分区设高位水箱且分区不多的建筑。

15.2.2.4 分区串联给水方式

在给水系统中，分区设置水箱和水泵，水泵分散设置，自下区水箱抽水供上区用水。该供水方式供水可靠；设备管道简单，投资较省；能源消耗合理。但水泵设在建筑内部，振动、噪声干扰较大，占地面积较大；设备分散，维护管理不便且上区供水受到下区限制，供水可靠性差。适用于允许分区设置水箱的各类高层建筑和超高层建筑。

15.2.2.5 分区并联给水方式

该系统中，分区设置了水箱和水泵，水泵集中布置在地下室或专用设备层。该供水方式各区独立运行，互不干扰，供水安全可靠；水泵集中布置，便于管理；能源消耗合理。但管材消耗较多，造价偏高；水泵型号较多，管理较复杂；投资较多；水箱占用上层建筑的面积较多。

该供水方式适用于允许分区设置水箱的各类高层建筑。

15.2.2.6 分区水箱减压方式

该系统中，整栋高层建筑用水由底层水泵统一加压，利用各区水箱减压供下区用水。该供水系统设备及管道较简单，投资较省；设备布置较集中，维护管理方便。但最高层总水箱容积大，增加结构的负荷；管道的管径加大；能源消耗较大；供水的安全性、可靠性较差。该供水方式适用于允许分区设水箱，电力供应充足且电价较低的地区的各类高层建筑。

15.2.2.7 分区减压阀减压给水方式

该系统由水泵统一加压，仅在顶层设置水箱，下区供水利用减压阀减压。该方式供水可靠；设备及管材较少，投资省；设备布置集中，便于维护管理；不占用建筑上层使用面积。但下层供水压力消耗较大，能源消耗较大。适用于电力供应充足、电价较低地区的各类高层建筑。

15.2.2.8 分区无水箱减压给水方式

该系统各区设置变速水泵或多台水泵并联，根据水泵出水量或水压调节水泵转数或运行台数。该供水方式供水较可靠；水泵布置集中，便于维护管理；不占建筑上层使用面积；能源消耗较省。但水泵型号及台数较多，投资较大，水泵控制及调节较麻烦，适用于各种类型的高层工业与民用建筑。

设计时可根据具体情况采用其中某种方式或几种方式的综合，经济合理地确定给水方式。

15.2.3 给水管网布置方式

给水管道的布置按供水可靠程度要求可分为枝状和环状两种形式，一般建筑内给水管网宜采用枝状布置。按水平干管的敷设位置又可分为上行下给、下行上给、中分式和环状式四种形式。

上行下给式供水是指供水干管设在该分区的上部技术夹层或顶层天花板下、吊顶内，上接自屋顶水箱或分区水箱，下连各给水立管，由上向下供水。该方式适用于设置高位水箱的高层住宅与公共建筑和地下管线较多的工业厂房。

下行上给式供水干管设在该分区的下部技术夹层、室内管沟、地下室顶棚或该分区底层下的吊顶内，由下向上供水。该方式适用于利用室外给水管网水压直接供水的工业与民用建筑。

中分式是指水平干管在中间技术层内或中间某吊层内，由中间向上、下两个方向供水，适用于屋顶用作露天茶座、舞厅或设有中间技术层的高层建筑。

水平供水干管或配水立管互相连接成环，称为环状式。适用于供水安全性要求严格的高层建筑和高层建筑消防管网。

同一幢建筑的给水管网也可同时兼有以上两种形式。

15.3 给水管道的布置与敷设

15.3.1 管道布置

（1）确保供水安全并力求经济合理

为了让管路简短、少拐弯，以减少工程量，降低造价，管道应尽可能沿墙、梁、柱直线敷设。其中干管应布置在用水量大或不允许间断供水的配水点附近，以利于供水安全，减少流程中不合理的转输流量，节省管材。

对于不允许间断供水的建筑，应从室外环状管网不同管段，设2条或2条以上引入管，在室内将管道连成环状或贯通状双向供水。如条件不可能达到，可采取设贮水池（箱）或增设第二水源等安全供水措施。

（2）保护管道不受损坏

埋地敷设管道应避免布置在可能受重物压坏处。管道不得穿越生产设备基础，也不宜穿过伸缩缝、沉降缝，在特殊情况下必须穿过，应采取保护措施，如设置补偿管道伸缩和剪切变形的装置。管道不允许布置在烟道、风道、电梯井、排水沟内，不允许穿大、小便槽，且立管离大、小便槽端部不得小于 0.5 m。给水管道不宜穿越橱窗、壁柜。

（3）不影响生产和建筑物的使用

室内给水管道布置，不得穿越变配电房、电梯机房、通信机房、大中型计算机房、计算机网络中心、音像库房等遇水会损坏设备或引发事故的房间；不得在生产设备、配电柜上方通过；不得妨碍生产操作、交通运输和建筑物的使用。给水管道穿越人防地下室时，应按现行国家标准《人民防空地下室设计规范》（GB 50038—2005）的要求采取防护密闭措施。

（4）便于安装维修

布置管道时其周围要有一定的空间，给水管道与其他管道和建筑结构的最小间距见《建筑给水排水设计标准》（GB 50015—2019）。需进入检修的管道井，其通道不宜小于 0.6 m，管道井应每层设外开检修门。管道井的井壁和检修门的耐火极限和管道井的竖向防火隔断应符合现行国家标准《建筑设计防火规范》（GB 50016—2014）的规定。

15.3.2 管道敷设

给水管道的敷设有明装、暗装两种形式。

明装给水管道尽量沿墙、梁、柱平行敷设，其中塑料管道宜采用暗装的形式。暗装给水横干管除直接埋地外，宜敷设在地下室、顶棚、管沟内；立管可敷设在管井中；支管可敷设在吊顶、楼（地）面的垫层内或沿墙敷设在管槽内。

给水管与其他管道同沟或共架敷设时，宜设在排水管、冷冻管上面，热水管或蒸汽管下面，具体要求详见《建筑给水排水设计标准》（GB 50015—2019）。

引入管进入建筑内有两种情况。在地下水位高的地区,引入管穿地下室外墙或基础时应采取防水措施,如设防水套管。室外埋地引入管要防止地面活荷载和冰冻的破坏,其管顶覆土厚度不小于 0.7 m,并应敷设在冰冻线以下 20 cm 处。建筑内埋地管在无活荷载和冰冻影响时,其管顶离地面高度不宜小于 0.3 m。

给水横干管宜有 0.002～0.005 的坡度,坡向泄水装置。

管道应采取防震隔音、防冻、防结露等措施。

敷设在垫层或墙体管槽内的给水支管的外径不宜大于 25 mm。

敷设在垫层或墙体管槽内的给水管管材宜采用塑料、金属与塑料复合管材或耐腐蚀的金属管材。

敷设在垫层或墙体管槽内的管材,不得采用可拆卸的连接方式;柔性管材宜采用分水器向各卫生器具配水,中途不得有连接配件,两端接口应明露。

15.3.3　给水管材与附件

高层建筑生活给水常用管材:硬聚氯乙烯塑料管(UPVC)、交联聚乙烯管(PEX)、聚丙烯管(PP)、聚丁烯管(PB)、铝塑复合管、钢塑复合管、涂塑钢管等。卫生间采用铜管或不锈钢管。

控制附件:常用的有闸阀(用于 DN>50 mm 的管道环网上)、截止阀(用于 DN≤50 mm 的管道上)、球阀、蝶阀、旋塞阀、止回阀、减压阀、浮球阀等,材质一般与管材一样。

配水附件:配水龙头、淋浴器、混合水龙头等。

15.4　给水系统设计计算

15.4.1　设计流量计算

15.4.1.1　最高日生活用水量

建筑物最高日生活用水量按式(15-1)计算。

$$Q_d = \sum \frac{m q_d}{1000} \tag{15-1}$$

式中　Q_d——最高日生活用水量,m^3/d;

　　　m——设计单位数,人、床、病床、m^2 等;

　　　q_d——单位用水定额,L/(人・d)、L/(床・d)、L/(病床・d)、L/(m^2・d)。

综合性建筑应分别按不同建筑的用水定额计算各自的最高日生活用水量,然后将同时用水项目叠加,以用水量最大一组作为整个建筑的最高日生活用水量。

15.4.1.2 最大小时生活用水量

最大小时生活用水量应根据最高日（或最大班）生活用水量、使用时间和时变化系数计算。

$$Q_h = \frac{Q_d}{T} \times K_h \qquad (15\text{-}2)$$

式中 Q_h——最大小时生活用水量，m^3/h；

$\quad\quad Q_d$——最高日生活用水量，m^3/d；

$\quad\quad T$——每日（或最大班）使用时间，h；

$\quad\quad K_h$——时变化系数，见《建筑给水排水设计标准》(GB 50015—2019)。

15.4.1.3 生活给水设计秒流量

(1) 宿舍（居室内设卫生间）、旅馆、宾馆、酒店式公寓、门诊部、诊疗所、医院、疗养院、幼儿园、养老院、办公楼、商场、图书馆、书店、客运站、航站楼、会展中心、教学楼、公共厕所等建筑的生活给水设计秒流量，应按式(15-3)计算：

$$q_g = 0.2 \cdot \alpha \cdot \sqrt{N_g} \qquad (15\text{-}3)$$

式中 q_g——计算管段的生活给水设计秒流量，L/s；

$\quad\quad N_g$——计算管段的卫生器具给水当量总数；

$\quad\quad \alpha$——根据建筑物用途而确定的系数，按《建筑给水排水设计标准》(GB 50015—2019)确定。

① 计算中，如果计算值小于该管段上最大一个卫生器具的给水额定流量时，应采用最大一个卫生器具的给水额定流量作为设计秒流量。

② 如果计算值大于该管段上所有卫生器具给水额定流量叠加时，应以叠加流量作为设计秒流量。

③ 计算综合性建筑计算总管的设计秒流量，应用加权平均法确定总 α 值：

$$\alpha = \frac{a_1 N_{g1} + a_2 N_{g2} + \cdots + a_n N_{gn}}{N_g} \qquad (15\text{-}4)$$

式中 α——综合性建筑经加权平均法确定的总流量系数值；

$\quad\quad N_g$——计算管段的卫生器具给水当量总数；

$\quad\quad N_{g1}, N_{g2}, \cdots, N_{gn}$——综合性建筑各部门的卫生器具给水当量总数；

$\quad\quad a_1, a_2, \cdots, a_n$——相应于 $N_{g1}, N_{g2}, \cdots, N_{gn}$ 的设计秒流量系数值。

(2) 公共浴室、洗衣房、公共食堂、实验室、电影院、游泳池、仅设集中给水龙头的住宅、高级宾馆、饭店类高层建筑的生活给水设计秒流量按式(15-5)计算：

$$q_g = \sum q_0 n_0 b \qquad (15\text{-}5)$$

式中 q_g——计算管段的生活给水设计秒流量，L/s；

q_0——同类型的一个卫生器具给水定额流量,L/s;

n_0——同类型的卫生器具数量;

b——卫生器具的同时给水百分数,见《建筑给水排水设计标准》(GB 50015—2019)。

(3) 住宅类建筑生活设计秒流量

① 根据住宅配置的卫生器具给水当量、使用人数、用水定额、使用时数及小时变化系数,可按下式计算出最大用水时卫生器具给水当量平均出流概率:

$$U_0 = \frac{100q_L m K_h}{0.2 \cdot N_G \cdot T \cdot 3600} \quad (\%) \tag{15-6}$$

式中 U_0——生活给水管道的最大用水时卫生器具给水当量平均出流概率,%;

q_L——最高用水日的用水定额,L/(人·天);

m——每户用水人数;

K_h——小时变化系数;

N_G——每户设置的卫生器具给水当量数;

T——用水时数;

0.2——一个卫生器具给水当量的额定流量,L/s。

② 根据计算管段上的卫生器具给水当量总数,可按下式计算得出该管段的卫生器具给水当量的同时出流概率:

$$U = 100 \frac{1 + \alpha_c (N_g - 1)^{0.49}}{N_g} \quad (\%) \tag{15-7}$$

式中 U——计算管段的卫生器具给水当量同时出流概率,%;

α_c——对应于 U_0 的系数;

N_g——计算管段的卫生器具给水当量总数。

③ 根据计算管段上的卫生器具给水当量同时出流概率,可按式(15-8)计算该管段的设计秒流量:

$$q_g = 0.2 U N_g \tag{15-8}$$

式中 q_g——计算管段的设计秒流量,L/s。

注:给水干管有两条或两条以上具有不同最大用水时卫生器具给水当量平均出流概率的给水支管时,该管段的最大用水时卫生器具给水当量平均出流概率应按式(15-9)计算:

$$\overline{U}_0 = \frac{\sum U_{oi} N_{gi}}{\sum N_{gi}} \tag{15-9}$$

式中 $\overline{U}_0$——给水干管的卫生器具给水当量平均出流概率,%;

U_{oi}——支管的最大用水时卫生器具给水当量平均出流概率,%;

N_{gi}——相应支管的卫生器具给水当量总数。

15.4.2　建筑给水管网水力计算

15.4.2.1　计算内容

建筑给水管网的水力计算内容包括:确定给水管网各管段的管径;计算水头损失,复核水压是否满足最不利配水点的水压要求;选定加压装置及设置高度。

15.4.2.2　水力计算步骤与方法

水力计算步骤如下:

① 根据初定给水方式,绘制轴侧图,选择最不利点,确定计算管路。

② 以流量变化处为节点,进行节点编号,划分计算管段,并将设计管段长度列于水力计算表中。

③ 根据公式计算管段的设计秒流量。

④ 根据管段的设计秒流量,查相应水力计算表,确定管道管径和水力坡度,按式(15-10)计算管道的沿程水头损失。

$$h_y = i \times L \tag{15-10}$$

式中　h_y——管段的沿程水头损失,kPa;

i——管道单位长度的水头损失,kPa/m,可由相应水力计算表中查出;

L——计算管段的长度,m。

计算中给水管道水流速度一般按《建筑给水排水设计标准》(GB 50015—2019)要求采用。

⑤ 确定给水管网的局部水头损失,一般可按经验采用沿程水头损失的百分数估算。生活给水管网局部水头损失按沿程水头损失的25%～30%估算。

⑥ 计算给水管网总水头损失。

$$H_2 = (1.25 \sim 1.30) \sum h_y \tag{15-11}$$

式中　H_2——建筑内部给水管网沿程和局部水头损失之和,kPa;

h_y——管段的沿程阻力损失,kPa;

⑦ 选择水表,计算水表水头损失。

公称直径小于或等于50 mm时,采用旋翼式水表,当通过流量变化幅度很大时,采用复式水表。

当用水均匀时,按设计秒流量不超过水表的额定流量来决定水表的公称直径。当设计对象为生活和消防共用的给水系统时,应加上消防流量复核,使其总流量不超过水表的最大流量限量。

水流通过水表产生的水头损失可按式(15-12)计算:

$$H_B = \frac{Q_B^2}{K_B} \tag{15-12}$$

$$K_B = \frac{Q_{max}^2}{100} \quad \text{或} \quad K_B = \frac{Q_{max}^2}{10}$$

式中　H_B——水流通过水表产生的水头损失,kPa;

　　　Q_{max}——水表的最大流量,m³/h;

　　　Q_B——通过水表的设计秒流量,m³/h;

　　　K_B——水表的特征系数。

⑧ 确定建筑内部给水管网所需水压。在方案分析时,可按建筑层数确定居住区生活给水管网的最小服务水头确定建筑内部给水管网所需水压。即一层 100 kPa,二层 120 kPa,二层以上每层增加 40 kPa。

建筑内部给水管网所需水压也可按式(15-13)计算。

$$H = 10H_1 + P_2 + P_3 + P_4 + P_5 \tag{15-13}$$

式中　H——建筑给水引入管前所需水压,kPa;

　　　H_1——最不利配水点与引入管的标高差,m;

　　　P_2——建筑内部给水管网沿程和局部水头损失之和,kPa;

　　　P_3——水表的水头损失,kPa;

　　　P_4——最不利点配水点所需流出水头,kPa;

　　　P_5——富裕水头,一般按 100 kPa 计。

⑨ 根据服务水头与建筑内部给水管网所需水压 H 校核初定的给水方式。

15.4.3　选择生活水泵

(1) 流量

在生活(或生产)给水系统中,无水箱调节时,水泵流量按设计秒流量确定。有水箱调节时,水泵流量可按最大时流量确定。若水箱容积较大,并且用水量均匀,则水泵流量可按平均时流量确定。

(2) 扬程

水泵与室外给水管网间接连接,从水池抽水时,按式(15-14)确定。

$$H_b \geqslant H_1 + H_2 + H_3 \tag{15-14}$$

式中　H_b——水泵扬程,kPa;

　　　H_1——贮水池最低水位至配水最不利点或水箱进水口位置高度所需静水压,kPa;

　　　H_2——水泵吸水管和压水管的总水头损失,kPa;

　　　H_3——配水最不利点或水箱进水口所需的流出水头,kPa。

根据流量和扬程选择离心式水泵,当采用水泵-水箱供水方式时,选用离心式恒速泵,对于无水量调节设备的给水系统,可选用装有自动调速装置的离心泵。

15.4.4　贮水池计算

贮水池有效容积可按式(15-15)计算：

$$V \geqslant (Q_b - Q_L)T_b + V_x + V_s \tag{15-15}$$

式中　V——贮水池有效容积，m^3；

　　　Q_b——水泵出水量，m^3/h；

　　　Q_L——水池进水量，m^3/h；

　　　T_b——水泵最长连续运行时间，h；

　　　V_x——消防储备水量，m^3；

　　　V_s——安全备用水量，m^3。

当资料不足无法计算时，水池的生活调节水量可以按不小于建筑日用水量的20%~25%计。

贮水池应设进水管、出水管、溢流管、泄水管和水位信号装置，溢流管应比进水管大一级。其布置位置及配水设置均应满足水质防护要求。贮水池的设置高度应利于水泵抽水，且宜设深度不小于 1 m 的集水坑。容积大于 500 m^3 的贮水池应分为两座(格)，且两水池设连通管。

15.4.5　高位水箱计算

15.4.5.1　高位水箱有效容积

由城镇给水管网夜间直接进水的高位水箱的生活用水调节容积，宜按用水人数和最高日用水定额确定；由水泵联动提升进水的水箱的生活用水调节容积，不宜小于最大时用水量的50%。

水箱的设置高度(以底板面计)应满足最高层用户的用水水压要求；当达不到要求时，宜采取局部增压措施。

中间水箱的设置位置应根据生活给水系统竖向分区、管材和附件的承压能力、上下楼层及毗邻房间对噪声和振动要求、避难层的位置、提升泵的扬程等因素综合确定。

生活用水调节容积应按水箱供水部分和转输部分水量之和确定；供水水量的调节容积，不宜小于供水服务区域楼层最大时用水量的50%；转输水量的调节容积，应按提升水泵 3~5 min 的流量确定；当中间水箱无供水部分生活调节容积时，转输水量的调节容积宜按提升水泵 5~10 min 的流量确定。

15.4.5.2　高位水箱设置高度

高位水箱设置高度，应使其最低水位的标高满足最不利点配水点、消火栓或自动喷水喷头的流出水头要求，按式(15-16)计算：

$$Z_x \geqslant Z_b + 0.1H_c + 0.1H_s \tag{15-16}$$

式中　Z_x——高位水箱最低水位的标高,m;

　　　Z_b——最不利点配水点、消火栓或自动喷水喷头的标高,m;

　　　H_c——最不利点配水点、消火栓或自动喷水喷头的流出水头,kPa;

　　　H_s——水箱出口至最不利点配水点、消火栓或自动喷水喷头的管道总水头损失,kPa。

对于储备消防用水的水箱,在满足消防出流水头有困难时,应采取设稳压泵或气压罐等措施满足消防要求。

16 建筑消防给水系统设计

16.1 消防给水方案的确定

16.1.1 消防给水系统的分类

（1）按消防给水的压力不同分类

按消防给水的压力不同，可分为高压和临时高压消防给水系统。其中临时高压消防给水系统在目前高层建筑中广泛采用。当室内消防用水量达到最大时，其水压应满足室内最不利点灭火设施的要求。

（2）按消防给水系统的服务范围大小分类

按消防给水系统的服务范围大小，可分为区域集中高压（或临时高压）消防给水系统和独立高压（或临时高压）消防给水系统。区域集中高压（或临时高压）消防给水系统是指数栋建筑共用一套消防供水设施集中供水，该系统便于管理，节省投资，适用于集中的高层建筑群。独立高压（或临时高压）消防给水系统为每栋建筑单独设置给水系统，该系统较前者更安全，但管理分散，投资高，适用于地震区人防要求较高的建筑物以及重要的建筑物。

（3）按消防给水系统灭火方式的不同分类

按消防给水系统灭火方式的不同，可分为消火栓给水系统和自动喷水灭火系统。

高层建筑中需同时设置消火栓给水系统和自动喷水灭火系统时，应优先选用两类系统独立设置方式。若有困难，可合用消防水泵，在自动喷水灭火系统报警阀进水口前将两类系统的管网分开设置。

16.1.2 消防给水方式

当消火栓给水系统中，消火栓栓口静压力超过 1.0 MPa，工作压力超过 2.4 MPa，自动喷水灭火系统中管网压力超过 1.2 MPa 时，报警阀工作压力大于 1.6 MPa，则需分区供水，否则消防给水系统压力过高。不论是分区或不分区的消防给水系统，若为高压消防给水系统，均不需设置水箱，由室外高压网直接供水；若为临时高压消防给水系统，为确保消防初期灭火用水，均需设高位水箱，水箱的设置高度应满足最不利喷头处工作压力不低于 0.1 MPa 和建筑高度不超过 100 m，最不利点消火栓静水压不低于 0.07 MPa 或建筑高度超过 100 m，最不利点消火栓静水压不低于 0.15 MPa 的要求。

16.1.3　室外消防给水系统

室外消防给水系统由水源、室外消防给水管道、消防水池和室外消火栓组成。

室外消防给水管道应布置成环状,其进水管不宜少于两条,并宜从两条市政给水管道引入,当其中一条进水管发生故障时,其余进水管应仍能保证全部用水量。

高层建筑应设消防水池,市政给水管道和进水管或天然水源不能满足消防水量。消防水池的补水时间不宜超过 48 h,但当消防水池有效总容积大于 2000 m³ 时可延长至 96 h。火灾延续时间应按 3.00 h 计算,其他高层建筑可按 2.00 h 计算。自动喷水灭火系统可按火灾延续时间 1.00 h 计算。消防水池的总容量超过 500 m³ 时,应分成两个能独立使用的消防水池。

取水口或取水井与被保护高层建筑的外墙距离不宜小于 15.00 m,并不大于 100 m。寒冷地区的消防水池应采取防冻措施。每个消火栓的用水量不应小于 15 L/s。

室外消火栓应沿高层建筑均匀布置,消火栓距高层建筑外墙的距离不宜小于 5.00 m,距路边的距离不宜小于 0.5 m,不宜大于 2.00 m。在该范围内的市政消火栓可计入室外消火栓的数量。室外消火栓宜采用地上式,当采用地下式消火栓时,应有明显标志。

16.1.4　室内消火栓给水系统

16.1.4.1　消火栓给水系统的组成

室内建筑消火栓给水系统一般由水枪、水带、消火栓、消防管道、消防水池、高位水箱、水泵结合器及增压水泵等组成。

16.1.4.2　室内消火栓给水系统的给水方式

(1)室内消火栓给水系统分类

① 按系统可分为:室内外合用消火栓系统、室内独立消火栓系统。高层建筑和消防时系统最大工作压力超过 0.6 MPa 的其他建筑,应采用独立消火栓系统。

② 按给水方式可分为:分区、不分区两种给水方式。消火栓栓口静压力不应超过 1.0 MPa,当大于 1.0 MPa 时,应采用分区供水。分区的供水方式中又有串联分区和并联分区两种方式。

③ 按给水压力可分为:高压消火栓系统和临时高压消火栓系统。

④ 按服务范围可分为:独立消火栓系统和区域集中消火栓系统,前者适用于区域内独个或分散的高层建筑,后者适用于集中的高层建筑群。

(2)室内消火栓给水系统给水方式的选择

正确选择给水方式是高层建筑消火栓给水系统设计的关键。消火栓系统的给水方式有多种形式,高层建筑室内消火栓给水系统常用并联式给水,超高层建筑室内消火栓给水系统常用串联式给水,设计时应通过方案比较选定。

对于高层建筑(建筑高度大于 50 m)和超高层建筑(建筑高度大于 100 m)的消火栓给水系统设计,应进行竖向分区,保证消火栓栓口静压力不超过 1.0 MPa。

室内消火栓系统采用并联分区给水方式,具有水泵布置相对集中,管理方便,安全可靠等优点。缺点是高区水泵扬程较高,需用耐高压管材与管件,高区在消防车供水压力不够时,高区的水泵结合器将失去作用。一般适用于分区不多的高层建筑。

室内消火栓系统采用串联分区给水方式,不需采用耐高压管材、管件与水泵,可通过水泵结合器并经各转输泵向高区送水灭火,供水可靠性较好。缺点是水泵分散在各层,管理不便,水泵安全可靠性较差。一般适用于建筑高度大于 100 m,消火栓给水分区大于 2 区的超高层建筑。

16.1.4.3　室内消防管网的布置

室内消防给水管道应采用阀门分成若干独立段。阀门的布置,应保证检修管道时关闭消火栓不多于 5 个。

消防竖管的布置,应能保证同层相邻两个消火栓的水枪的充实水柱同时达到被保护范围内的任何部位。十八层及十八层以下,每层不超过 8 户、建筑面积不超过 650 m² 的塔式住宅,当设两根消防竖管有困难时,可设一根竖管,但必须采用双阀双出口型消火栓。消防竖管管径不宜小于 100 mm。

裙房内消防给水管道的阀门布置可按现行的国家标准《建筑设计防火规范》(GB 50016—2014)的有关规定执行。

16.1.4.4　室内消火栓的布置

(1) 除无可燃物的设备层外,高层建筑和裙房的各层均应设室内消火栓。

(2) 消火栓应设在走道、楼梯附近等明显易于取用的地点,消火栓的间距应保证同层任何部位都有两个消火栓的水枪充实水柱能同时到达。

(3) 消火栓的水枪充实水柱应通过水力计算确定,高层建筑、厂房、库房和室内净空高度超过 8 m 的民用建筑等场所,消火栓栓口动压不应小于 0.35 MPa,且消防水枪充实水柱应按 13 m 计算;其他场所,消火栓栓口动压不应小于 0.25 MPa,且消防水枪充实水柱应按 10 m 计算。

(4) 消火栓的间距应由计算确定,消火栓按 2 支消防水枪的 2 股充实水柱布置的建筑物,消火栓的布置间距不应大于 30.0 m;消火栓按 1 支消防水枪的 1 股充实水柱布置的建筑物,消火栓的布置间距不应大于 50.0 m。

(5) 消火栓栓口离地面高度宜为 1.1 m,栓口出水方向宜向下或与设置消火栓的墙面相垂直。

(6) 消火栓栓口的静水压力不应大于 1.0 MPa,当大于 1.0 MPa 时,应采取分区给水系统。消火栓栓口的出水压力大于 0.50 MPa 时,消火栓应设减压装置。

(7) 消火栓应采取同一型号规格。消火栓的栓口直径应为 65 mm,水带长度不应超过 25 m,水枪喷嘴口径不应小于 19 mm。

(8) 消防电梯间前室应设消火栓。

（9）高层建筑的屋顶应设一个装有压力显示器的检查用的消火栓。

16.1.5 自动喷水灭火系统

16.1.5.1 系统的组成

自动喷水灭火系统一般由水源、加压贮水设备、喷头、管网、报警装置等组成。

16.1.5.2 系统分类

自动喷水灭火系统按其保护对象可分为四类：闭式系统（湿式系统、干式系统、干湿式系统、预作用系统）、雨淋系统、水幕系统、水喷雾系统。

16.1.5.3 喷头的选用与布置

设计中采用闭式喷头，应严格按环境最高温度选用。

喷头的布置间距要求在保护的区域内任何部位发生火灾都能得到一定强度的水量。喷头的布置根据天花板、吊顶的装修要求一般可布置成正方形、长方形或菱形三种形式，喷头之间间距按《自动喷水灭火系统设计规范》（GB 50084—2017）要求选择。

除吊顶喷头及吊顶下安装的喷头外，直立型、下垂型标准喷头，其溅水盘与顶板的距离，不应小于 75 mm，且不应大于 150 mm。

喷头在门、窗、洞口处，距洞口上表面的距离不宜大于 15 cm，距墙面宜为 7.5～15 cm。

喷头与梁边或顶板底部突出物的最小间距，或与隔板、隔断水平间距具体见规范。

16.1.5.4 管道与报警阀的布置

（1）室内供水管道应布置成环状，其进水管不宜少于两条，当其中一条进水管发生故障时，其余进水管应仍能保证全部用水量和水压。

（2）每个自动喷水灭火系统，应增设水流指示器、压力开关等辅助电动报警装置。

（3）报警阀应竖直安装，距离地面宜为 1.2 m，设置在没有冰冻危险、管理维护方便的房间内。

（4）供水干管应设分隔阀门，设在便于维修的地方，并经常处于开启状态。

（5）自动喷水灭火系统应设水泵接合器，一般不宜少于 2 个。

（6）在自动喷水灭火系统报警阀后的管网与室内消火栓给水管网分开设置。

（7）自动喷水灭火系统设泄水装置。

（8）湿式和预作用自动喷水灭火系统的每个报警阀控制喷头数不宜超过 800 个。有排气装置的干式自动喷水灭火系统为 500 个。

（9）每根配水支管设置的喷头数为：中、轻危险建筑不应多于 8 个。在同一配水支管吊顶上下布置喷头时，其上下侧的喷头数不得多于 8 个。严重危险级建筑不应多于 6 个。

（10）每个报警阀组控制的最不利喷头处，应设末端试水装置，楼层的最不利喷头处设直径为 25 mm 的试水阀。

16.1.6 消防水箱

采用高压给水系统时,可不设高位消防水箱。当采用临时高压给水系统时,应设高位消防水箱。

高位消防水箱的消防储水量,一类高层公共建筑,不应小于 36 m³,但当建筑高度大于 100 m 时,不应小于 50 m³,当建筑高度大于 150 m 时,不应小于 100 m³;多层公共建筑、二类高层公共建筑和一类高层住宅,不应小于 18 m³,当一类高层住宅建筑高度超过 100 m 时,不应小于 36 m³;二类高层住宅,不应小于 12 m³;建筑高度大于 21 m 的多层住宅,不应小于 6 m³;工业建筑室内消防给水设计流量当小于或等于 25 L/s 时,不应小于 12 m³,大于 25 L/s 时,不应小于 18 m³;总建筑面积大于 10000 m² 且小于 30000 m² 的商店建筑,不应小于 36 m³,总建筑面积大于 30000 m² 的商店,不应小于 50 m³。

高位消防水箱的设置高度应保证最不利点消火栓和喷头静水压力。当高位消防水箱不能满足上述静压要求时,应设增压设施。

并联给水方式的分区消防水箱容量应与高位消防水箱相同。

16.1.7 消防水泵

消防给水系统应设置备用消防水泵,其工作能力不应小于其中最大一台消防工作泵。

一组消防水泵,吸水管不应少于两条,当其中一条损坏或检修时,其余吸水管仍能通过全部水量。

消防水泵应设不少于两条的供水管与环状网连接。

16.1.8 增压设施

发生火灾的 5 min 内由屋顶消防水箱供水,当消防水箱的安装高度不能满足最不利层最远处喷头和最不利消火栓所需水压时应设置增压设施,一般采用稳压泵或气压给水设备。对增压泵,其出水量应满足一个消火栓用水量;气压给水设备的气压水罐其调节水量为两支水枪和四个喷头 30 s 的用水量。为保证供水安全,消火栓和自动喷洒系统分别设置增压系统。

16.1.9 水泵接合器

室内消火栓给水系统和自动喷水灭火系统应设水泵接合器。

水泵接合器的数量应按室内消防用水量经计算确定,每个水泵接合器的流量应按 10～15 L/s 计算。

消防给水为竖向分区供水时,在消防车供水压力范围内的分区,应分别设置水泵接合器。水泵接合器应设在室外便于消防车使用的地点,距室外消火栓或消防水池的距离宜为

15～40 m。水泵接合器宜采用地上式。

16.1.10　消防给水管材和附件

（1）管材

室外埋地管一般采用给水铸铁管。

消火栓管道一般采用无缝钢管、热镀锌钢管、焊接钢管。当压力超过 1.0 MPa 时，应采用无缝钢管和热镀锌无缝钢管。

自动喷水管道采用内外壁热镀锌钢管。报警阀入口前管道可采用内壁不防腐的钢管，但在该管段的末端设置过滤器。

系统管道的连接应采用沟槽式连接件（卡箍）或丝扣、法兰连接。报警阀前采用内壁不防腐的钢管时，可采用焊接连接。

（2）管道附件

管道附件主要有各种阀门（止回阀、安全信号阀、报警阀、安全阀、减压阀和自动排气阀）、水流指示器、检验装置、节流装置、水泵接合器。

16.2　消火栓消防给水系统设计计算

16.2.1　消火栓消防给水系统用水量计算

室内消火栓用水量应根据同时使用水枪数量和充实水柱长度计算确定，但不应小于《消防给水及消火栓系统技术规范》（GB 50974—2014）中相关要求中的规定。

16.2.2　水枪的充实水柱长度

水枪灭火时，水枪的上倾角度一般不宜超过 45°，最不利条件下也不宜超过 60°。充实水柱长度可按式（16-1）计算确定。

$$H_m = \frac{H_1 - H_2}{\sin 45°} \quad 或 \quad H_m = \frac{H_1 - H_2}{\sin 60°} \tag{16-1}$$

式中　H_m——水枪充实水柱的长度，m；

　　　H_1——室内最高着火点离地面高度，m；

　　　H_2——水枪喷嘴离地面高度，m，一般取 1 m。

高层建筑、厂房、库房和室内净空高度超过 8 m 的民用建筑等场所，消火栓栓口动压不应小于 0.35 MPa，且消防水枪充实水柱应按 13 m 计算；其他场所，消火栓栓口动压不应小于 0.25 MPa，且消防水枪充实水柱应按 10 m 计算。

16.2.3 水枪喷口压力

水枪喷口压力与充实水柱之间的关系如式(16-2)：

$$H_q = \frac{\partial_f \cdot H_m}{1 - \partial_f \cdot \phi \cdot H_m}$$ (16-2)

式中　H_q——水枪喷口压力，kPa；

ϕ——与水枪喷口直径有关的系数，见《建筑给水排水设计手册》；

∂_f——实验系数，见《建筑给水排水设计手册》；

H_m——充实水柱长度，m。

16.2.4 水枪喷射流量

水枪射流量与喷嘴压力的关系式如式(16-3)：

$$q_{xh} = \sqrt{B \times H_q}$$ (16-3)

式中　q_{xh}——水枪射流量，L/s；

B——水流特性系数，见《建筑给水排水设计手册》；

H_q——水枪喷嘴造成某充实水柱所需压力，kPa。

16.2.5 水龙带水头损失

$$h_d = A_z L_d q_{xh}^2$$ (16-4)

式中　h_d——水龙带的水头损失，kPa；

A_z——为水龙带的阻力系数，见《建筑给水排水设计手册》；

L_d——水龙带长度，m；

q_{xh}——水枪射流量，L/s。

16.2.6 消火栓口所需水压

$$H_{xh} = H_q + h_d$$ (16-5)

式中　H_{xh}——消火栓口所需水压，kPa；

H_q、h_d——见式(16-2)、式(16-4)。

16.2.7 消防给水管网的水力计算

消防给水管网的水力计算方法与给水管网相似，应保证室内最不利点所需的消防水量与水压。水力计算中应满足以下几点：

① 消防管内水流速度不超过 2.5 m/s。

② 消防竖管宜采用统一的管径、消火栓栓口直径，统一规格的水带直径和水枪口径。

③ 管网压力损失按室内消防用水量达到最大时进行计算，最不利点消防竖管和消火栓流量分配应符合《建筑给水排水设计手册》中规定。

④ 消防竖管管径不应小于 100 mm。

管网水头损失按式(16-6)计算：

$$H_g = 1.1 \sum iL \tag{16-6}$$

式中　H_g——管网的水头损失，kPa；

　　　i——单位长度水头损失，kPa/m；

　　　L——计算管路的长度，m；

　　　1.1——水头损失系数，局部水头损失按沿程损失的 10% 计。

16.2.8　水箱容积及高度的确定

16.2.8.1　水箱容积

消防水箱的贮水量应按建筑物的 5 min 室内消防用水总量进行计算。

消防水箱贮水量为：

① 一类高层公共建筑，不应小于 36 m³，但当建筑高度大于 100 m 时，不应小于 50 m³，当建筑高度大于 150 m 时，不应小于 100 m³。

② 多层公共建筑、二类高层公共建筑和一类高层住宅，不应小于 18 m³，当一类高层住宅建筑高度超过 100 m 时，不应小于 36 m³；二类高层住宅，不应小于 12 m³。

③ 建筑高度大于 21 m 的多层住宅，不应小于 6 m³；工业建筑室内消防给水设计流量当小于或等于 25 L/s 时，不应小于 12 m³，大于 25 L/s 时，不应小于 18 m³。

④ 总建筑面积大于 10000 m² 且小于 30000 m² 的商店建筑，不应小于 36 m³，总建筑面积大于 30000 m² 的商店建筑，不应小于 50 m³。

16.2.8.2　水箱高度

消防水箱的高度可按式(16-7)进行计算：

$$H = H_q + h_d + H_g \tag{16-7}$$

式中　H——水箱与最不利点消火栓之间的垂直高度，m；

　　　H_q——水枪喷口所需水压，kPa，见式(16-2)；

　　　h_d——水龙带的水头损失，kPa，见式(16-4)；

　　　H_g——管网的压力损失，kPa。

当水箱安装高度不能保证室内最不利点消防设备的水压要求时，应该设置气压给水设备或稳压泵。

16.2.9 消防水泵

消防水泵流量按室内消火栓消防用水量选定。

消防水泵的扬程按下式计算：

$$H_b = H_q + h_d + H_g + h_z \tag{16-8}$$

式中　H_b——消火栓泵的扬程，kPa；

H_q——最不利点消防水枪喷嘴所需水压力，kPa；

h_d——消防水带的水头损失，kPa；

H_g——管网的水头损失，kPa；

h_z——消防水池水面与最不利点消火栓之压力差，kPa。

16.2.10 消火栓减压

由于高低层消火栓所受水压不同，实际出水量相差较大。当消火栓栓口出水压力大于 0.50 MPa 时，消火栓处应设减压装置，使消火栓的实际出水量接近设计出水量。一般采用减压孔板或采用减压稳压消火栓。

各层消火栓处的剩余水头值可按下式计算：

$$H_s = H_b - (Z + h_{sb} + \sum h + H_{xh}) \tag{16-9}$$

式中　H_s——计算层消火栓处的剩余水头值，kPa；

H_b——消防水泵扬程，kPa；

Z——消防水池最低水位或消防水泵与室外给水管网连接点至消火栓口垂直高度所要求的静水压，kPa；

h_{sb}——通过消防流量时，水表的水头损失，kPa；

$\sum h$——消防水池或外网吸水送至计算层消火栓的消防管道沿程和局部水头损失之和，kPa；

H_{xh}——消火栓栓口处所需水压，kPa。

根据修正剩余水头值 H' 和消火栓管径 D，查相应计算表选择所需孔板孔径。

其中修正剩余水头值

$$H' = \frac{H}{v^2} \times 1 \text{ m/s} \tag{16-10}$$

式中　H'——流速 1 m/s 时的剩余水头值，kPa；

v——水流通过孔板后实际流速，m/s；

H——设计剩余水头，kPa。

16.2.11　消防水泵接合器

水泵接合器的数量按室内消防用水量计算,每个水泵接合器的流量按 10～15 L/s 计算,采取分区给水的高层建筑,每个分区的给水管网应分别设置水泵接合器。

16.3　闭式自动喷水灭火系统的设计计算

16.3.1　基本设计数据

闭式自动喷水灭火系统的设计,应保证建筑物的最不利点喷头有足够的喷水强度,见《自动喷水灭火系统设计规范》(GB 50084—2017)。

16.3.2　水力计算

(1) 喷头出水量

喷头公称直径为 25 mm 时,喷头出水量:

$$q = K \cdot \sqrt{10P} \tag{16-11}$$

式中　q——喷头出水量,L/min;

　　　P——喷头处水压,MPa;

　　　K——喷头流量系数,玻璃喷头 $K = 80$。

(2) 系统的设计流量

系统的设计流量按最不利点处作用面积内喷头同时喷水的总流量确定:

$$Q_S = (1.15 \sim 1.30) \cdot Q_L \tag{16-12}$$

式中　Q_S——系统的设计流量,L/s;

　　　Q_L——理论流量值,喷水强度与作用面积的乘积,L/s。

(3) 管道流量计算

自动喷水灭火系统管道水力计算,目前有两种计算方法:作用面积法和特性系数法。

① 作用面积法

选定自动喷水灭火系统中最不利工作作用面积(以 F 表示)的位置,此作用面积的形状宜采用正方形或长方形,当采用长方形布置时,其长边应平行于配水支管,边长宜为 $1.2\sqrt{F}$。

在计算喷水量时,仅包括作用面积内的喷头。对于轻危险级和中危险级建筑物的自动喷水灭火系统,计算时可假定作用面积内每只喷头的水量相等,均以最不利点喷头喷水量取值,且应保证作用面积内的平均喷水强度不小于相关规范的规定,但其中任意 4 个喷头组成的保护面积内的平均喷水强度偏差范围应在相关规定数值的±20%内;对于严重危险级建筑物的自动喷水灭火系统,在作用面积内每只喷头的喷水量应按喷头处的实际水压计算确定,以保证作用面积内任意 4 个喷头的实际保护面积内的平均喷水强度不小于相关规范中的规定。作用面积选定后,从最不利点喷头开始,依此计算各管段的流量和水头损失,直至作用面积内最末一个喷头为止。以后各管段的流量不再增加,仅计算管道水头损失。

对仅在走道内布置 1 排喷头的情形,其水力计算无须按作用面积法进行。无论此排管道上布置有多少个喷头,计算动作喷头数每层最多按 5 个计算。

② 特性系数法

特性系数法是从最不利点的喷头开始,沿程计算各喷头压力、流量和管段累计流量、水头损失,直到达到设计流量为止。在此后的计算中,流量不再增加,仅计算沿程和局部水头损失。设计计算步骤如下:

a. 选择最不利计算管路,对计算节点标号,确定最不利喷头压力 H_1(高层为 10 mH$_2$O)。

b. 计算喷头出水流量:$q_1=\sqrt{BH_1}$,喷头 1~2 间管段流量 $Q_{12}=q_1$,由 Q_{12} 计算喷头 1~2 间管段水头损失:$h_{1-2}=AL_{1-2}Q_{1-2}^2$,计算喷头 2 的压力:$H_2=H_1+h_{1-2}$,喷头 2 出水流量:$q_2=\sqrt{BH_2}$,依此类推,可计算喷头流量和计算管段流量与水头损失。

c. 当不同方向计算至同一点出现不同压力时,按管系特性系数法求低压管的设计流量。

由某管系流量总输出处(点)流量 $Q_{(n-1)\sim n}^2$ 及该处(点)流量所应具有的水压值 H_n,求该管系特性系数 B_g。

$$B_g=\frac{Q_{(n-1)\sim n}^2}{H_n} \tag{16-13}$$

当该管在另一水压 H_n' 作用下,即可由已知的管系特性系数 B_g 求此时的管系流量 $Q_{(n-1)\sim n}'$。

$$Q_{(n-1)\sim n}'=\sqrt{B_gH_n'}=Q_{(n-1)}\sqrt{\frac{H_n'}{H_n}} \tag{16-14}$$

d. 接出分支管处节点输出流量为相连管段流量之和,依此类推,直到达到设计流量为止。

(4) 水压与管道流速

水压:最不利喷头的工作压力一般为 0.1 MPa(10 mH$_2$O),最小不应小于 0.05 MPa(5 mH$_2$O)。

管内流速,钢管一般不大于 5 m/s,特殊情况下不应超过 10 m/s。为了计算简便,可采用下面式子校核流速是否超过允许值,即:

$$V=K_0Q \tag{16-15}$$

式中 V——管道流速,m/s;

K_0——流速系数,m/L;见《建筑给水排水设计手册》;

Q——管道流量,L/s。

（5）管道水头损失计算

① 沿程水头损失

$$h = A \cdot L \cdot Q^2 \tag{16-16}$$

式中　h——沿程水头损失，MPa；

　　　A——管道比阻值，见《建筑给水排水设计手册》；

　　　L——计算管道长度，m；

　　　Q——管道流量，L/s。

② 局部水头损失

局部水头损失按沿程水头损失的 20% 计。

③ 报警阀压力损失 H_k

$$H_k = S_k Q^2 \tag{16-17}$$

式中　H_k——报警阀压力损失，kPa；

　　　S_k——报警阀的阻力系数；湿式报警阀，DN = 100，S_k = 0.00302，DN = 150，S_k = 0.000869；

　　　Q——通过报警阀的流量，L/s。

16.3.3　喷淋泵的选择

（1）特性系数法：

系统设计秒流量：$Q = \sum_{1}^{n} q_i$

喷淋泵扬程按式（16-18）计算：

$$H_{Pb} = H_P + H_{Pi} + \sum h_P + 0.001 H_k \tag{16-18}$$

式中　H_{Pb}——喷淋泵扬程，m；

　　　H_P——最不利点喷头压力，m；

　　　H_{Pi}——最不利点喷头与贮水池之间垂直几何高度，m；

　　　$\sum h_P$——管网中计算管路总水头损失，m；

　　　H_k——报警阀压力损失，m。

（2）作用面积法

系统设计秒流量：$Q = nq$

喷淋泵扬程按式（16-19）计算：

$$H_{Pb} = H_P + H_{Pi} + \sum h_P + 0.001 H_k + 0.05 \tag{16-19}$$

式中　H_{Pb}——喷淋泵扬程，m；

　　　H_P——最不利点喷头压力，m；

　　　H_{Pi}——最不利点喷头与贮水池之间垂直几何高度，m；

　　　$\sum h_P$——管网中计算管路总水头损失，m；

　　　H_k——报警阀压力损失，kPa。

17　建筑热水系统设计

17.1　建筑热水供应系统形式及选择

17.1.1　热水系统的分类

高层建筑热水供应系统可根据建筑物类型、规模、热源设置方式、管网布置、用水要求等不同情况进行分类。

17.1.1.1　按热水供应系统的范围分

(1) 局部热水供应系统：适用于用水点较少且分散的建筑。
(2) 集中热水供应系统：适用于供水规模较大的一幢或几幢建筑。

17.1.1.2　按加热设备的设置方式分

(1) 加热器集中设置的分区供水系统：适用于建筑高度在 100 m（约 30 层）以下的高层民用建筑。
(2) 加热器分散设置的分区供水系统：适用于超高层建筑（20 层及以上建筑）。

17.1.1.3　按热水管网的布置不同分

(1) 下行上给式热水循环系统：适用于供水区下部有地下室、设备层或技术夹层可以利用，或者顶层不允许布置管道的建筑中。此种系统，供回水管道集中设置，便于管理，但管道工程造价较高。
(2) 上行下给式热水循环系统：适用于供水区域上部有可利用的设备层、技术夹层或吊顶，或者顶层可以布置管道的建筑中。此种系统，管道简单，工程造价相对较低。

17.1.2　系统方式的选择

高层建筑为保证用户对热水水量、水温、水压、水质的要求，在供水方式选择时要考虑以下方面：
① 系统的竖向分区。要保证与冷水供水分区一致，并且热水系统的水源由相应各区的冷水系统供给。用水量较大的底层或地下室及用水制度不同的用户（如厨房、公共浴室、洗

衣房)一般设计成独立的或与低区合并的热水供应系统,以便控制和管理。

② 根据建筑类型及规模,用水点的分布情况,有无吊顶、地下室、技术夹层和设备层可以利用等,选择合适的管道铺设方式,保证整个供应系统运行安全、投资省、能耗低。

③ 高层建筑热水供应宜设置成全循环供水系统,而且各回路尽量采用同程式。

④ 热水系统设计时,要考虑系统排气、管道热胀冷缩等问题。

⑤ 根据水质硬度,确定是否设置软化水处理设备。

⑥ 热媒的选择。热源可利用城市热网或自备锅炉,经热交换设备的换热处理供给建筑内的各用水点。

17.2 建筑热水供应系统设计计算

17.2.1 用水量计算

热水用水量计算方法有两种。

(1) 根据热水用水定额和用水计算单位按式(17-1)进行计算

$$Q_h = K_h m q_r / T \qquad (17-1)$$

式中　Q_h——最大小时热水用量,L/h;

　　　q_r——热水用水定额,按《建筑给水排水设计标准》(GB 50015—2019)确定;

　　　m——用水计算单位数(人数或床数);

　　　T——一天内热水供应的时间,h;

　　　K_h——热水小时变化系数,全日供热水时按《建筑给水排水设计标准》(GB 50015—2019)确定。

(2) 根据供应热水的卫生器具及小时用水量同时使用百分数计算

$$Q_h = \sum q_h n_0 b / 100 \qquad (17-2)$$

式中　Q_h——最大小时热水用水量,L/h;

　　　q_h——卫生洁具小时热水定额,L/h,按《建筑给水排水设计标准》(GB 50015—2019)选用;

　　　n_0——同类型卫生洁具数;

　　　b——卫生洁具同时使用百分数:公共浴室和工业企业生活间、学校、剧院及体育馆(场)等,浴室内的淋浴器和洗脸盆均按 100% 计;旅馆客房卫生间内浴盆按 60%～70%,其他洁具不计;医院、疗养院的病房内卫生间的浴盆按 25%～50% 计,其他洁具不计;对于全日供应热水的住宅,每户设有浴盆时,仅计算浴盆的热水用水量,其他洁具的热水用水量不计。

由于用水计算单位数、卫生洁具小时热水用水定额、卫生洁具同时使用百分数等参数并无严格的数学关系,上述两种方法的计算结果可能并不一致,设计时可进行分析对比,选用合适的数据。建议宾馆、饭店等建筑选择式(17-1)计算,住宅、商住楼选择式(17-2)计算。

17.2.2　冷水量、热水量和混合水量换算关系

根据热水用水定额表查取单位用水量,其对应水温与所拟定的供水水温不同时,需要进行水量换算。

$$Q_r + Q_l = Q_h \tag{17-3}$$
$$Q_r = (t_h - t_l / t_r - t_h) Q_h \tag{17-4}$$

式中　　Q_r、Q_l、Q_h——分别为热水量(即热交换器的设计水量)、冷水量和混合水量,L/h;

　　　　t_r、t_l、t_h——分别为热水温度(热交换器出水温度)、冷水温度和混合水温度,℃。

17.2.3　热水耗热量计算

$$W = Q_h c_B (t_r - t_l) / T \tag{17-5}$$

式中　　W——设计小时耗热量,kJ/h;

　　　　Q_h——最大小时热水用量,L/h,可按式(17-1)或式(17-2)计算;

　　　　c_B——水的比热,热水供应系统中可取 4.19 kJ/(kg·℃);

　　　　t_r——热水温度,℃,根据用户需要,按《建筑给水排水设计标准》(GB 50015—2019)选用;

　　　　t_l——冷水温度,℃,可按《建筑给水排水设计标准》(GB 50015—2019)选用。

集中热水供应系统的水加热设备出水温度应根据原水水质、使用要求、系统大小及消毒设施灭菌效果等确定,并应符合下列规定:

① 进入水加热设备的冷水总硬度(以碳酸钙计)小于 120 mg/L 时,水加热设备最高出水温度应小于或等于 70 ℃;冷水总硬度(以碳酸钙计)大于或等于 120 mg/L 时,最高出水温度应小于或等于 60 ℃。

② 系统不设灭菌消毒设施时,医院、疗养所等建筑的水加热设备出水温度应为 60~65 ℃,其他建筑水加热设备出水温度应为 55~60 ℃;系统设灭菌消毒设施时,水加热设备出水温度均宜相应降低 5 ℃。

③ 配水点水温不应低于 45 ℃。

17.2.4　容积式热交换器计算

高层建筑为保证供水水温稳定,大多采用容积式热交换器,其计算内容包括热交换器容积和加热盘管面积的确定。

17.2.4.1　容积计算

(1) 工业企业淋浴室热水贮水器的有效容积,可按贮热量不小于 30 min 的设计小时耗

热量计算,即

$$V \geqslant 0.5\beta W/(t_r - t_l)C_B \tag{17-6}$$

式中　V——热水贮水器的有效贮水容积,L(近似计算可取 1 L 等于 1 kg);

　　　W——设计小时耗热量,kJ/h;

　　　β——附加系数,立式容积式水加热器取 1.1,卧式容积式水加热器取 1.20~1.25;

　　其余符号意义同上。

(2)住宅、旅馆、医院、集体宿舍和公共浴室,热水贮水器有效容积按不小于 45 min 设计小时耗热量计算,即

$$V \geqslant 0.75\beta W/(t_r - t_l)C_B \tag{17-7}$$

式中符号意义同上。

17.2.4.2　加热盘管两个设计参数的计算

(1)盘管加热面积

$$F = W/\varepsilon K \Delta t_j \tag{17-8}$$

式中　F——盘管的加热面积,m^2;

　　　W——设计小时供热量,kJ/h,为式(17-5)计算结果;

　　　ε——由于水垢和热媒分布不均匀影响传热效率的系数,一般采用 0.6~0.8;

　　　K——盘管传热系数,根据蒸汽的绝对压力按《建筑给水排水设计标准》(GB 50015—2019)选用;

　　　Δt_j——热媒和被加热水的计算温差,℃,按照下式计算:

$$\Delta t_j = (t_{mc} + t_{mz})/2 - (t_c + t_z)/2 \tag{17-9}$$

式中　t_{mc}、t_{mz}——热媒的初温和终温,℃;

　　　t_c、t_z　——分别是被加热水的初温和终温,℃,即冷水和循环水的混合水水温及加热器出口处的水温,则 $t_c \approx t_l$,$t_z = t_r$。

(2)盘管长度

$$L = F/\pi D \tag{17-10}$$

式中　F——盘管的加热面积,m^2;

　　　D——盘管外径,m;

　　　L——盘管长度,m。

根据加热器的设计容积和加热面积选择加热器型号,一般每个分区宜选择两台,不考虑备用,要考虑热交换器具有适应相应热媒变化的功能。

17.2.5　热水系统管网计算

热水系统管网计算包括热水配水管网计算、热水循环管网计算和热媒管网计算。

17.2.5.1 热水配水管网计算

目的:确定配水管网各管段管径、计算管路的水头损失、选择相关设备及附件。

(1)管网计算时应该注意问题

① 配水管网的计算方法、步骤同冷水给水管道。

② 热水系统最大小时热水用水量按式(17-1)或式(17-2)计算。

③ 热水管道的设计秒流量按冷水管道的设计秒流量公式计算。卫生器具的额定流量和当量值按相关规范中的一个阀开的数据进行热水管道水力计算。

④ 管道中水流速度不宜大于 1.5 m/s,当管径 $d \leqslant 25$ mm 时,流速宜采用 0.6~0.8 m/s。

⑤ 热水管道局部损失,不详细计算按沿程水头损失的 25%~30% 计算。

(2)水箱高度的校核

因热水配水管路较长,应按下列情况校核本区冷水补给水压是否满足要求。

①当水加热器冷水由本区冷水水箱补给时,校核水箱高度方法同冷水系统,水箱高度应满足:

$$H_r \geqslant h_2' + h_3' \tag{17-11}$$

式中　H_r——水箱最低水位距热水系统最不利点的安装高度,m;

　　　h_2'——水箱到水加热器再到热水系统最不利点的水头损失,mH_2O;

　　　h_3'——热水系统最不利配水点的流出水头,mH_2O。

最后应与冷水系统所需水箱最低水位相比较,选择最大值确定水箱的安装高度。

②当水加热器冷水由管网直接供给时,校核管网水压:

$$H_r = H_1' + H_2' + H_3' + H_B' \tag{17-12}$$

式中　H_r——由管网直接供给时热水管网所需的压力,mH_2O;

　　　H_1'——热水最不利点与引入管和城市管网的连接点之间的标高差,m;

　　　H_2'——引入管和城市管网的连接点至热水系统最不利配水点的水头损失,mH_2O;

　　　H_3'——最不利点的流出水头,m;

　　　H_B'——水表的水头损失,mH_2O。

(3)膨胀管的计算

开式热水系统中为解决热水膨胀问题通常设膨胀管。

膨胀管最小管径可根据《建筑给水排水设计标准》(GB 50015—2019)要求确定。

膨胀管高出水箱水面的垂直高度按下式计算

$$h = H(\gamma_l / \gamma_r - 1) \tag{17-13}$$

式中　h——膨胀管高出水箱水面的垂直高度,m;

　　　H——水加热器底部至水箱最高水位的垂直高度,m;

　　　γ_l, γ_r——分别为冷水、热水的相对密度,kg/m^3。

(4)闭式膨胀水箱计算

由外网直接供水的闭式热水系统,为解决热水系统膨胀问题通常设置闭式膨胀水箱。

① 膨胀水量计算为

$$\Delta V = (1/\gamma_l - 1/\gamma_r)V_b \tag{17-14}$$

式中　ΔV——闭式热水供应系统的膨胀水量，m^3；

　　　V_b——闭式热水供应系统的总容积，m^3；

　　　γ_l、γ_r 意义同前。

② 总容积计算：

$$V = \Delta V/(1 - P_1/P_2) \tag{17-15}$$

式中　V——闭式膨胀水箱总容积，m^3；

　　　P_1——闭式膨胀水箱所处位置的管内绝对压力，mH_2O；

　　　P_2——闭式膨胀水箱所处位置的管内最大允许绝对压力，mH_2O。可以按下式计算：

$$P_2 = P_1 + P_m \tag{17-16}$$

式中　P_m——系统容许增加的压力，mH_2O。可以按安全阀设定压力－0.1×安全阀设定压力－冷水进水管压力计算；

ΔV 采用式(17-14)的计算结果。最后根据闭式膨胀水箱容积及其所处位置的管内压力变化情况，参照《建筑给水排水设计标准》(GB 50015—2019)，选择闭式膨胀水箱型号。

（5）管道伸缩器计算

金属管道伸长量按式(17-17)计算

$$\Delta l = a(t_2 - t_1)l \tag{17-17}$$

式中　Δl——管道的热伸长量，mm；

　　　a——管道的线膨胀系数，$mm/(m \cdot ℃)$，铜管取 0.002 $mm/(m \cdot ℃)$，碳素钢管取 0.012 $mm/(m \cdot ℃)$；

　　　t_2——管道中热水最高温度，℃；

　　　t_1——管道铺设的周围空气温度，℃。

17.2.5.2　热水循环管网计算（高层建筑为保证供水水温采用机械循环）

（1）热水循环管网计算的目的

① 确定回水管管径，通过管道热损失计算确定管道循环流量。

② 根据循环流量、循环附加流量和循环水头损失来选择循环水泵。

（2）设计计算步骤

①确定回水管管径。热水配水管道的管径确定后，相应位置的回水管管道管径可按比其小1～2号取定，但最小管径不得小于 20 mm，详见《建筑给水排水设计标准》(GB 50015—2019)。

②计算各管段的节点水温。机械循环系统，配水管的允许温降采用5～10 ℃，各管段终点水温的计算公式为

$$t_z = t_c - M\Delta T/\sum M \tag{17-18}$$

$$M = L(1-\eta)/D \tag{17-19}$$

式中　ΔT—— 配水管网最大计算温降,℃;

　　　M—— 计算管段温降因素;

　　　$\sum M$—— 计算管段温降因素之和;

　　　L—— 计算管段长度,m;

　　　η—— 保温系数(不保温 $\eta=0$;简单的保温 $\eta=0.6$;较好的保温 $\eta=0.7\sim0.8$);

　　　D—— 管径,mm;

　　　t_z,t_c—— 分别是计算管段终点、起点水温,℃。

③ 计算各管段热损失

$$W = \prod DLK(1-\eta)\{(t_c+t_z)/2 - t_K\} = L(1-\eta)\Delta W \tag{17-20}$$

式中　W—— 计算管段的热损失,kJ/h;

　　　L—— 管道长度,mm;

　　　D—— 管道外径,mm;

　　　K—— 无保温时管道的传热系数,为 41.87~43.96 kJ/(h·m²·℃);

　　　t_K—— 管道周围空气温度,可查《建筑给水排水设计标准》(GB 50015—2019);

　　　ΔW—— 不保温时单位长度的热损失,kJ/(h·m),已知温差和管道直径时,可按《建筑给水排水设计标准》(GB 50015—2019)相关规定直接查得;

　　　η、t_c、t_z 意义同前。

④ 计算循环流量

管网总循环流量:

$$q_x = \sum M / C\Delta T \tag{17-21}$$

式中　q_x—— 管网总循环流量,L/h;

　　　$\sum M$—— 循环配水管网的总热损失,kJ/h;

　　　C—— 水的比热,取 4.19 kJ/(kg·℃);

　　　ΔT—— 加热器出口和循环配水管最不利计算点的总温降,机械循环系统取 $5\sim10$ ℃。

各管段循环流量:

$$q_{n+1} = q_n \sum W_{n+1} / \left(\sum W_{n+1} + \sum W'_n\right) \tag{17-22}$$

式中　q_n—— 流向节点的循环流量,L/h;

　　　q_{n+1}—— 流离节点正向分支管段的循环流量,L/h;

　　　$\sum W_{n+1}$—— 正向分支管段及其以后各循环配水管段热损失之和,kJ/h;

　　　$\sum W'_n$—— 侧向分支管段及其以后各循环配水管段热损失之和,kJ/h。

从加热器后的第一个节点开始,依次进行循环流量分配;对任一节点,流向该节点的各循环流量之和等于流离该节点的各循环流量之和;对任一节点,各分支管段的循环流量与其以后全部循环配水管道的热损失之和成正比。

⑤ 校核各管段的终点水温

$$t'_z = t_c - W/C \cdot q \qquad (17\text{-}23)$$

式中 t'_z——各管段计算终点水温,℃;

t_c——各管段起点水温,℃;

W——各管段的热损失,kJ/h;

q——各管段的循环流量,L/h;

C——水的比热,$C = 4.19$ kJ/(kg·℃)。

如果 t'_z 与原估算各管段终点水温 t_z 相差很大,应重复进行上述运算,即重新进行循环流量的分配。重复运算时,可假定各管段的终点水温为

$$t''_z = (t_z + t'_z)/2 \qquad (17\text{-}24)$$

⑥ 计算循环水头损失

已知流量、管径、流速,查热水水力计算表:

$$H = h_p + h_x = \sum RL + \sum \zeta \nu 2\gamma / 2g \qquad (17\text{-}25)$$

式中 H——最不利计算环路的总水头损失,mmH$_2$O,当损失较大时,H 按沿程损失附加 1.25～1.30 计,否则需详细计算;

h_p——循环流量通过配水环路的水头损失,mmH$_2$O;

h_x——循环流量通过回水管路的水头损失,mmH$_2$O,当沿程损失较大时,h_x 也可按沿程损失的 25%～30% 计,否则需进行详细计算;

R——单位长度沿程水头损失,mmH$_2$O;

L——管段长度,m;

ζ——局部阻力系数;

ν——管中流速,m/s;

γ——60 ℃水的密度,kg/m^3;

g——重力加速度,m/s^2。

⑦ 确定循环水泵的流量及扬程

24 h 热水供应系统循环水泵的流量及扬程可按下式确定:

$$q_b \geqslant q_x + q_f \qquad (17\text{-}26)$$
$$H_b \geqslant (q_x + q_f/q_x)^2 H_p + h_x \qquad (17\text{-}27)$$

式中 q_b——循环水泵流量,L/h;

H_b——循环水泵扬程,Pa;

q_x——管网循环流量,L/h;

q_f——循环附加流量,L/h,取系统设计小时用水量的 15%;

H_p——循环流量通过配水管路的水头损失,mmH$_2$O;

h_x——循环流量通过回水管路的水头损失,mmH$_2$O。

17.2.5.3　热媒管道计算（以蒸汽为热媒）

（1）蒸汽管道计算

① 热媒耗量计算（蒸汽间接加热）

$$G_m = (1.1 \sim 1.2)W/i_m - i_n \tag{17-28}$$

式中　G_m——蒸汽耗量,kg/h;

　　　W——设计小时耗热量,kJ/h,可按式(17-5)结果计算;

　　　i_m——蒸汽的热焓,kJ/h;

　　　i_n——凝结水的热焓,kJ/h。

② 蒸汽管管径计算

根据蒸汽耗量、蒸汽压力和蒸汽管道常用流速,直接查蒸汽管道水力计算表,确定蒸汽管径 DN(mm)和比压降 R(mmH$_2$O/m)。

（2）凝结水管计算

① 水加热器出口至疏水器前的凝结水管径,根据设计小时耗热量查有关资料确定。

② 疏水器至凝结水箱之间的凝结水管,按余压凝结水管计算,余压凝结水管的计算热量为:

$$W_j = 1.25C_r W \tag{17-29}$$

式中　W_j——余压凝结水管的设计热量,kJ/h;

　　　C_r——热水供应系统的热损失系数,取 1.1～1.2;

　　　W——设计小时耗热量,kJ/h。

根据计算热量,查凝结水管道压力损失计算表,确定疏水器至凝结水箱之间的凝结水管管径。

（3）疏水器选择

疏水器的设计排水量为

$$G = (2 \sim 4)G_m \tag{17-30}$$

$$G = Ad2\sqrt{P_1 - P_2} \tag{17-31}$$

式中　G——疏水器设计排水量,kg/h;

　　　G_m——蒸汽耗量,kg/h;

　　　A——排水系数;

　　　d——疏水器排水阀孔直径,mm;

　　　P_1——疏水器进口蒸汽压力,kPa,以饱和蒸汽表压的 95% 计;

　　　P_2——疏水器出口压力,kPa,可采用 $P_2 = 0$。

根据式(17-30)、式(17-31),初选疏水器排水阀孔直径,校核排水量,查疏水器产品样本,确定疏水器型号。

18 建筑排水系统设计

18.1 排水系统

18.1.1 排水系统的分类

排水系统按污水的性质和来源可分为：

① 生活污水排水系统：排除大便器（槽）、小便器（槽）以及与此相似的卫生设备排出的污水。

② 生活废水排水系统：排除洗涤盆（池）、淋浴设备、洗脸盆、化验盆等卫生器具排出的洗涤废水。

③ 生活排水系统：排除生活污水和生活废水。

④ 雨水系统：排除屋面雨雪水。

⑤ 工业废水排水系统：排除生产污水和生产废水。

18.1.2 排水系统的选择

排水系统的选择，应根据污水的性质、污染程度，结合室外排水系统体制、市政污水处理设施的完善程度及综合利用情况，以及室内排水点和排水位置等综合考虑，通过经济技术比较确定。

高层建筑中室内排水方式可参照下列条件进行：

① 城市和小区有完善的污水处理厂，宜采用生活污水排水系统，生活污水通过市政污水管道送入污水处理厂。

② 城市无污水处理厂或污水处理厂处理能力有限，粪便污水必须经过处理后方可排放，宜设置污水排水系统或生活废水排水系统。也可采用生活污水排水系统，但生活污水必须经化粪池处理。

③ 对于公共食堂和厨房洗涤废水含有大量油脂，锅炉、水加热器等设备排水温度超过40 ℃时，冷却水或建筑中水系统需要回用的生活废水或生活污水，宜设置单独管道将这些污（废）水排至处理或回收构筑物。

④ 当建筑物采用中水系统时，生活废水与粪便污水宜分流排出。

⑤ 雨水宜单独排出。

18.1.3 排水系统的组成

建筑排水系统一般由下列部分组成：

① 卫生器具或生产设备受水器。

② 排水管道：包括器具排水管（含存水弯）、排水横管、支管、立管、埋地干管和排出管。

③ 通气管系统：包括立管通气管、器具通气管、环形通气管、安全通气管、专用通气管、结合通气管等。

④ 清通设备：检查口、清扫口、检查井及带有清通盖板的 90 ℃弯头或三通接头等设备。

⑤ 提升设备。

⑥ 室外排水管道。

⑦ 污水局部处理构筑物。

18.1.4 排水管道组合类型

（1）单立管排水系统

单立管排水系统是指只有一根排水立管，没有专门通气立管的系统。按建筑层数和卫生器具的多少，它可分为无通气立管的单立管排水系统、有通气立管的普通单立管排水系统和特制配件单立管排水系统三种型式。其中特制配件单立管排水系统适用于各类多层、高层建筑。

（2）双立管排水系统

双立管排水系统是由一根排水立管和一根通气立管组成，适用于污废水合流的各类多层和高层建筑。

（3）三立管排水系统

三立管排水系统，由一根生活污水立管、一根生活废水立管和一根通气立管组成，两根排水立管共用一根通气立管，适用于生活污水和生活废水需分别排出室外的各类多层、高层建筑。

18.1.5 排水管道布置与敷设

18.1.5.1 布置与敷设的原则

排水管道布置与敷设的原则为：

① 满足最佳水力条件，使排水通畅。

② 施工安装、维修管理方便。

③ 保证生产及使用安全，不影响室内环境卫生。

④ 保护管道不受破坏。

⑤ 占地面积小,美观。

⑥ 总管线短,工程造价低。

18.1.5.2　排水立管的布置与敷设

排水立管应布置在靠近杂质最多、最脏及排水量最大的排水点处。

排水立管不宜设置在与卧室相邻的内墙,宜靠近外墙。

有排水横支管的楼层、立管上存在水平拐弯或乙字弯,在立管上应设置检查口,底层和最高层必须设置。检查口中心至地面距离为 1 m,并应高于该层溢流水位最低的卫生器具上边缘 0.15 m。

18.1.5.3　排水横支管的布置与敷设

排水横支管不宜过长,尽量少拐弯,1 根支管连接的卫生器具不宜太多。

排水管应避免布置在饮食业厨房的主副食操作烹调空间的上方,不能避免时应采取防护措施。

排水横支管悬吊于楼板下,接有两个及两个以上大便器,或三个及三个以上卫生器具时,横支管顶端应升至上层地面并设清扫口。

18.1.5.4　排水横干管与排出管的布置与敷设

排水管道一般应在地下埋设,或在楼板上沿墙、柱明设,或吊于楼板下。当有特殊要求时,可在管槽、管井、管沟及吊顶内暗设。

排水架空管道应尽量避免通过民用建筑的大厅等建筑艺术和美观要求较高处。

排出管宜以最短距离通至建筑物外部,并与给水引入管外壁的水平距离不得小于1.0 m。

底层排水管道应单独排出。

埋地管穿越承重墙或基础处,应留预留洞口,且管顶上部净空不得小于建筑物的沉降量,一般不宜小于 0.15 m。

排出管与室外排水管连接处设置检查井,检查井中心到建筑外墙的距离不宜小于 3 m,检查井至污水立管或排出管清扫口的距离不大于《建筑给水排水设计标准》(GB 50015—2019)中的数据。

18.1.5.5　防火套管的布置与敷设

排水管材采用硬聚氯乙烯管(PVC-U),必须采取防火措施。

立管管径大于或等于 110 mm 时,在楼板贯穿部位应设置阻火圈或张度不小于 500 mm 的防火套管。

管径大于或等于 110 mm 的横支管与暗设立管相连时,墙体贯穿部位应设置阻火圈或张度不小于 300 mm 防火套管,且防火套管的明露部分张度不宜小于 200 mm。

防火套管、阻火圈等的耐火极限不宜小于管道贯穿部位的建筑构件的耐火极限。

18.1.5.6　卫生器具及卫生间管道布置

根据卫生间与公共厕所的平面尺寸,选用卫生器具并进行布置。

卫生间地漏应设在地面最低处易于渗水的卫生器具附近,而不宜设在排水支管顶端。

粪便污水立管应尽量靠近大便器,大便器排水支管尽可能径直接入。

如废水分流,废水立管应靠近浴盆。

三立管排水系统,公用的专用通气立管布置在污、废水立管间或污、废水立管对面一侧。

18.1.5.7　通气管系统

通气管应高出屋面 0.3 m 以上,并大于最大积雪高度。

器具通气管一般用于卫生标准要求较高的排水系统,如高级旅馆等;环形通气管在存水弯出口接出,高出最高卫生器具上边缘 0.5 m,坡度不小于 0.01。

当横支管连接 4 个及 4 个以上卫生器具,且管长大于 12 m,或者横支管连接 6 个及 6 个以上大便器时,应采用环形通气管,在最始端的两个卫生器具间引出。

结合通气管用于专用通气立管与排水立管的连接。结合通气管在卫生器具上边缘以上 0.15 m 或检查口以上与通气管相接,污水横支管以下与污水立管以斜三通相接,当连接有困难时也可用 H 管相接于通气立管,结合通气管每隔二层相接。

通气立管不能伸出屋面时设汇合通气管。

通气立管不得接纳污水、废水和雨水,通气管不得与通风管或烟道连接。

18.1.6　排水管材

建筑内部排水管材主要有硬聚乙烯塑料管、铸铁管和带釉陶土管。工业废水还可用陶瓷管、玻璃钢管、玻璃管等。

硬聚乙烯塑料管具有质量轻、不结垢、不腐蚀、外壁光滑、容易切割、便于安装、投资省和节能等优点而得到广泛使用。

18.2　排水系统设计计算

18.2.1　设计计算基础资料与标准

生活排水定额和时变化系数与生活给水的相同。生活排水平均时排水量和最大时排水量的设计方法与建筑内部的生活给水量计算方法相同。各种卫生器具排水量、排水当量、排水管最小坡度和排水横支管管径见《建筑给水排水设计标准》(GB 50015—2019)。

18.2.2 设计秒流量

（1）住宅、集体建筑、旅馆、医院、办公楼、教学楼等排水管道的设计秒流量可按式（18-1）计算：

$$q_u = 0.12a\sqrt{N_P} + q_{max} \qquad (18\text{-}1)$$

式中 q_u——计算管段的设计秒流量，L/s；

N_p——计算管段的卫生器具排水当量总数；

a——根据排水建筑物用途而定的系数，见《建筑给水排水设计标准》（GB 50015—2019）；

q_{max}——计算管段上排水量最大的卫生器具的排水流量，L/s。

当计算排水量大于该管段上所有卫生器具排水流量的总和，按该管段所有卫生器具排水流量的累加值作为设计秒流量。

（2）高层建筑中浴室、洗衣房、食堂、实验室、剧院等污水管道设计秒流量可按式（18-2）计算：

$$q_u = \sum q_p n_0 b \qquad (18\text{-}2)$$

式中 q_u——计算管段防水设计秒流量，L/s；

q_p——同类型的一个卫生器具排水流量，L/s；

n_0——同类型的一个卫生器具数；

b——卫生器具同时排水百分数，采用同类建筑卫生器具同时给水百分数，见《建筑给水排水设计标准》（GB 50015—2019），但冲洗水箱大便器的同时排水百分数应按12%计算。

18.2.3 水力计算

水力计算的目的在于合理、经济地确定排水管管径 D、坡度 i，设置通气系统的形式，使得排水管系统能正常地工作。

18.2.3.1 排水横管

（1）计算公式

排水横管管径按均匀流公式计算

$$q_u = \omega v \qquad (18\text{-}3)$$

$$v = \frac{1}{n} R^{\frac{2}{3}} I^{\frac{1}{2}} \qquad (18\text{-}4)$$

式中 v——速度，m/s；

R——水力半径，m；

I——水力坡度,采用排水管的坡度;

n——粗糙系数,陶土管、铸铁管为 0.013,混凝土管、钢筋混凝土管为 $0.013\sim0.014$,石棉水泥管、钢管为 0.012,塑料管为 0.009。

为便于计算,可参照《建筑给水排水设计手册》中铸铁排水管水力计算表和塑料排水管水力计算表进行计算。

（2）计算规定

生活污水管道与工业废水管道的标准坡度、最小坡度按《建筑给水排水设计标准》（GB 50015—2019）确定,其最大坡度不得大于 0.15（长度小于 1.5 m 的管段可不受此限制）。塑料排水管的最小坡度见《建筑给水排水设计标准》（GB 50015—2019）要求。

（3）最小管径要求

最小管径需满足下列条件:

① 公共食堂厨房排水管应比计算管径大一号。支管管径不小于 75 mm,干管管径不小于 100 mm。

② 医院洗涤盆或污水池排水管径不小于 75 mm。

③ 连接大便器的支管管径不得小于 100 mm。

④ 小便槽和连接三个及三个以上小便器的排水支管管径不小于 75 mm。

⑤ 单个洗脸盆、浴盆等排水管最小管径为 40 mm。

⑥ 建筑物内部排水管最小与最大设计流速按《建筑给水排水设计标准》（GB 50015—2019）确定。

18.2.3.2 排水立管

排水立管管径按立管的计算设计秒流量和排水立管最大允许排水流量确定,见《建筑给水排水设计标准》（GB 50015—2019）,并且不小于所连接横支管管径。

18.2.3.3 通气管

通气管管径可根据排水负荷及管道长度确定,一般不宜小于排水管管径的二分之一,其最小管径可按《建筑给水排水设计标准》（GB 50015—2019）确定。

通气立管长度不大于 50 m 且 2 根及 2 根以上排水立管同时与 1 根通气立管相连时,通气立管管径应根据最大一根排水立管按相关规范确定,且其管径不宜小于其余任何一根排水立管管径。

当两根以上污水立管的通气管汇合连接时,汇合通气管的断面积及管径按下式计算:

$$F = f_{max} + m\sum f_n \tag{18-5}$$

$$d = \sqrt{d_{max}^2 + m\left(\sum d_n\right)^2} \tag{18-6}$$

式中 f_{max}, d_{max}——汇合管中最大一根管的断面积及管径;

$\sum f_n, \sum d_n$——其余各汇合管断面面积及管径之和;

M——系数,$m = 0.25$。

18.2.4　污水泵与集水池

18.2.4.1　污水泵

污水泵应优先采用潜水污水泵、液下污水泵和卧式离心泵。污水泵启闭有手动控制和自动控制,为及时排水改善泵房的工作条件,缩小集水池容积,宜采用自动控制装置。

室内的污水水泵的流量应按生活排水设计秒流量选定;当室内设有生活污水处理设施并设置调节池时,污水水泵的流量可按生活排水最大小时流量选定。

污水泵扬程可按下式计算:

$$H_b \geqslant H_1 + H_2 + H_3 + \sum h_1 + \sum h_2 \qquad (18-7)$$

式中　H_b——水泵扬程,kPa;

　　　H_1——集水池最低水位至出水管排出口几何高度,kPa;

　　　H_2——水泵至出水管排出口几何高度,kPa;

　　　H_3——流出水头,kPa,取 20～30 kPa;

　　　$\sum h_1$——吸水管水头损失和,kPa;

　　　$\sum h_2$——压水管水头损失和,kPa。

18.2.4.2　集水池

集水池容积与水泵启动方式有关,当水泵自动启动时,集水池容积不小于最大一台水泵 5 min 的出水量,水泵每小时启动次数不超过 6 次,水泵手动启动时,生活污水集水池容积不大于 6 h 平均小时污水量,工业废水按不大于最大班 4 h 污水量确定。

集水池有效水深取 1～1.5 m,保护高度取 0.3～0.5 m。池底应设坡向吸水坑的坡度,其坡度不小于 0.01,并在池底设冲洗管。

18.3　化粪池的设计计算

建筑排放的污水进入水体或城市管网前,一般设置化粪池,对排放污水进行简单的处理。化粪池多设于建筑物背向大街的一侧靠近卫生间的地方,应尽量隐蔽,不宜设在人们经常活动之处。化粪池距建筑物的净距不小于 5 m,距地下取水构筑物不小于 30 m。

化粪池的设计主要是计算化粪池容积,按《给水排水国家标准图集》选用化粪池。

化粪池的总容积由有效容积和保护层容积组成,保护层容积根据化粪池大小确定,保护层高度一般为 250～450 mm。有效容积由污水所占容积和污泥所占容积组成,即:

$$V = V_1 + V_2 + V_3 \qquad (18-8)$$

$$V_1 = \frac{m_f \cdot b_f \cdot q_w \cdot t_w}{24 \times 1000} \qquad (18-9)$$

$$V_2 = \frac{m_f \cdot b_f \cdot q_n \cdot t_n \cdot (1-b_x) \cdot M_s \times 1.2}{(1-b_n) \times 1000} \qquad (18\text{-}10)$$

式中　V——化粪池总容积，m^3；

　　　V_1——污水部分容积，m^3；

　　　V_2——污泥部分容积，m^3；

　　　V_3——保护层容积，根据化粪池大小确定，一般保护层高度$250\sim450$ mm，m^3；

　　　m_f——化粪池设计服务人口数；

　　　b_f——化粪池实际使用人数占总人数的百分比；医院、疗养院、有宿舍的幼儿园取100%；住宅、集体宿舍、旅馆取70%；办公楼、教学楼、工业企业生活间取40%；公共食堂、影剧院、体育场和其他类似公共场所（按座计算）取5%～10%；

　　　q_w——每人每日计算污水量，L/（人·天），合流制取给水定额的85%～95%，生活污水单独排入取15%～20%；

　　　q_n——每人每日污泥量，m^3/（人·天）；

　　　t_w——污水在化粪池内停留时间，宜12～24 h；

　　　t_n——污水清掏周期，d，为3～12个月；

　　　b_x——新鲜污泥含水量，为95%；

　　　b_n——化粪池内发酵浓缩后污泥含水率，为90%；

　　　M_s——发酵后体积缩减系数，取0.8。

化粪池有矩形和圆形两种，对于矩形化粪池，当日处理污水量小于或等于10 m^3时，采用双格，其中第一格占总容积的75%，当日处理水量大于10 m^3时，采用3格，第一格容积占总容积的50%，其余两格各占25%。化粪池长度不得小于1 m，宽度不得小于0.75 m，深度不得小于1.3 m。

19 设计举例

19.1 设计任务及资料

19.1.1 设计任务

设计项目为重庆科华饭店建水工程一幢 19 层(本次设计分为两类不同的设计条件)的综合性服务大楼,总占地面积 3710 m²,建筑面积 20290 m²,建筑总高度为 91.2 m,建筑高度为 75.4 m,地上 19 层,地下 2 层。

各层功能如下:

－2 层为设备层;

－1 层为车库(停车位 44 个);

1、2 层为商场(商场面积 2865 m²);

3 层为会议室及餐厅;

4~18 层为客房。

19 层为电梯机房、水加热间和屋顶水箱间。

要求完成该建筑的给排水工程,具体项目包括:

① 建筑给水工程

② 建筑热水工程

③ 建筑消防工程

④ 建筑排水工程

19.1.2 设计资料

19.1.2.1 建筑设计资料

建筑设计资料包括建筑所在地总平面图,建筑物分层平面图,立面图、剖面图以及卫生间大样。根据建筑物性质、用途及建设单位要求,室内需设置完善的给排水卫生设备及集中热水供应系统,要求全天 24 h 供应热水。该大楼要求消防给水安全可靠,设置独立的消火栓系统及自动喷水灭火系统,每个消火栓内设按钮,消防时能直接启动消防泵。生活水泵要求能自动启停。管道全部暗敷。－2 层为设备用房;－1 层为洗衣房、车库(停车位 44 个);

1~3 层有公共卫生间(内设蹲便器 6 个、洗脸盆 2 个、小便斗 4 个);4~18 层为普通客房,共有床位 450 张。每套客房内均带有卫生间,内设浴盆、洗脸盆、坐式大便器各 1 个。

公共服务用房为厨房、餐厅、多功能房、商场、会议室等。其中 3 层为餐厅及雅间,15 层为茶楼。大楼工作人员:—2 F 共 24 人,—1 F 共 8 人,1 F 共 80 人,2 F 共 80 人,3 F 共 80 人,转换层共 6 人,4~18 F 每层 6 人,19 F 共 35 人。室内最冷月平均气温为 7 ℃。

19.1.2.2　结构设计资料

大楼结构采用现浇框架——剪力墙结构/六度抗震。主梁高 800 mm。施工现场无地下水。

19.1.2.3　城市给水排水设计资料

(1)给水水源

该建筑以城市给水管网为水源,大楼北面有一条 DN500 的市政干管,接管点比该处公路低 1.3 m,常年可资用水头 30 mH_2O;最冷月平均气温 7 ℃,总硬度月平均值 130 mg/L。城市管网不允许直接抽水。

(2)排水条件

该地无生活污水处理厂,城市排水管道为污、废水,雨水合流制排水系统。室内粪便污水须经化粪池处理后才允许排入城市下水管道。本建筑东侧有一条 DN500 钢筋混凝土合流制市政排水管道,转弯处检查井底标高 576.20 m,排水走向自北向南。

(3)热源情况

本地区无城市热力管网,该大楼拟采用天然气或电作为热源。设计时须作说明以备建设方作出适当的选择。

(4)对用水及加热设备的要求

除卫生洁具、洗衣房、厨房等用水外,空调冷冻机补充水 1.5 m³/h,水景绿化用水按总水量的 10% 计,其他未预见水量按上述用水量之和的 15% 计。热水、开水要求全天供应,热水系统最不利点设计水温不低于 55 ℃,给水要求安全可靠,管道暗敷。

19.2　设计说明书

19.2.1　室内给水系统

19.2.1.1　分区方式及系统组成

(1)给水系统竖向分区的必要性

当建筑物的高度很大时,如果给水只采用一个区供水,则下层的给水压力过大,将会产生下列后果：

① 水压过大，水龙头开启时，水成射流喷溅，影响使用，水量也浪费。

② 水压过大，水嘴放水时，往往产生水锤，由于压力波动，管道震动，产生噪声，引起管道松动漏水，甚至损坏。

③ 水压过大，水嘴、阀门等五金配件容易磨损，缩短使用期限，同时增加了维修工作量。

因此，为了消除或减少上述弊端，高层建筑的高度达到某种程度时，对给水系统须作竖向分区。

（2）给水系统竖向分区的要求

根据《建筑给水排水设计规范》（GB 50015—2019）规定：高层建筑生活给水竖向分区应符合下列要求：

① 各分区最低卫生器具配水点处的净水压不宜大于 0.45 MPa，特殊情况下不大于 0.55 MPa。为了宾馆房间用户使用舒适，采用 0.35 MPa 左右为分区压力。

② 各分区最不利配水点的水压应满足用水水压的要求。

（3）本建筑给水竖向分区情况

－2F～3F 为低区，由市网直接供水。

4F～11F 为中区，由高位水箱经过减压阀后采用下行上给式供水。

12F～19F 为高区，由高位水箱采用上行下给方式直接供水。

（4）系统组成

给水系统组成包括：引入管、水表节点、给水管网和附件，此外，还包括高、中区所需要的地下生活水箱、加压泵、屋顶高位水箱。

19.2.1.2　加压设备及构筑物

生活加压泵采用两台 80DL×5 型离心泵，一用一备，水泵参数：扬程 $H=85.5～108$ m，$Q=32.4～65.16$ m³/h；配套电机功率 30 kW。地下贮水箱的有效容积为 64.8 m³，采用的是不锈钢水箱；屋顶高位水箱有效容积为 28 m³，采用不锈钢水箱。

19.2.2　消火栓系统

19.2.2.1　室外消火栓系统

根据《建筑设计防火规范》（GB 50016—2014）规定，本建筑为一类高层建筑，耐火等级为一级，室外消火栓用水量为 40 L/s。考虑在室外给水环网上设置 3 个室外消火栓（地上式），每个消火栓的用水量为 10～15 L/s。

19.2.2.2　室内消火栓系统

本建筑室内消火栓的用水量为 40 L/s，充实水柱取 13 m，水枪喷嘴流量为 5.2 L/s，最不利情况为同一根立管上同时出水三股水柱，消防立管的管径为 DN100。

19.2.2.3　分区方式及系统组成

（1）分区方式

根据《消防给水及消火栓系统技术规范》（GB 50974—2014）的规定：当消火栓处的静水压力大于 100 mH$_2$O 时应采取分区给水。火灾时，前 5 分钟由高位水箱供水，10 分钟后由高压消防泵向管网系统供水灭火。为了灭火时便于操作水枪，在主立管下部动水压力超过 0.5 MPa 的消火栓处设置减压装置。由于本建筑结构 3 层及以下与 4 层及以上结构不同，初分为两个区，简算如下，19 层消火栓到泵房地面高差为 69.6＋1.1－（－7.8）＝78.5 m，水箱间楼板到泵房消火栓的高差为 81＋7.8－1.1＝87.7 m＞80 m，因此分两个区合理，分区如下：

①　－2F～3F 为低区，由高区经过减压供水；

②　4F～19F 为高区，由消防主泵直接供水。

（2）室内消火栓系统的组成

消火栓系统包括：水枪、水带、消火栓、消防管道和水源，此外，还包括高区所需的消防水池、消防水泵和高位消防水箱。

（3）加压设备及构筑物

消防加压泵采用两台消防泵，型号为 XBD45-120-TB，一用一备，泵的参数为：$Q＝45$ L/s，$H＝120$ m；配套电机型号为 Y$_2$280M-2，功率 90 kW。地下消防水池有效容积为 832.8 m^3，屋顶消防水箱有效容积为 18 m^3。消火栓布置在显眼处，经常有人出入，而且使用方便的地方，其间距不大于消火栓保护半径 24.5 m。为了定期检查室内消火栓给水系统的供水能力，在转换层、屋顶分设试验消火栓。室内消火栓箱内设远距离启动消防泵的按钮，以便在使用消火栓灭火的同时，启动消防泵。由于水箱高度能保证 19 层最不利点消火栓静水压力不低于 0.07 MPa，则不需设增压设备。室外设 6 个水泵接合器，3 个供高区，3 个供低区，以便消防车向室内消防管网供水。在室外还设有消防车取水口。

19.2.3　自动喷水系统

本建筑物采用湿式自动喷水灭火系统，其中：宾馆属于中危险级Ⅰ级，停车场属于中危险级Ⅱ级，其设计参数见表 19-1。

表 19-1　自动喷水系统设计参数

火灾危险等级	喷水强度/[L/(min·m^2)]	作用面积/m^2	喷头工作压力/MPa
中危险级Ⅰ级	6.00	160.00	0.10
中危险级Ⅱ级	8.00	160.00	0.10

本建筑各层均设自动喷水系统，厨房喷头动作温度为 93 ℃，其他喷头动作温度均为 68 ℃，除客房采用边墙型喷头，车库采用直立型喷头外，其余处均采用吊顶型喷头。喷头布置中危一级：3.6 m×3.6 m，喷头距离墙不小于 0.5 m，不大于 1.8 m；中危二级：3.4 m×3.4 m，

喷头距离墙不小于 0.5 m,不大于 1.7 m,可以根据实际情况调整喷头距离。为定期进行安全检查,各层均设置了末端试压装置,废水排入专设的废水立管内。低区排入试水时,水排入卫生间,车库直接外排,在室外设置了 2 个水泵接合器。根据规范,每个报警阀控制 800 个喷头,每个报警阀最高和最低的喷头高差不超过 50 m,报警阀后压力不超过 1.2 MPa。

(1) 喷头数目简算

假设危险级都为中危险Ⅰ级,建筑面积为 23450 m^2,每个喷头保护面积为 12.5 m^2,则总的喷头数为 23450÷12.5＝1876 个,每个报警阀控制 800 个喷头,1876 大于 800×2＝1600。因此初分为 3 个报警阀。

(2) 最不利层水流指示器前压力简算

19 层主梁到泵房地面以上 1.2 m 处高差为 74.7－0.8－(－7.8＋1.2)＝80.5 m,考虑水流指示器前压力为 40 mH$_2$O,则报警阀后压力为 80.5＋40＝120.5 mH$_2$O,为了防止报警阀后压力超过 1.2 MPa,宜将报警阀设置于转换层,同时根据本建筑 3 层以下和转换层以上的布置结构不同,因此 3 层及其以下宜设一组报警阀,4 层到 19 层楼板顶高差(即喷头高差)为 74.7－19.2＝55.5 m＞50 m,因此,应该设置三个报警阀组。报警阀组设置如下:

① －2F～3F 共用一个报警阀组,报警阀设于－2F,低区。

② 4F～11F 共用一个报警阀组,报警阀设于转换层,中区。

③ 12F～19F 共用一个报警阀组,报警阀设于转换层,高区。

各层均设置了水流指示器及信号阀,其信号均送入消防控制中心进行处理。系统供水为:前 10 分钟由高位水箱供水,10 分钟后由自喷泵供水。

(3) 自动喷水系统的组成

自动喷水系统包括:闭式喷头、湿式报警阀、报警装置、管道系统和供水设备等。

(4) 加压设备

消防加压泵采用两台消防泵,型号为 100DL-6,一用一备,泵的参数为:$Q＝27.80$ L/s,$H＝120$ m;配套电机型号为 Y$_2$280M-2,功率 90 kW。

19.2.4　热水系统

(1) 分区方式

本建筑只考虑客房供热水,为了保证热水和给水的压力平衡,热水分区与冷水分区一致热水分区情况如下:

① －2F～3F 为低区,由市网直接供水;

② 4F～11F 为中区,由高位水箱经过减压采用下行上给式供水;

③ 12F～19F 为高区,由高位水箱采用上行下给式直接供水。

该建筑的功能决定了其对热水供应的要求较高,所以采用集中全天热水供应系统,冷水通过设于加热水箱间的中央热水器采用机械全循环系统加热后,经热水管网输送到各用水点,保证任何时刻均达到设计水温(出水温度 65 ℃,最不利点温度 60 ℃)。

(2) 供水方式

供水方式为屋顶水箱→加热机组→热水箱→管网→配水点→回水泵→加热机组。

（3）热源选择

由于本地区无城市热源管网，热源为天然气和电，经过经济比较，电的小时热源费用为621.71元；天然气的小时热源费用为621.71元。由于天然气比较便宜，因此采用天然气作为热源，则采用天然气热水机组。

（4）系统组成及主要设备

热水系统由加热器、配水管网、回水管网、循环水泵及附件等组成。主要设备：中央热水机组采用 WHZ-40 卧式直接加热型水机组，中区循环泵采用 BG40-8（流量 1.33 L/s，扬程9.6 m），高区循环泵、中区回水泵为 KQR20-160（流量 1.0 L/s，扬程 36 m）。

19.2.5 室内排水系统

19.2.5.1 系统选择

本建筑采用污、废水分流排入城市下水道。由于 4～18 层是客房，层数较多，为减少排水时气压波动，防止管道水封破坏，设专用通气；同时为了保证 4 层的污水、废水安全排出且不发生喷溅，将第四层单独排出，餐厅废水经隔油器处理后排入室外污水管。19 层卫生间和茶楼制作间的废水、污水均排入污水立管。

客房用结合通气管，在 18 层天棚内经汇合通气管与伸顶通气管相连，或者单独的通气管直接接出。

消防电梯前室的水汇合在集水井中，由潜污泵提升排出。

19.2.5.2 系统组成

排水系统由卫生洁具、排水管道、检查口、清扫口、室外排水管道、检查井、隔油器、潜污泵、集水井等组成。通气系统采用伸顶通气、专用通气立管通气和汇合通气。

19.2.5.3 主要设备及构筑物

主要设备及构筑物包括潜污泵 50QW18-15-1.5 一台、80QW60-13-4 两台，集水井 2.7×1.7×3.8(h) 一座，GY-P-900 不锈钢隔油器一个，92S214(四)10-40A01 型化粪池。

19.2.6 管道及设备安装要求

19.2.6.1 给水管道及设备安装要求

给水管道及设备安装要求如下：

① 给水管材采用聚丙烯管 PP-R，横干管、总干管采用不锈钢管。

② 各层给水管道采用暗装敷设，横向管道在室内装修前敷设在吊顶中，支管以 2% 的坡度坡向泄水装置。

③ 给水管与排水管平行、交叉时，其距离分别大于 0.5 m 和 0.15 m；交叉处给水管在上。

④ 给水管埋地敷设时，覆土深度不小于 0.3 m。

⑤ 管道穿越墙壁时，需预留孔洞，孔洞尺寸采用 $d+50$ mm～$d+10$ mm，管道穿过楼板时应预埋金属套管。

⑥ 在立管和横管上应设闸阀，当 $d \leqslant 50$ mm，采用截止阀；$d > 50$ mm，采用闸阀。

⑦ 给水管 PP-R 连接方法采用粘结，钢管焊接。

⑧ 水泵基础应高出地面 0.2 m，水泵采用自动启动。

⑨ 管道外壁之间的最小间距，管径 $\leqslant 32$ mm 时，不小于 0.1 m；管径 > 32 mm 时，不小于 0.15 m。

⑩ 热水管材采用聚丙烯管 PP-R，横干管、总干管采用铜管。

⑪ 热水管等热力管道必须保温，给水埋地金属管道的外壁应采取防腐蚀措施。保温采用外缠玻璃丝布带，再刷两道防火壁。

⑫ 为不破坏管道的整体性，防止泄漏，可不设伸缩器，采用两端固定自然补偿器或几字形弯曲。

19.2.6.2　消防管道及设备安装要求

（1）消火栓的安装

消火栓的安装要求如下：

① 消火栓给水管的安装与生活给水管基本相同。

② 热浸镀锌钢管连接采用光沟槽式机械接头。

③ 消防立管采用 DN100，消火栓口径为 65 mm。水枪喷嘴口径为 19 mm，水龙带为麻质，直径 65 mm，长度 25 m。

④ 为使各层消火栓出水流量接近设计值，各层均设置减压孔板。

（2）自动喷洒灭火系统

自动喷洒灭火系统安装要求如下：

① 管道均采用热浸镀锌钢管。

② 设置的吊架和支架位置以不妨碍喷头喷水为原则，吊架距喷头的距离应大于 0.3 m，距末端喷头距离小于 0.7 m。

③ 报警阀设在距地面 1.2 m 处，且便于管理的地方，警铃应靠近报警阀安装，水平距离不超过 15 m，垂直距离不大于 2 m。

④ 装置喷头的场所，应注意防止腐蚀气体的侵蚀，不得受外力碰击，定期消除尘土。

19.2.6.3　热水管道及设备安装要求

热水管道及设备安装要求如下：

① 热水管采用 PP-R，热水横干管、总干管采用铜管。

② 热水立管上设阀门进行调节流量和压力。

③ 热水立管与水平干管相连时，立管上应加弯管。

④ 热水管穿屋面板、楼板、墙壁时需设金属套管，套管高出地面 $\geqslant 50$ mm。

⑤ 水平横管上设凸型弯曲。

⑥ 热水横管的坡度为 0.003，以便放气和泄水。

⑦ 水加热器、贮水器、热水配水干管、机械循环回水管应保温。

19.2.6.4 排水管道安装要求

排水管道安装要求如下：

① 管材采用硬聚氯乙烯排水管，采用粘结。

② 排水立管在垂直方向转弯处，采用两个 45°弯头连接。

③ 排水立管穿楼板应预留孔洞，安装时设金属防水套管。

④ 排水检查井井径为 0.7 m。

⑤ 排水检查井中心线与建筑物外墙不小于 3 m。

⑥ 排水立管上设检查口，有排水横支管的楼层必须设置，离地面 1 m。此外，各横支管起始端需设清扫口或在转弯时设堵头，以便清通。

⑦ 化粪池池外壁距建筑物不宜小于 5 m。

19.3　设计计算书

19.3.1　冷水给水系统

室内给水系统采取低区、中区、高区三区分区供水方式。低区为 −2F～3F，采用下行上给供水方式，由城市管网直接供水给低区卫生洁具；中区为 4F～11F，共 8 层，采用水泵-水箱-减压阀联合供水方式；高区为 12F～19F，共 8 层，采用水泵-水箱联合供水方式。

19.3.1.1　用水量计算

根据设计原始资料、建筑物性质和卫生设备完善程度，依据《建筑给水排水设计规范》（GB 50015—2019），用水量计算见表 19-2 至表 19-4。

表 19-2　高区（12F～19F）用水量计算表

序号	名称	用水单位	用水定额	$Q_{d\max}/(\mathrm{m^3/d})$	时变化系数	$Q_{h\max}/(\mathrm{m^3/h})$	供水时间
1	观景茶楼	133 人	15 L/人	2.00	1.50	0.17	18.00
2	宾馆客房	210 床	400 L/床	84.00	2.50	8.75	24.00
3	工作人员	86 人	100 L/人	8.60	2.50	0.90	24.00
4	水景	上述之和的 10%		9.46	1.00	0.39	24.00
5	未预见水量	上述之和的 15%		15.61	1.00	0.65	24.00
6	合计	—		119.66	1.00	10.86	—

说明：①观景茶楼净空面积为：485−110＝375 m²，按每人 3 m² 计，则有 375/3＝125 人，另外 4 个雅间按每个 2 人计，则观
景茶楼共有 125＋2×4＝133 人；

②12F～18F 宾馆客房每间有 2 张床,每层有 15 个房间,则高区共有床位:2×15×7=210 床;

③工作人员考虑屋顶水箱间、水加热间、电梯机房各 3 人,宾馆客房标准层每层 6 人,观景茶楼 35 人,则高区共有工作人员:3×3+6×7+35=86 人。

表 19-3 中区(4F～11F)用水量计算表

序号	名称	用水单位	用水定额	$Q_{d\max}$/(m³/h)	时变化系数	$Q_{h\max}$/(m³/h)	供水时间
1	宾馆客房	240 床	400 L/床	96.00	2.50	10.00	24.00
2	工作人员	48 人	100 L/人	4.80	2.50	0.50	24.00
3	水景	上述之和的 10%		10.08	1.00	0.42	24.00
4	未预见水量	上述之和的 15%		16.63	1.00	0.69	24.00
5	合计	—		127.51	1.00	11.61	—

说明:①4F～11F 宾馆客房每间有 2 张床,每层有 15 个房间,则中区共有床位:2×15×8=240 床;

②工作人员考虑宾馆客房标准层每层 6 人,则中区共有工作人员:6×8=48 人。

表 19-4 低区(-2F～3F)用水量计算表

序号	名称	用水单位	用水定额	$Q_{d\max}$/(m³/d)	时变化系数	$Q_{h\max}$/(m³/h)	供水时间
1	洗衣房	270 kg/d	60 L/kg	16.20	1.50	3.04	8.00
2	商场	1448 m²	8 L/(d·m²)	11.58	1.50	1.45	12.00
3	美容美发	48 人	80 L/人	3.84	2.00	0.64	12.00
4	会议室	155 座	8 L/(座·次)	1.24	1.50	0.47	4.00
5	多功能厅	86 座	8 L/(座·次)	0.69	1.50	0.26	4.00
6	工作人员	278 人	100 L/d	2.78	2.50	0.29	24.00
7	餐厅	1012 人次	50 L/人次	50.60	1.50	6.33	12.00
8	空调冷却水	1	1500 L/h	36.00	1.00	1.50	24.00
9	消防补充水			415.44	1.00	17.31	48.00
10	绿化用水	按以上用水的 10% 计		53.84	1.00	2.24	24.00
11	未预见水量	上述用水量的 15% 计		88.83	1.00	3.70	24.00
12	合计			681.04		37.22	

说明:①洗衣房干衣量按 15 kg/(床·月),每月工作 25 d 计,而本建筑共有床位 30 床/层×15 层=450 床,则每天的干衣量为:15×450/25=270 kg;

②1F 商场营业厅面积为 689 m²,2F 商场营业厅面积为 759 m²,则商场营业厅总面积为:689+759=1448 m²;

③美容美发考虑有 3 个理发师,每天工作 12 h,平均每 45 分钟理发 1 人次,则每天理发人次为:3×12×60/45=48;

④会议室的面积分别为 17.5 m²、59.5 m²、110 m²、44.5 m²，则会议室总面积为：17.5+59.5+110+44.5=231.5 m²；按每个座位占地 1.5 m² 计，则会议室内总座位数为：17.5/1.5+59.5/1.5+110/1.5+45.5/1.5=12+40+73+30=155 个；

⑤多功能厅的面积为 129 m²，按每个座位占地 1.5 m² 计，则多功能厅内的座位数为：129/1.5=86 个；

⑥工作人员按：−2F 有 24 人，−1F 有 8 人，1F、2F、3F 各 80 人，转换层 6 人，则共有工作人员：24+8+80+80+80+6=278 人；

⑦餐厅就餐人数按宾馆客房旅客的 2/3 和全体工作人员一天就餐 2 次计，则餐厅用水单位数为：[450×2/3+(86+48+278)/2]×2=1012 人次；

⑧空调补充水按 1500 L/h 计；

⑨由高层民用建筑消火栓给水系统用水量表可知：本建筑室外消火栓用水量为 30 L/s，室内消火栓用水量为 40 L/s；考虑火灾持续 3 h 的水量为：(30+40)×3×3.6=756 m³。本建筑为中危险级，自动喷淋喷水强度为 6 L·min⁻¹·m⁻² 写成 $6\ \text{L} \cdot \text{min}^{-1} \cdot \text{m}^{-2}$（车库为 8 L·min⁻¹·m⁻²，宾馆客房等其他部分为 6 L·min⁻¹·m⁻²），火灾持续时间为 1 h，作用面积为 160 m²，则自动喷淋所需水量为：1.3×6×160×60/1000=74.88 m³。因此消防用水总量为：756+74.88=830.88 m³。取消防水池长为 23.15−0.3=22.85 m(0.3 为隔墙厚度)，宽为 12.4 m，则水池水面的高度应为：830.88/(22.85×12.4)=2.93 m，考虑 0.3 m 的超高，则水池高为 2.93+0.3=3.24 m，取 3.3 m。消防补充水补充时间为 24 h，流量为 830.88/48=17.31 m³/h。

19.3.1.2 室内管网水力计算

由《建筑给水排水设计规范》(GB 50015—2019)中 3.7.6 条规定：宿舍（居室内设卫生间）、旅馆、宾馆、酒店式公寓、门诊部、诊疗所、医院、疗养院、幼儿园、养老院、办公楼、商场、图书馆、书店、客运站、航站楼、会展中心、教学楼、公共厕所等建筑的生活给水设计秒流量，应按下式计算：

$$8g = 0.2\alpha\sqrt{N_g}$$

（1）高区水力计算

① 单卫生间水力计算（采用 PP-R 冷水管 PN1.25 MPa）

a. 单卫生间支管水力计算草图 1 如图 19-1 所示，单卫生间支管水力计算 1 见表 19-5。

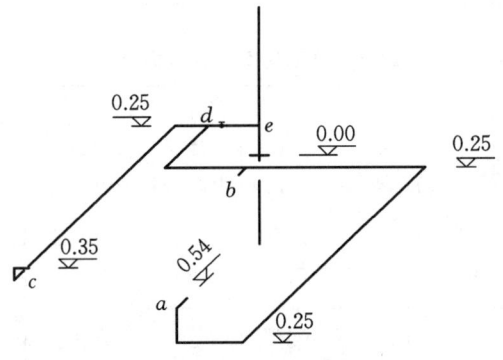

图 19-1 给水水力计算草图 1

表 19-5　单卫生间支管水力计算 1

管段编号	卫生器具名称及个数 $N \times n =$ 当量×数量			当量数 N_g	秒流量 q_g/(L/s)	管径 D_e/mm	流速 v/(m/s)	坡降 $1000i$	长度 L/m	水损 h_y/mH$_2$O
	洗脸盆	浴盆	坐便器							
$a \sim b$	—	1.0×1	—	1	0.2	25	0.61	29.2	4.48	0.131
$b \sim d$	—	1.0×1	0.5×1	1.5	0.3	25	0.92	61.8	1.16	0.072
$c \sim d$	0.5×1	—	—	0.5	0.1	20	0.54	31.8	2.33	0.074
$d \sim e$	0.5×1	1.0×1	0.5×1	2	0.4	32	0.75	32.3	0.41	0.013

最不利点(a 点)的沿程水损为:0.131+0.072+0.013=0.216 mH$_2$O。

b. 单卫生间支管水力计算草图 2 如图 19-2 所示,单卫生间支管水力计算 2 见表 19-6。

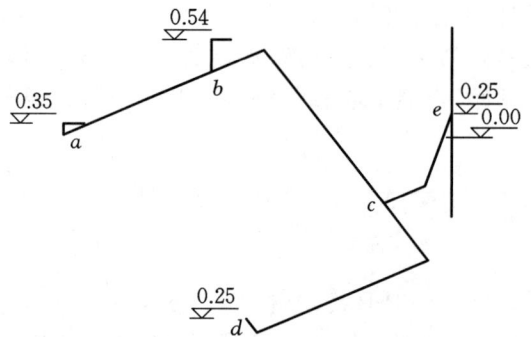

图 19-2　给水水力计算草图 2

表 19-6　单卫生间支管水力计算 2

管段编号	卫生器具名称及个数 $N \times n =$ 当量×数量			当量数 N_g	秒流量 q_g/(L/s)	管径 D_e/mm	流速 v/(m/s)	坡降 $1000i$	长度 L/m	水损 h_y/mH$_2$O
	洗脸盆	浴盆	坐便器							
$a \sim b$	0.5×1	—	—	0.50	0.1	20	0.54	31.8	1.40	0.045
$b \sim c$	0.5×1	1.0×1	—	1.50	0.3	25	0.92	61.8	2.00	0.124
$d \sim c$	—	—	0.5×1	0.50	0.1	20	0.54	31.8	2.00	0.064
$c \sim e$	0.5×1	1.0×1	0.5×1	2.00	0.4	32	0.75	32.3	1.00	0.032

最不利点(a 点)的沿程水损为:0.045+0.124+0.032=0.201 mH$_2$O。

c. 单卫生间立管（JLg-4，JLg-5，JLg-9，JLg-10）计算，JLg-4 水力计算草图如图 19-3 所示，JLg-4 水力计算见表 19-7。

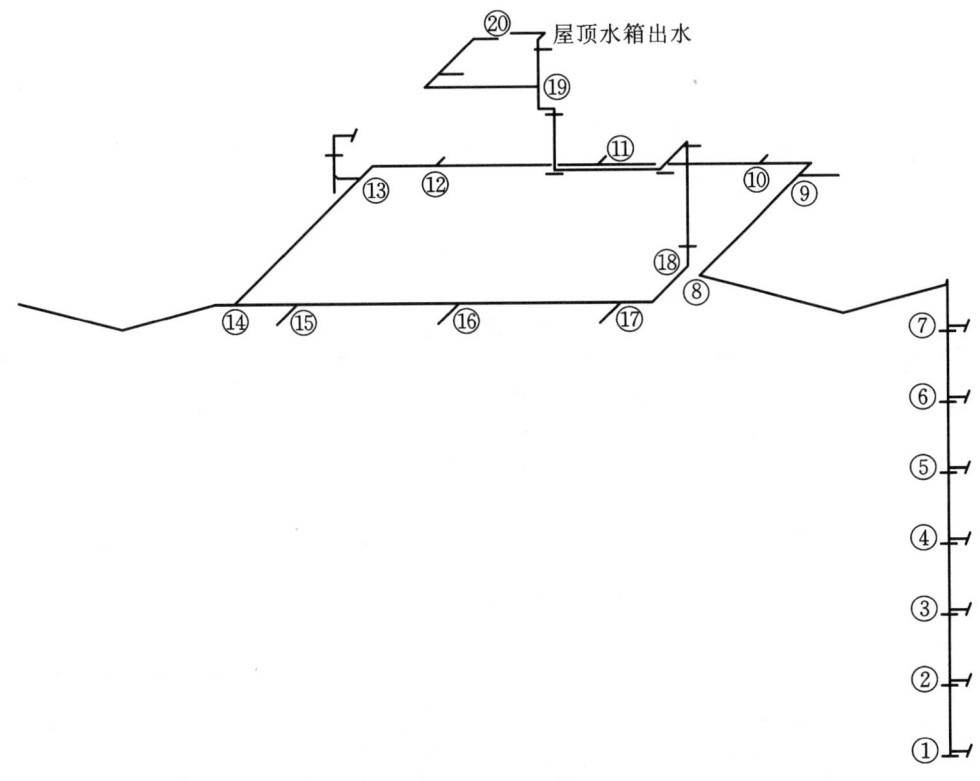

图 19-3　JLg-4 水力计算草图

表 19-7　JLg-4 水力计算表

管段编号	当量 N_g	秒流量 $q_g/(L/s)$	管径 D_e/mm	流速 $v/(m/s)$	坡降 $1000i$	长度 L/m	水损 h_y/mH_2O	累计水损 $\sum h_y/mH_2O$
①～②	2.0	0.40	32	0.75	32.3	3.6	0.116	0.116
②～③	4.0	0.80	40	0.96	38.7	3.6	0.139	0.255
③～④	6.0	1.20	50	0.92	27.4	3.6	0.099	0.354
④～⑤	8.0	1.41	50	1.08	37.0	3.6	0.133	0.487
⑤～⑥	10.0	1.58	63	0.76	14.8	3.6	0.053	0.540
⑥～⑦	12.0	1.73	63	0.83	17.5	3.6	0.063	0.603
⑦～⑧	14.0	1.87	63	0.9	20.2	15.5	0.314	0.917

② 双卫生间水力计算（采用 PP-R 冷水管 PN1.25 MPa）

a. 双卫生间支管计算草图 3 如图 19-4 所示，双卫生间支管计算见表 19-8。

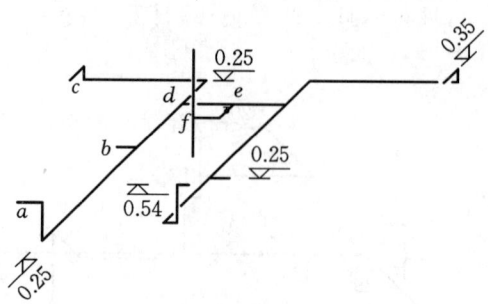

图 19-4　给水水力计算草图 3

表 19-8　双卫生间支管计算表

管段编号	卫生器具名称及个数 $N \times n =$ 当量×数量			当量总数 N_g	设计秒流量 q_g/(L/s)	管径 D_e/mm	流速 v/(m/s)	坡降 $1000i$	管段长度 L/m	沿程水损 h_y/mH$_2$O
	洗脸盆	浴盆	坐便器							
$a\sim b$	—	1.00×1	—	1.0	0.20	25	0.61	29.2	1.49	0.044
$b\sim d$	—	1.00×1	0.5×1	1.5	0.30	25	0.92	61.8	0.62	0.038
$c\sim d$	0.5×1	—		0.5	0.10	20	0.54	31.8	1.44	0.046
$d\sim e$	0.5×1	1.00×1	0.5×1	2.0	0.40	32	0.75	32.3	0.40	0.013
$e\sim f$	0.5×2	1.00×2	0.5×2	4.0	0.80	40	0.96	38.7	0.30	0.012

最不利点（a 点）的沿程水损为：$0.044+0.038+0.013+0.012=0.107$ mH$_2$O。

b. 双卫生间立管（JLg-1，JLg-2，JLg-3，JLg-6，JLg-7，JLg-8）计算，JLg-6 计算草图如图 19-5 所示，JLg-6 水力计算见表 19-9。

表 19-9　JLg-6 水力计算表

管段编号	当量总数 N_g	设计秒流量 q_g/(L/s)	管径 D_e/mm	流速 v/(m/s)	坡降 $1000i$	管段长度 L/m	沿程水损 h_y/mH$_2$O	累计沿程水损 $\sum h_y$/mH$_2$O
①～②	4.0	0.80	40	0.96	38.7	3.6	0.139	0.139
②～③	8.0	1.41	50	1.08	37.0	3.6	0.133	0.272
③～④	12.0	1.73	63	0.83	17.5	3.6	0.063	0.335
④～⑤	16.0	2.00	63	0.96	22.9	3.6	0.083	0.418
⑤～⑥	20.0	2.24	63	1.08	28.3	3.6	0.102	0.520
⑥～⑦	24.0	2.45	63	1.18	33.4	3.6	0.120	0.640
⑦～⑩	28.0	2.65	63	1.28	38.6	3.9	0.151	0.791

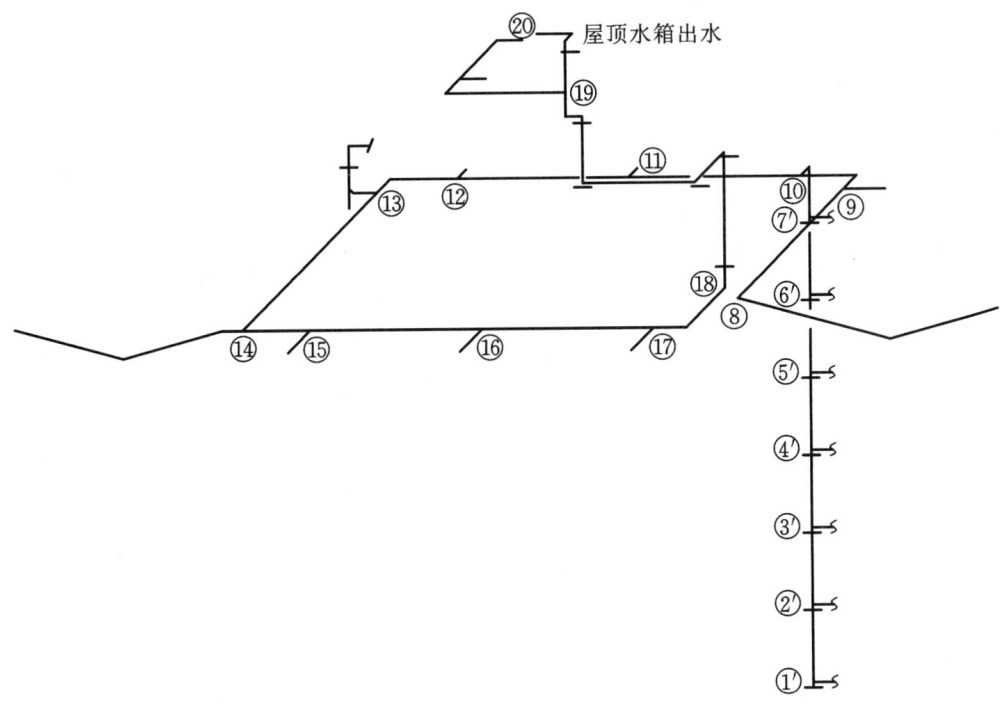

图 19-5　JLg-6 计算草图

c. 茶楼卫生间计算（采用 PP-R 冷水管 PN1.25 MPa），支管水力计算草图如图 19-6 所示，茶楼卫生间支管水力计算见表 19-10。

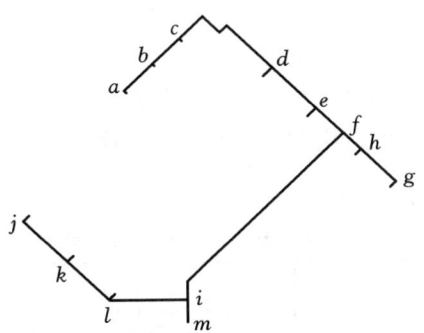

图 19-6　茶楼卫生间支管水力计算草图

表 19-10　茶楼卫生间支管水力计算

管段编号	卫生器具名称及个数			当量总数 N_g	设计秒流量 q_g/(L/s)	管径 D_e/mm	流速 v/(m/s)	坡降 $1000i$	管段长度 L/m	沿程水损 h_y/mH$_2$O
	$N \times n =$ 当量 $\times$ 数量									
	小便器	大便器	洗手盆							
$a \sim b$	0.5×1	—	—	0.5	0.10	20	0.54	31.8	0.65	0.020

续表19-10

管段编号	卫生器具名称及个数 N×n＝当量×数量			当量总数 N_g	设计秒流量 q_g/(L/s)	管径 D_e/mm	流速 v/(m/s)	坡降 1000i	管段长度 L/m	沿程水损 h_y/mH$_2$O
	小便器	大便器	洗手盆							
$b\sim c$	0.5×2	—	—	1.0	0.20	25	0.61	29.2	0.65	0.019
$c\sim d$	0.5×3	—	—	1.5	0.30	32	0.57	18.9	2.20	0.042
$d\sim e$	0.5×3	0.5×1	—	2.0	0.40	32	0.75	32.3	1.00	0.032
$e\sim f$	0.5×3	0.5×2	—	2.5	0.50	32	0.94	48.8	0.60	0.029
$g\sim h$	—	—	0.5×1	0.5	0.10	20	0.54	31.8	0.80	0.025
$h\sim f$	—	—	0.5×2	1.0	0.20	25	0.61	29.2	0.40	0.012
$f\sim i$	0.5×3	0.5×2	0.5×2	3.5	0.70	40	0.84	30.2	4.00	0.121
$j\sim k$	—	0.5×1	—	0.5	0.10	20	0.54	31.8	1.00	0.032
$k\sim l$	—	0.5×2	—	1.0	0.20	25	0.61	29.2	1.00	0.029
$l\sim i$	—	0.5×3	—	1.5	0.30	32	0.57	18.9	1.30	0.025
$i\sim m$	0.5×3	0.5×5	0.5×2	5.0	1.00	50	0.77	19.60	0.40	0.008
$m\sim 13$	0.5×3	0.5×5	0.5×2	5.0	1.00	50	0.77	19.60	3.40	0.067

最不利点（a 点）的沿程水损为：

0.020＋0.019＋0.042＋0.032＋0.029＋0.121＋0.008＋0.067＝0.338 mH$_2$O

d. 加热水箱间计算（采用普通钢管），水力计算草图如图 19-7 所示，加热水箱间水力计算见表 19-11。

表 19-11　加热水箱间水力计算表

管段编号	设计流量 q_g/(L/s)	管径 D_e/mm	流速 v/(m/s)	坡降 1000i	管段长度 L/m	沿程水损 h_y/mH$_2$O
$A\sim C$	1.75	65	0.50	8.6	2.50	0.022
$B\sim C$	1.75	65	0.50	8.6	1.20	0.010
$C\sim ⑲$	3.50	80	0.71	13.5	6.60	0.090
$E\sim G$	1.75	65	0.50	8.6	2.50	0.022
$F\sim G$	1.75	65	0.50	8.6	4.00	0.034

$A\sim ⑲$的沿程水头损失为：0.022＋0.090＝0.112 mH$_2$O。

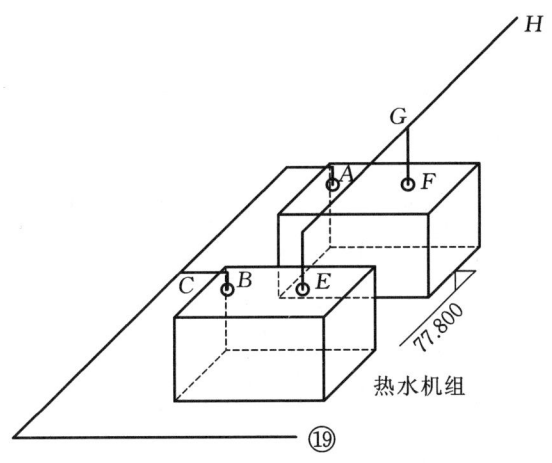

图 19-7 加热水箱间水力计算草图

e. 高区横干管水力计算(采用普通钢管),计算草图如图 19-8 所示,高区横干管水力计算见表 19-12。

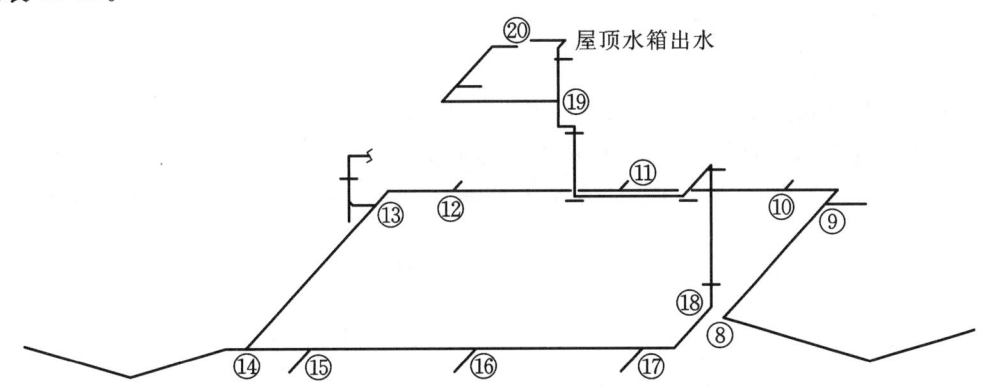

图 19-8 高区横干管水力计算草图

表 19-12 高区横干管水力计算表

管段编号	当量总数 N_g	设计秒流量 q_g/(L/s)	管径 D_e/mm	流速 v/(m/s)	坡降 $1000i$	管段长度 L/m	沿程水损 h_y/mH$_2$O	累计沿程水损 $\sum h_y$/mH$_2$O
⑧~⑨	14	1.87	50	0.88	33.7	7.10	0.239	0.239
⑨~⑩	28	2.65	50	1.25	64.0	3.50	0.224	0.463
⑩~⑪	56	3.74	65	1.06	35.4	8.10	0.287	0.750
⑪~⑫	84	4.58	65	1.30	51.4	8.10	0.416	1.166
⑫~⑬	112	5.29	80	1.07	29.2	4.00	0.117	1.283
⑬~⑭	131	5.72	80	1.15	33.7	9.00	0.303	1.586

续表19-12

管段编号	当量总数 N_g	设计秒流量 q_g/(L/s)	管径 D_e/mm	流速 v/(m/s)	坡降 $1000i$	管段长度 L/m	沿程水损 h_y/mH$_2$O	累计沿程水损 $\sum h_y$/mH$_2$O
⑭~⑮	145	6.02	80	1.21	37.1	3.20	0.119	1.705
⑮~⑯	173	6.58	80	1.32	43.6	8.10	0.353	2.058
⑯~⑰	201	7.09	80	1.43	50.1	8.10	0.406	2.464
⑰~⑱	229	7.57	80	1.52	56.5	4.10	0.232	2.696
⑱~⑲	485	11.01	100	1.27	29.2	18.50	0.540	3.236
⑲~⑳	593	12.18	100	1.41	35.2	4.50	0.158	3.394

⑬点到屋顶水箱的沿程水头损失为：

$$0.303+0.119+0.353+0.406+0.232+0.540+0.158=2.111 \text{ mH}_2\text{O}$$

⑱点到屋顶水箱的沿程水头损失为：$0.158+0.540=0.698 \text{ mH}_2\text{O}$。

（2）中区水力计算

① 中区卫生间的计算同高区卫生间，管材采用 PP-R 冷水管 PN1.25 MPa。

② 卫生间立管水力计算（采用 PP-R 冷水管 PN1.25 MPa）。

a. 单卫生间立管水力计算，JLz-4 水力计算草图如图 19-9 所示，JLz-4 立管水力计算见表 19-13。

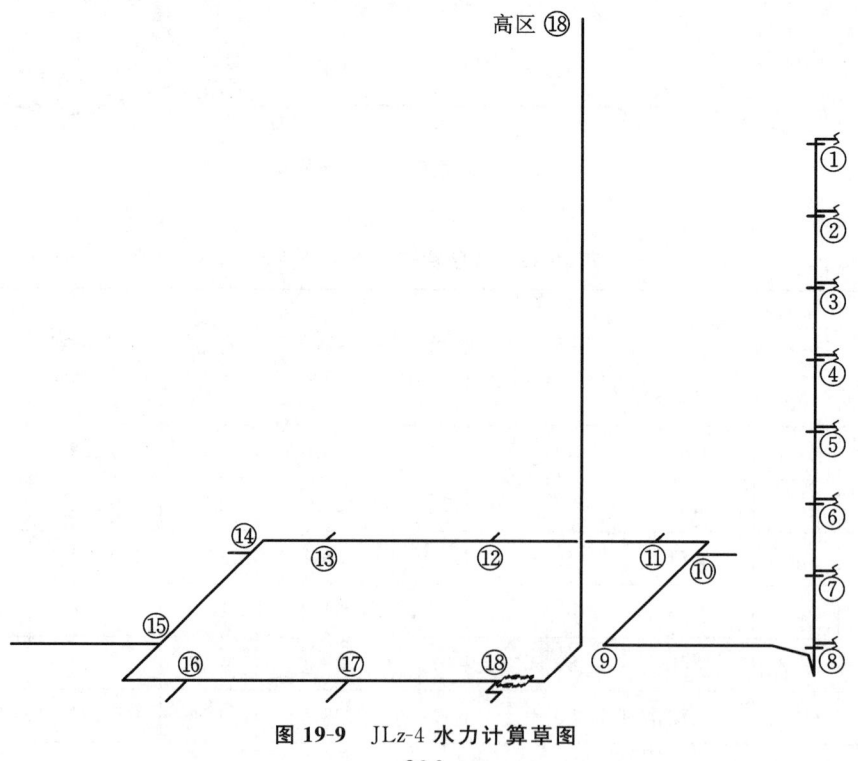

图 19-9　JLz-4 水力计算草图

— 296 —

表 19-13 JLz-4 立管水力计算表

管段 编号	当量 总数 N_g	设计秒 流量 q_g/(L/s)	管径 D_e/mm	流速 v/(m/s)	坡降 $1000i$	管段 长度 L/m	沿程水损 h_y/mH$_2$O	累计沿程 水损 $\sum h_y$ /mH$_2$O
①～②	2.0	0.40	32	0.75	32.3	3.60	0.116	0.116
②～③	4.0	0.80	40	0.96	38.7	3.60	0.139	0.255
③～④	6.0	1.20	50	0.92	27.4	3.60	0.099	0.354
④～⑤	8.0	1.41	50	1.08	37.0	3.60	0.133	0.487
⑤～⑥	10.0	1.58	63	0.76	14.8	3.60	0.053	0.540
⑥～⑦	12.0	1.73	63	0.83	17.5	3.60	0.063	0.603
⑦～⑧	14.0	1.87	63	0.90	20.2	3.60	0.073	0.676
⑧～⑨	16.0	2.00	63	0.96	22.9	12.70	0.291	0.967

JLz-5、JLz-9、JLz-10 与 JLz-4 计算相同。

b. 双卫生间立管水力计算,JLz-6 水力计算草图如图 19-10 所示,JLz-6 立管水力计算见表 19-14。

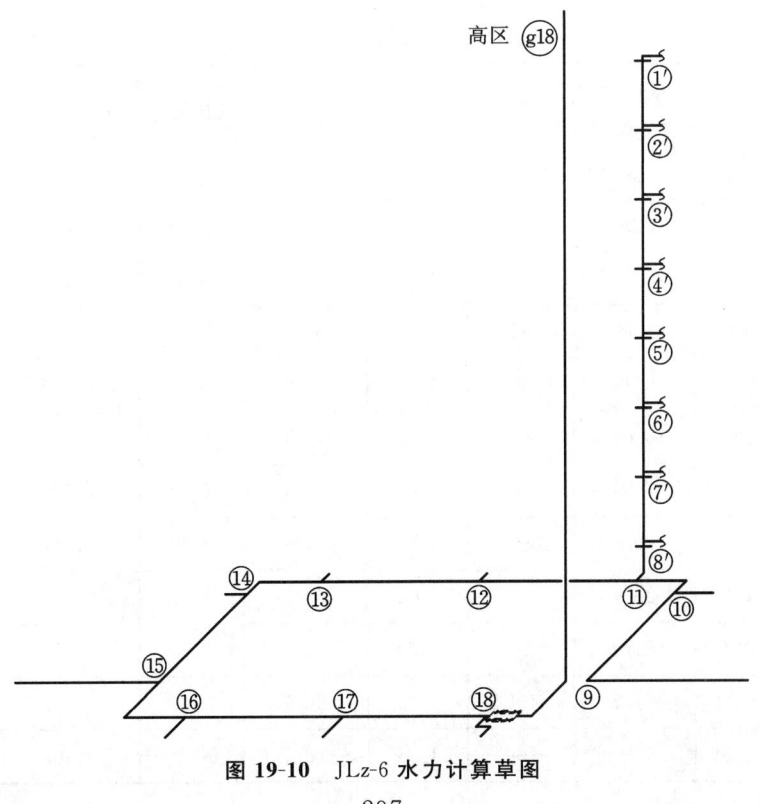

图 19-10 JLz-6 水力计算草图

表 19-14　JLz-6 立管水力计算表

管段编号	当量总数 N_g	设计秒流量 q_g/(L/s)	管径 D_e/mm	流速 v/(m/s)	坡降 $1000i$	管段长度 L/m	沿程水损 h_y/mH₂O	累计沿程水损 $\sum h_y$/mH₂O
①～②	4.0	0.80	40	0.96	38.7	3.6	0.139	0.139
②～③	8.0	1.41	50	1.08	37.0	3.6	0.133	0.272
③～④	12.0	1.73	63	0.83	17.5	3.6	0.063	0.335
④～⑤	16.0	2.00	63	0.96	22.9	3.6	0.082	0.418
⑤～⑥	20.0	2.24	63	1.08	28.3	3.6	0.102	0.520
⑥～⑦	24.0	2.45	63	1.18	33.4	3.6	0.120	0.640
⑦～⑧	28.0	2.65	63	1.28	38.6	3.6	0.139	0.779
⑧～⑪	32.0	2.83	63	1.36	43.6	2.0	0.087	0.866

JLz-1、JLz-2、JLz-3、JLz-7、JLz-8 与 JLz-6 计算相同。

c. 中区横干管水力计算(采用普通钢管),计算草图见 JLz-6 水力计算草图(图 19-10),中区横干管水力计算见表 19-15。

表 19-15　中区横干管水力计算表

管段编号	当量总数 N_g	设计秒流量 q_g/(L/s)	管径 D_e/mm	流速 v/(m/s)	坡降 $1000i$	管段长度 L/m	沿程水损 h_y/mH₂O	累计沿程水损 $\sum h_y$/mH₂O
⑨～⑩	16	2.00	50	0.94	38.1	6.40	0.244	0.244
⑩～⑪	32	3.93	65	1.11	38.7	3.50	0.135	0.379
⑪～⑫	64	5.10	65	1.45	62.7	8.10	0.508	0.887
⑫～⑬	96	6.00	80	1.21	36.8	8.10	0.298	1.185
⑬～⑭	128	6.76	80	1.36	45.9	4.00	0.184	1.369
⑭～⑮	144	7.10	80	1.43	50.3	6.40	0.322	1.691
⑮～⑯	160	7.43	80	1.50	54.6	5.80	0.317	2.008
⑯～⑰	192	8.03	80	1.62	63.1	8.10	0.511	2.519
⑰～⑱	224	8.58	80	1.73	71.4	8.10	0.578	3.097
⑱～减压阀	256	9.10	100	1.05	20.5	0.60	0.012	3.109
减压阀～⑱	256	9.10	100	1.05	20.5	58.70	1.203	4.313

（3）屋顶水箱高度校核及减压阀计算

① 以 19 层卫生间进行校核

由于大便器采用低位水箱供水，所需出流水头为 2 m，而小便器所需出流水头为 5 m，相对不利。水箱到卫生间的总水头损失为 $(0.338+2.111)\times1.3=3.184$ m，出流水头 5 m，所需压力为 $5+3.184=8.184$ m，屋顶水箱出水管标高为 $81.0+0.80+0.10+0.10=82.0$ m，小便器出水口标高为 $69.6+0.5=70.1$ m，水箱所供给的静压为 $82.0-70.1=11.9$ m>8.184 m，满足要求。

② 以加热间中央热水机组进行校核

水加热器考虑选用中央热水器，型号 WHZ-40，其出水管距楼板地面 2.3 m，即标高 $H=2.3+77.7=80$ m，考虑热水机组的水损为 1 m，水头损失为：$H=(0.112+0.158)\times1.3=0.351$ m，流出水头为 $v_2/2g=0.50^2/(2\times9.81)=0.013$ m，标高差为：$82.0-80=2.0$ m$>1+0.351+0.013=1.364$ m。满足水压要求。

③ 减压阀计算

由中区横干管水力计算表，JLz-4 水力计算表，单卫生间计算表可得：

a. 中区最不利点到减压阀前的水损为

$$1.3\times(3.109+0.967+0.228)=5.595\ m$$

出流水头 5 m，不利点距离减压阀的高差为：

$$(44.4+0.54)-(13.5+0.7)=30.74\ m$$

所以阀后压力为：$30.74+5.595+5=41.335$ m。

b. 阀前压力计算

由高区横干管水力计算表和中区横干管水力计算表可得到：

减压阀水损为：$(1.203+0.698)\times1.3=2.47$ m，水箱出水管距离减压阀的高差为 $82-(13.5+0.7)=67.8$ m，阀前压力为 $67.8-2.47=65.33$ m。选用比例减压阀 Y43X-16P，DN100，减压比为 1.5∶1。

（4）低区水力计算

低区卫生间水力计算简图如图 19-11 所示，公共卫生间给水管支管水力计算见表 19-16。

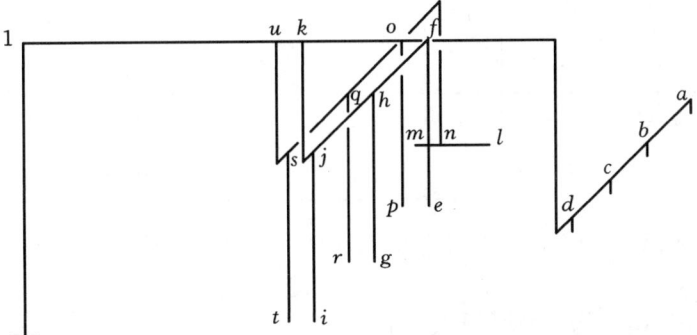

图 19-11 低区卫生间水力计算草图

表 19-16 公共卫生间给水管支管水力计算表

编号	卫生器具名称及个数 $N \times n =$ 当量×数量			当量数 N_g	秒流量 q_g/(L/s)	管径 D_e/mm	流速 v/(m/s)	坡降 $1000i$	长度 L/m	水损 h/mH$_2$O
	小便器	大便器	洗手盆							
$a \sim b$	0.5×1	—	—	0.5	0.1	20	0.54	30.03	0.7	0.022
$b \sim c$	0.5×2	—	—	1	0.2	25	0.61	27.53	0.6	0.017
$c \sim d$	0.5×3	—	—	1.5	0.3	25	0.92	58.29	0.7	0.038
$d \sim k$	0.5×4	—	—	2	0.4	32	0.75	30.46	5.5	0.168
$e \sim f$	—	6×1	—	6	1.2	50	0.92	25.91	2.0	0.052
$f \sim h$	—	6×1	—	6	1.2	50	0.92	25.91	0.9	0.023
$g \sim h$	—	6×1	—	6	1.2	50	0.92	25.91	2.0	0.052
$h \sim j$	—	6×2	—	12	1.73	50	1.32	51.08	1.0	0.051
$i \sim j$	—	6×1	—	6	1.2	50	0.92	25.91	2.0	0.052
$j \sim k$	—	6×3	—	18	2.12	63	1.02	24.14	1.6	0.039
$k \sim u$	0.5×4	6×3	—	20	2.24	63	1.08	26.61	0.3	0.008
$l \sim n$	—	—	0.75×1	0.75	0.15	20	0.81	63.59	0.6	0.037
$m \sim n$	—	—	0.75×1	0.75	0.15	20	0.81	63.59	0.3	0.018
$n \sim o$	—	—	0.75×2	1.5	0.3	25	0.92	58.29	2.3	0.134
$p \sim o$	—	6×1	—	6	1.2	50	0.92	25.91	2.1	0.053
$o \sim q$	—	6×1	—	6	1.2	50	0.92	25.91	0.9	0.023
$r \sim q$	—	6×1	—	6	1.2	50	0.92	25.91	2.1	0.053
$q \sim s$	—	6×2	—	12	1.73	50	1.32	51.08	1.0	0.051
$t \sim s$	—	6×1	—	6	1.2	50	0.92	25.91	2.1	0.053
$s \sim u$	—	6×3	—	18	2.12	63	1.02	24.14	1.6	0.039
$u \sim 1$	0.5×4	6×6	0.75×2	39.5	3.14	75	1.07	21.35	3.0	0.064

卫生间最不利点 $e(p)$ 沿程水损：$0.052 + 0.023 + 0.051 + 0.039 + 0.008 + 0.064 = 0.237$ mH$_2$O。

(5)增压设备和调节构筑物计算及选择

① 屋顶生活水箱容积计算

本高层建筑为用水定额每床每天 400 L 的高层旅馆,流量采用：

$Q_b = 2Q_{h\max} = 2 \times (10.86 + 11.61) = 44.94$ m^3/h;

$n_b = 2$；

$Q_p = (119.66 + 127.51)/24 = 10.30 \text{ m}^3/\text{h}$；

$N = 16 \times 15 = 240$ 个

则：$V_{s2} = Q_b/2n_b + (0.045N - 0.083Q_b) + 0.5Q_p$

$= 44.94/(2 \times 4) + (0.045 \times 240 - 0.083 \times 44.94) + 0.5 \times 10.30 = 17.37 \text{ m}^3$

取水箱尺寸为 5.0 m×5.0 m×1.5 m，水箱高度 1.5 m，已经考虑 0.3 m 的水箱保护高度，水箱支墩 0.6 m。

② 负二层生活水箱容积计算

建筑物的生活水箱有效容积应按进水量与用水量变化曲线经计算确定，由于缺少资料，所以在本次设计中，按最高日用水量的 20%～25%确定，最大水量不得大于建筑 48 h 的用水量。

$V = (119.66 + 127.51) \times 25\% = 61.79 \text{ m}^3$，生活水箱取水箱尺寸为 4.0 m×6.0 m×3.0 m，水箱高度 3.0 m，已经考虑 0.3 m 的水箱保护高度，水箱支墩 0.6 m，水箱顶部距离负一层楼板为 0.9 m。

（6）生活水泵的选择

① 生活水泵流量

$$Q_b = 2Q_g = 2 \times (10.86 + 11.61) = 44.94 \text{ m}^3/\text{h}$$

② 生活水泵扬程计算

水泵吸水管采用 DN150 普通钢管，当 $Q = 44.94 \text{ m}^3/\text{h} = 12.48 \text{ L/s}$ 时，$V = 0.736 \text{ m/s}$，水力坡度 $1000i = 7.1$。

则吸水管的沿程水损为：$7.0 \times 7.1/1000 = 0.050 \text{ mH}_2\text{O}$。

水泵压水管采用 DN100 普通钢管，当 $Q = 44.94 \text{ m}^3/\text{h} = 12.48 \text{ L/s}$ 时，$V = 1.442 \text{ m/s}$，水力坡度 $1000i = 36.8$，则压水管的沿程水损为：$(20.6 + 85.5 + 7.8 - 0.6 - 0.1) \times 36.8/1000 = 4.166 \text{ mH}_2\text{O}$。

水泵压水管进水箱入口所需流出水头 $H'_3 = 1.4422/(2 \times 9.81) = 0.106 \text{ mH}_2\text{O}$。

综上：$H_b = (Z_3 - Z_0) + H'_2 + H'_3$

$= (85.5 + 7.8 - 0.6 - 0.1) + (0.05 + 4.166) + 0.106 = 96.922 \text{ mH}_2\text{O}$

（7）泵的型号选择

选用立式多级离心泵，型号 80DL×5，一用一备，水泵参数为 $Q = 50.40 \text{ m}^3/\text{h}$ 时，$H = 100.0 \text{ m}$，转速 1450 r/min，功率为 30 kW，基础尺寸 800 mm×800 mm。基础高度为 $30 \times 23 = 690 \text{ mm}$，取 700 mm。基础高出地面 200 mm，吸水管高度 0.2+0.12=0.32 m，吸水管管底距离地面 $0.32 - 0.1 \div 2 = 0.27 > 0.2 \text{ m}$，满足要求。

19.3.2　室内热水系统计算

19.3.2.1　热水量及耗热量计算

（1）用水量标准

计算采用定额为，旅客：$q = 140 \text{ L/(床·天)}$，员工：$q = 45 \text{ L/(床·天)}$。

（2）热水量计算

热水量计算见表 19-17。

表 19-17　热水量计算表

序号	名称	用水人数	用水定额	$Q_{d\max}/(\mathrm{m^3/d})$
1	中区客房床位	240 床	140 L/(床·d)	33.6
2	中区客房工作人员	48 人	45 L/(人·d)	2.16
3	高区客房床位	210 床	140 L/(床·d)	29.4
4	高区客房工作人员	42 人	45 L/(人·d)	1.89
5	合计			67.05

注：美容美发、洗衣房、茶楼所用热水自备。

（3）耗热量计算

设计小时耗热量计算

$$Q_h = 4.97 \times [67050 \times 4187 \times (60-7) \times 0.9832]/86400 = 841515.52 \text{ W}$$

设计小时热水量

$$q_{rh} = 841515.52/[1.163 \times (65-7) \times 0.981] = 12717.02 \text{ L/h} = 3.53 \text{ L/s}$$

生活热水的原水硬度为 130 mg/L＜150～300 mg/L，根据规范不需要进行软化。

一个小时所需的能量为 841515.52 W/1000×1＝841.51552 kW·h＝3029.4559 kJ。

根据所需能量，由于天然气比较便宜，采用天然气作为热源。

19.3.2.2　加热设备选型及热水箱计算

（1）加热设备的选择

由于采用天然气 1 h 需热量 3029.4559 kJ，加热设备的选择考虑到维护和投资节省，因此选用智能中央热水机组，选型号为 WHZ-40Q 两台，每台额定输出热量为 40×104 kcal。

（2）热水箱尺寸确定

设计小时热水量为 12717.02 L，热水箱容积不小于 15 min 设计小时热水量，取热水箱的容积按 45 min 设计小时热水量计算：

$$1.1 \times 0.75 \times 12717.02 = 10491 \text{ L} = 10.49 \text{ m}^3$$

取 10.5 m³。考虑其热水箱尺寸为 4 m×2.5 m×1.4 m，1.4 中考虑了 0.3 m 的超高。由于层高 3.3 m，所以基础可以取高 0.6 m，水箱上面的净空为 1.2 m。

19.3.2.3　热水配水管网计算

（1）高区热水管网计算

① 单卫生间支管水力计算（采用 PP-R 热水管 PN2.50 MPa）

a. 单卫生间支管水力计算草图 1 如图 19-12 所示，单卫生间支管水力计算表 1 见表 19-18。

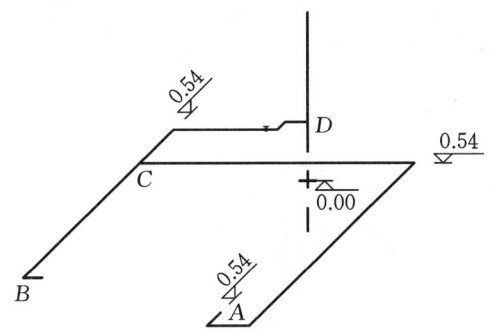

图 19-12　单卫生间支管水力计算草图 1

表 19-18　单卫生间支管水力计算表 1

编号	浴盆流量 /[(L/s)×个数]	洗脸盆流量 /[(L/s)×个数]	秒流量 q_g/(L/s)	管径 D_e/mm	流速 v/(m/s)	坡降 $1000i$	长度 L/m	沿程水损 h/mH₂O
$A\sim C$	0.24×1	—	0.24	32.00	0.68	31.99	5.13	0.16
$B\sim C$	—	0.15×1	0.15	25.00	0.69	44.13	2.10	0.09
$C\sim D$	0.24×1	—	0.24	32.00	0.68	31.99	1.67	0.05

卫生间总水头损失：$0.160+0.050=0.210 \text{ mH}_2\text{O}$。

b. 单卫生间支管水力计算草图 2 如图 19-13 所示，单卫生间支管水力计算表 2 见表 19-19。

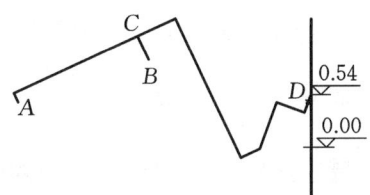

图 19-13　单卫生间支管水力计算草图 2

表 19-19　单卫生间支管水力计算表 2

编号	浴盆流量 /[(L/s)×个数]	洗脸盆流量 /[(L/s)×个数]	秒流量 q_g/(L/s)	管径 D_e/mm	流速 v/(m/s)	坡降 $1000i$	长度 L/m	沿程水损 h/mH₂O
$A\sim C$	—	0.15×1	0.15	25	0.69	44.13	1.5	0.066
$B\sim C$	0.24×1	—	0.24	32	0.68	31.99	0.3	0.01
$C\sim D$	0.24×1	—	0.24	32	0.68	31.99	3.2	0.102

卫生间总水头损失：$0.066+0.102=0.168 \text{ mH}_2\text{O}$。

② 双卫生间支管水力计算(采用 PP-R 热水管 PN2.50 MPa)

双卫生间支管水力计算草图如图 19-14 所示,双卫生间支管水力计算见表 19-20。

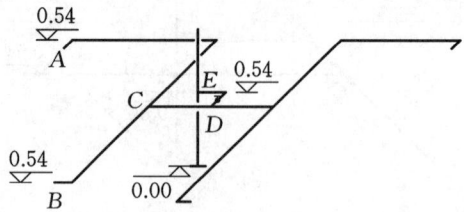

图 19-14　双卫生间支管水力计算草图

表 19-20　双卫生间支管水力计算表

编号	浴盆流量 /[(L/s)×个数]	洗脸盆流量 /[(L/s)×个数]	秒流量 q_g/(L/s)	管径 D_e/mm	流速 v/(m/s)	坡降 $1000i$	长度 L/m	沿程水损 h/mH$_2$O
$A\sim C$	—	0.15×1	0.15	25	0.69	44.13	1.82	0.08
$B\sim C$	0.24×1	—	0.24	32	0.68	31.99	0.91	0.029
$C\sim D$	0.24×1	—	0.24	32	0.68	31.99	0.45	0.014
$D\sim E$	0.24×2	—	0.48	40	0.86	38.1	0.35	0.013

卫生间总水头损失:0.080+0.014+0.013=0.107 mH$_2$O。

③ 立管水力计算(采用 PP-R 热水管 PN2.50 MPa)

高区热水系统总图如图 19-15 所示。

RLg-4 立管水力计算见表 19-21,RLg-6 立管水力计算见表 19-22。

表 19-21　RLg-4 立管水力计算

管段编号	浴盆流量 /[(L/s)×个数]	同时使用 百分数	秒流量 q_g/(L/s)	管径 D_e/mm	流速 v/(m/s)	坡降 $1000i$	管段长度 L/m	沿程水损 h/mH$_2$O
①~②	0.24×1	100%	0.24	32	0.68	31.99	3.6	0.115
②~③	0.24×2	100%	0.48	40	0.86	38.19	3.6	0.137
③~④	0.24×3	100%	0.72	50	0.83	27.48	3.6	0.099
④~⑤	0.24×4	100%	0.96	50	1.11	46.79	3.6	0.168
⑤~⑥	0.24×5	100%	1.20	63	0.87	22.5	3.6	0.081
⑥~⑦	0.24×6	100%	1.44	63	1.04	31.52	3.6	0.113
⑦~⑧	0.24×7	100%	1.68	75	0.86	17.96	14.2	0.255

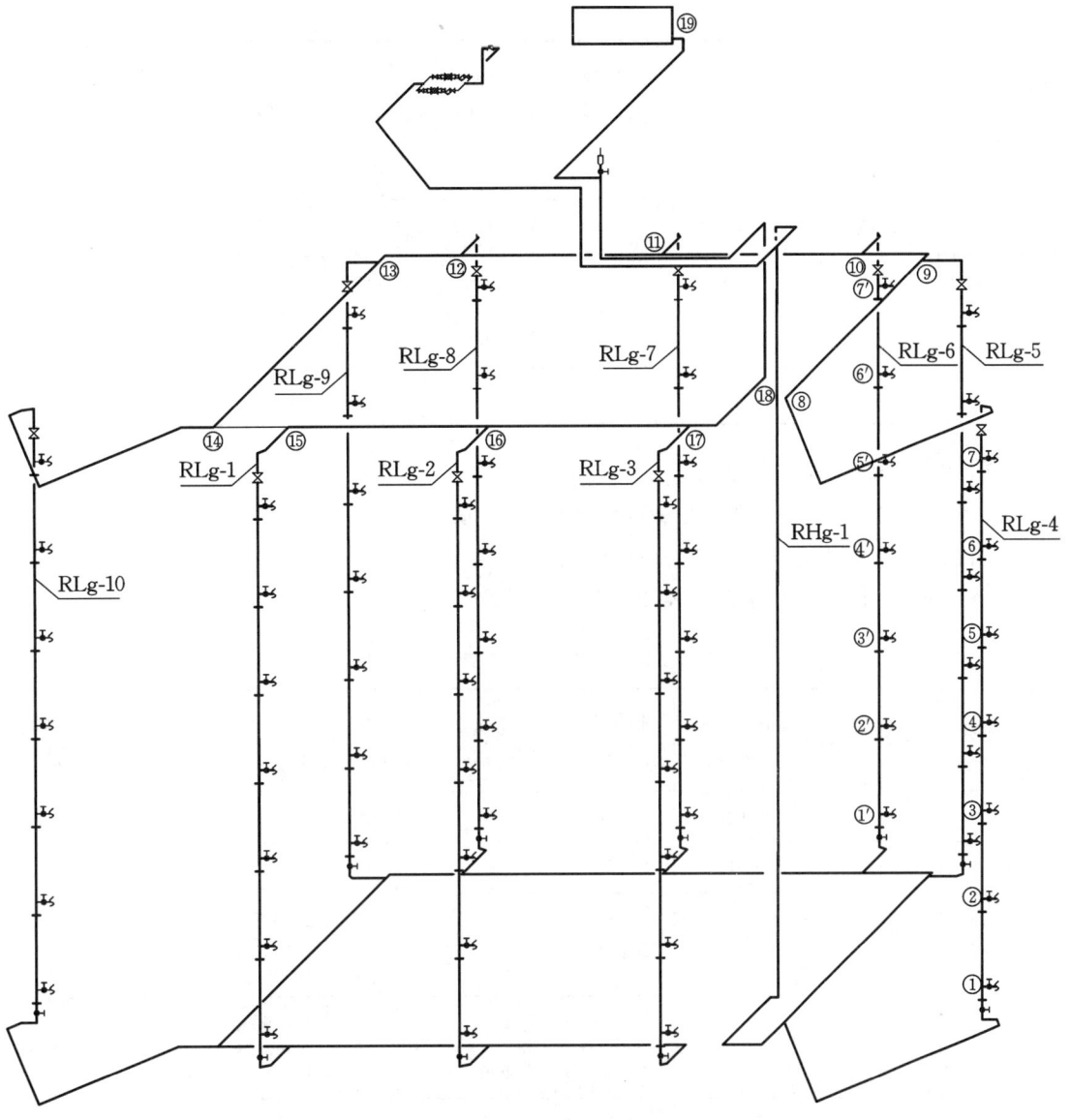

图 19-15　高区热水系统总图

RLg-4 立管总水头损失为：

$$0.115+0.137+0.099+0.168+0.081+0.113+0.255=0.969\ mH_2O$$

表 19-22　RLg-6 立管水力计算

管段编号	浴盆流量 /[(L/s)×个数]	同时使用 百分数	秒流量 q_g/(L/s)	管径 D_e/mm	流速 v/(m/s)	坡降 $1000i$	管段长度 L/m	沿程水损 h/mH_2O
①～②	0.24×2	100%	0.48	40	0.86	38.19	3.6	0.137
②～③	0.24×4	100%	0.96	50	1.11	46.79	3.6	0.168

续表19-22

管段编号	浴盆流量 /[(L/s)×个数]	同时使用 百分数	秒流量 q_g/(L/s)	管径 D_e/mm	流速 v/(m/s)	坡降 $1000i$	管段长度 L/m	沿程水损 h/mH$_2$O
③～④	0.24×6	100%	1.44	63	1.04	31.52	3.6	0.113
④～⑤	0.24×8	100%	1.92	75	0.98	22.96	3.6	0.083
⑤～⑥	0.24×10	100%	2.40	90	0.85	14.28	3.6	0.051
⑥～⑦	0.24×12	100%	2.88	90	1.02	20.00	3.6	0.072
⑦～⑩	0.24×14	100%	3.36	90	1.27	38.62	3.4	0.131

RLg-6 立管总水头损失为：

$$0.137+0.168+0.113+0.083+0.051+0.072+0.131=0.757 \text{ mH}_2\text{O}$$

④ 高区热水横干管水力计算（采用钢管）

高区热水横干管水力计算见表19-23。

表 19-23　高区热水横干管水力计算表

管段编号	浴盆当量	同时使用 百分数	秒流量 q_g/(L/s)	管径 DN/mm	流速 v/(m/s)	坡降 $1000i$	管段长度 L/m	沿程水损 h/mH$_2$O
⑧～⑨	8.40	100%	1.68	70	0.49	9.423	8.0	0.075
⑨～⑩	16.80	70%	2.35	70	0.50	7.258	3.1	0.022
⑩～⑪	33.60	65%	4.37	80	0.93	25.099	8.1	0.203
⑪～⑫	50.40	60%	6.05	100	0.73	10.653	8.1	0.086
⑫～⑬	67.20	55%	7.39	100	0.89	15.895	3.4	0.055
⑬～⑭	75.60	50%	7.56	100	0.91	16.634	9.5	0.159
⑭～⑮	84.00	50%	8.40	100	1.01	20.536	3.1	0.064
⑮～⑯	100.80	45%	9.07	100	1.09	23.943	8.1	0.194
⑯～⑰	117.60	40%	9.41	100	1.13	25.772	8.1	0.209
⑰～⑱	134.40	40%	10.75	100	1.29	33.572	3.9	0.131
⑱～⑲	288.00	25%	14.40	125	1.14	19.887	26.9	0.535

高区热水干管总的沿程水头损失为：

$$0.075+0.022+0.203+0.086+0.055+0.159+0.064+0.194+0.209+0.131+0.535=1.732 \text{ mH}_2\text{O}$$

RLg-5、RLg-9、RLg-10 同以上立管计算 RLg-4。

RLg-1、RLg-2、RLg-3、RLg-7、RLg-8 同立管计算 RLg-6。

（2）中区热水管网计算

中区热水系统总图如图 19-16 所示，RLz-4 立管水力计算见表 19-24，RLz-6 立管水力计算见表 19-25，中区热水横干管水力计算见表 19-26。

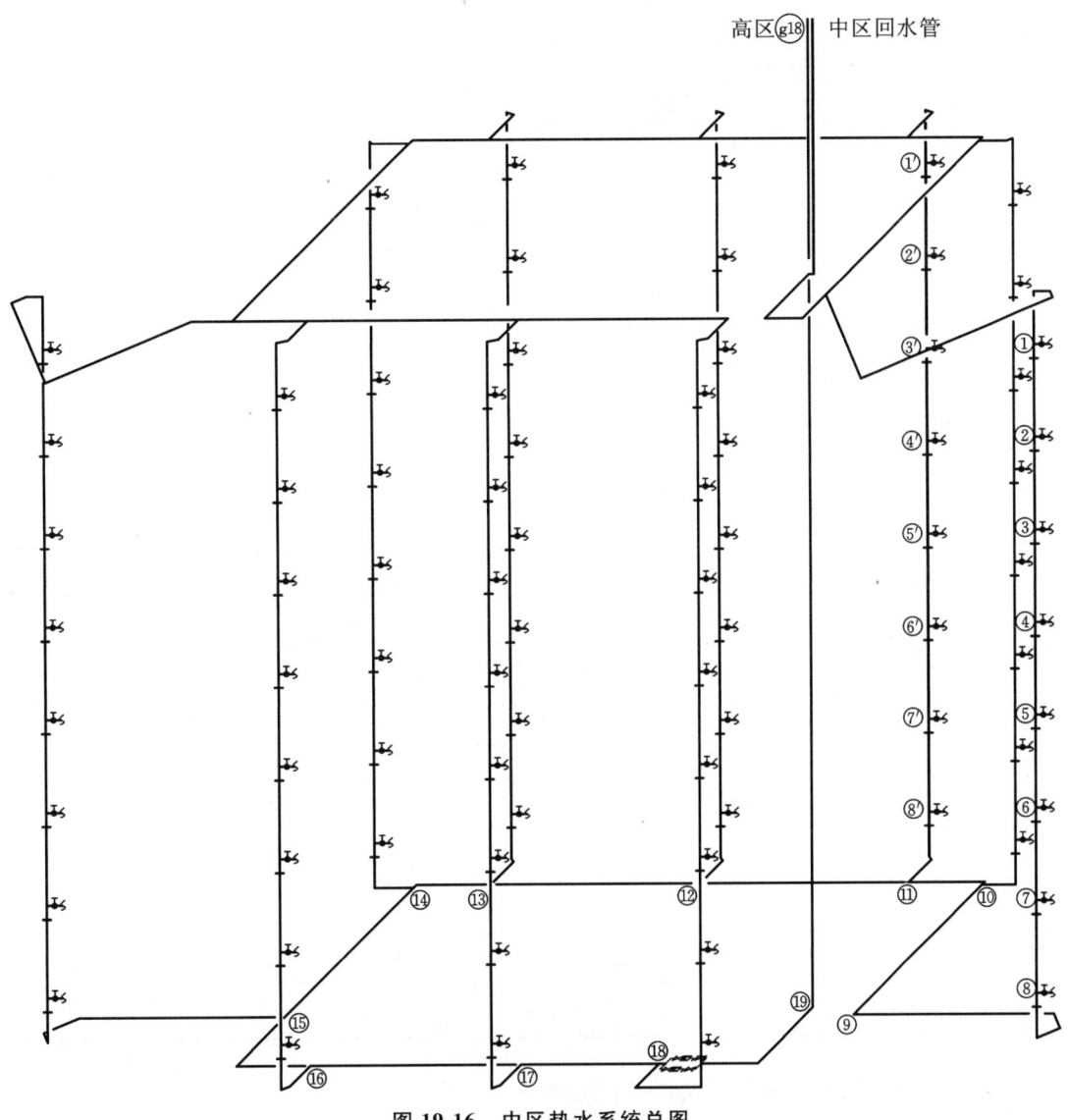

图 19-16　中区热水系统总图

表 19-24　RLz-4 立管水力计算

管段编号	浴盆流量 /[(L/s)×个数]	同时使用 百分数	秒流量 q_g/(L/s)	管径 D_e/mm	流速 v/(m/s)	坡降 $1000i$	管段长度 L/m	沿程水损 h/mH₂O
①～②	0.24×1	100%	0.24	32	0.68	31.99	3.6	0.115
②～③	0.24×2	100%	0.48	40	0.86	38.19	3.6	0.137

续表19-24

管段编号	浴盆流量/[(L/s)×个数]	同时使用百分数	秒流量 q_g/(L/s)	管径 D_e/mm	流速 v/(m/s)	坡降 $1000i$	管段长度 L/m	沿程水损 h/mH$_2$O
③～④	0.24×3	100%	0.72	50	0.83	27.48	3.6	0.099
④～⑤	0.24×4	100%	0.96	50	1.11	46.79	3.6	0.168
⑤～⑥	0.24×5	100%	1.20	63	0.87	22.5	3.6	0.081
⑥～⑦	0.24×6	100%	1.44	63	1.04	31.52	3.6	0.113
⑦～⑧	0.24×7	100%	1.68	75	0.86	17.96	3.6	0.065
⑧～⑨	0.24×8	100%	1.92	75	0.98	22.96	11.2	0.257

RLz-4 立管的沿程水头损失为：

$$0.115+0.137+0.099+0.168+0.081+0.113+0.065+0.257=1.036 \text{ mH}_2\text{O}$$

表 19-25　RLz-6 立管水力计算

管段编号	浴盆流量/[(L/s)×个数]	同时使用百分数	秒流量 q_g/(L/s)	管径 D_e/mm	流速 v/(m/s)	坡降 $1000i$	管段长度 L/m	沿程水损 h/mH$_2$O
①～②	0.24×2	100%	0.48	40	0.86	38.19	3.6	0.137
②～③	0.24×4	100%	0.96	50	1.11	46.79	3.6	0.168
③～④	0.24×6	100%	1.44	63	1.04	31.52	3.6	0.113
④～⑤	0.24×8	100%	1.92	75	0.98	22.96	3.6	0.083
⑤～⑥	0.24×10	100%	2.40	75	1.22	34.69	3.6	0.125
⑥～⑦	0.24×12	100%	2.88	90	1.02	20.00	3.6	0.072
⑦～⑧	0.24×14	100%	3.36	90	1.19	26.61	3.6	0.096
⑧～⑪	0.24×16	100%	3.84	110	0.91	12.76	3.1	0.040

RLz-6 立管的沿程水头损失为：

$$0.137+0.168+0.113+0.083+0.125+0.072+0.096+0.040=0.834 \text{ mH}_2\text{O}$$

表 19-26　中区热水横干管水力计算（采用热水钢管）

管段编号	浴盆当量	同时使用百分数	秒流量 q_g/(L/s)	管径 DN/mm	流速 v/(m/s)	坡降 $1000i$	管段长度 L/m	沿程水损 h/mH$_2$O
⑨～⑩	9.60	100%	1.92	70	0.58	12.307	7.1	0.087
⑩～⑪	19.20	70%	2.69	70	0.81	24.158	3.1	0.075

管段编号	浴盆当量	同时使用百分数	秒流量 q_g/(L/s)	管径 DN/mm	流速 v/(m/s)	坡降 $1000i$	管段长度 L/m	沿程水损 h/mH$_2$O
⑪~⑫	38.40	65%	4.99	80	1.06	32.727	8.1	0.265
⑫~⑬	57.60	60%	6.91	100	0.83	13.897	8.1	0.113
⑬~⑭	76.80	55%	8.45	100	1.01	20.782	3.1	0.064
⑭~⑮	86.40	50%	8.64	100	1.04	21.727	7.1	0.154
⑮~⑯	96.00	50%	9.60	100	1.15	26.823	5.5	0.148
⑯~⑰	115.20	45%	10.37	100	1.24	31.298	8.1	0.254
⑰~⑱	134.40	40%	10.75	100	1.29	33.634	7.4	0.249
⑱~减压阀	153.60	40%	12.29	100	0.97	14.486	0.7	0.010
减压阀~⑲	153.60	40%	12.29	100	1.47	14.486	5.2	0.075
⑲~㉘	153.60	40%	12.29	100	1.47	14.486	54.3	0.787

⑨点到减压阀前的水头损失为:1.418 mH$_2$O

(3)校核热水箱标高

① 校核高区水压

热水水箱到高区不利点的水损为:

1.3×(1.732+0.255+0.210)=2.856 m

出流水头 5 m,高差为 77.7+0.7-66-0.54=11.86 m>5+2.856=7.856 m,满足要求。

由中区热水横干管水力计算表、RLz-4 水力计算表、单卫生间计算表可得中区最不利点到减压阀前的水损为:

1.3×(0.210+1.036+1.418)=3.469 m

出流水头 5 m,不利点距离减压阀的高差为:

(44.4+0.54)-(13.5+0.9)=30.54 m

所以阀后压力为 30.54+3.47+5=39.01 m。

② 阀前压力计算

由高区横干管水力计算表和中区横干管水力计算表可得水损为:(0.535+0.787+0.075)×1.3=1.397 m,水箱出水管距离减压阀的高差为 77.7+0.7-13.5-0.9=64 m,阀前压力为 64-1.40=62.60 m。选用比例减压阀为 Y43X-16P,DN125,减压比为 1.5:1。

19.3.2.4 热水循环管网计算

(1)热水总循环流量计算

$q_x=5\%Q_h/(1.163×6)=0.05×841515.52/(1.163×6)=6029.78$ L/h=1.675 L/s

（2）各管段循环流量分配

因为循环流量按立管进行分配不合理，故按各立管浴盆数分配负责各个卫生间的立管。高区和中区的浴盆总数为 $16\times15=240$ 个，循环流量为：$6029.78/240=25.1241$ L/h。

（3）循环管道水力计算

① 高区循环管道

a. 水力计算

高区循环管道水力计算草图如图 19-17 所示，高区循环管道水力计算见表 19-27。

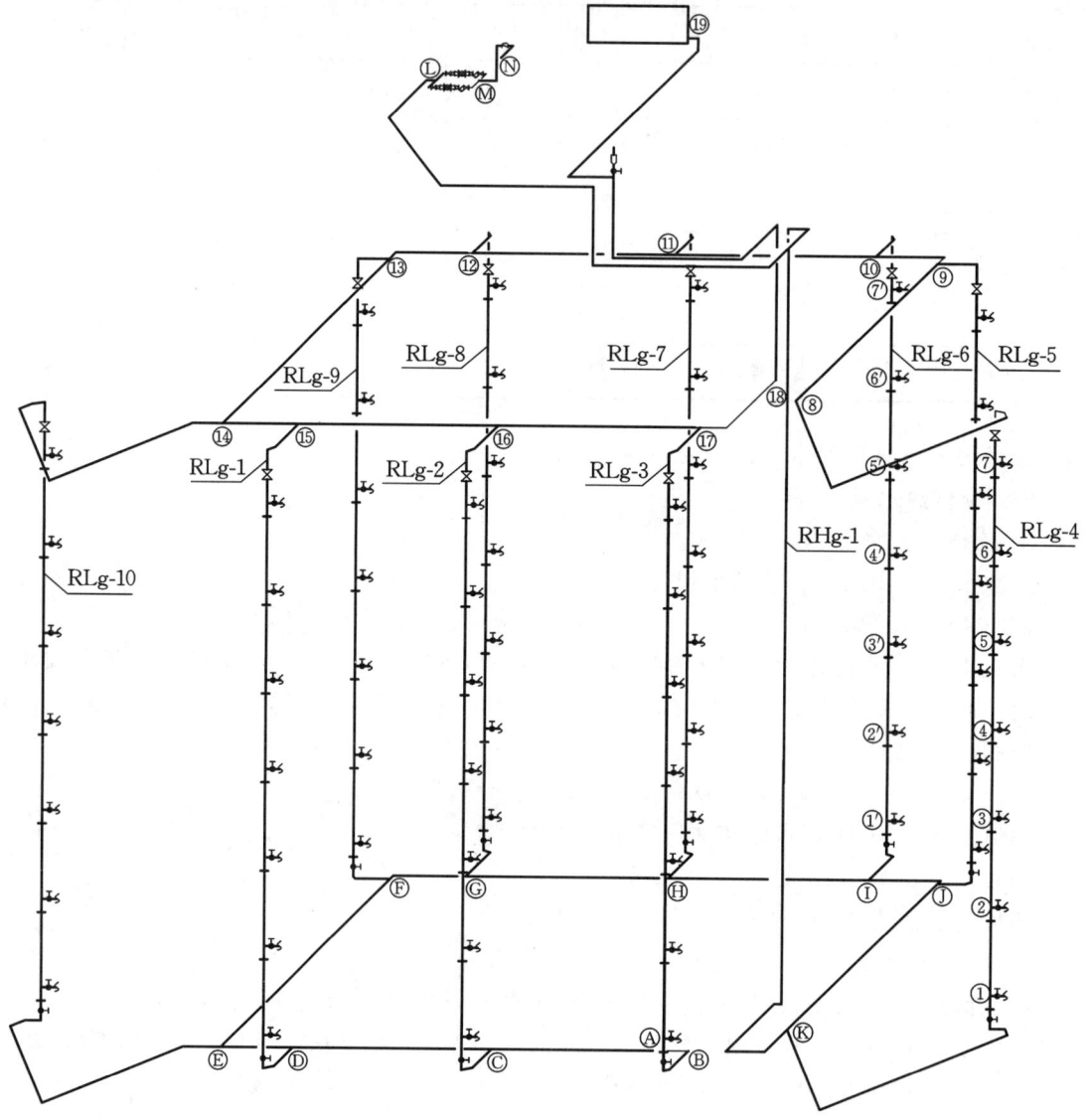

图 19-17　高区循环管道水力计算草图

表 19-27 高区循环管道水力计算表

管段编号	浴盆个数	秒流量 q_g/(L/s)	管径 DN/mm	流速 v/(m/s)	坡降 $1000i$	管段长度 L/m	沿程水损 h/mH$_2$O
①~①	7	0.05	20	0.31	10.956	3.0	0.033
Ⓐ~Ⓑ	14	0.10	20	0.37	11.725	2.6	0.030
Ⓑ~Ⓒ	14	0.10	20	0.37	11.725	8.1	0.095
Ⓒ~Ⓓ	28	0.20	32	0.47	12.994	8.1	0.105
Ⓓ~Ⓔ	42	0.29	40	0.43	8.379	3.0	0.025
Ⓔ~Ⓕ	49	0.34	40	0.51	11.139	9.7	0.108
Ⓕ~Ⓖ	56	0.39	40	0.58	14.231	3.1	0.044
Ⓖ~Ⓗ	70	0.49	40	0.73	21.371	8.1	0.173
Ⓗ~Ⓘ	84	0.59	40	0.89	29.730	8.1	0.241
Ⓘ~Ⓙ	98	0.68	40	1.02	38.250	3.1	0.119
Ⓙ~Ⓚ	105	0.73	40	0.70	15.092	8.4	0.127
Ⓚ~Ⓛ	112	0.78	50	0.75	16.973	62.8	1.066
Ⓜ~Ⓝ	112	0.78	50	0.75	16.973	3.5	0.059

循环管道的总的沿程水头损失为:2.193 mH$_2$O。

b. 选泵

高区管道水损为 2.193×1.3＝2.851 m,热水机组水损 1 m,水箱出水到进水管的高差为 2.5−0.7＝1.8 m,出流水头 2 m。

所需泵的扬程为 2.851＋1＋1.8＋2＝7.65 m,流量为 0.78 L/s。

选用高区回水泵为 BG40-8(当流量为 1.33 L/s,扬程 9.6 m)。

② 中区循环管道

a. 中区循环管道计算

中区循环管道计算见表 19-28。

表 19-28 中区循环管道计算表

管段编号	浴盆个数	秒流量 q_g/(L/s)	管径 DN/mm	流速 v/(m/s)	坡降 $1000i$	管段长度 L/m	沿程水损 h/mH$_2$O
①~①	8	0.06	20	0.34	12.958	3.7	0.048
Ⓐ~Ⓑ	16	0.11	25	0.41	13.985	3.6	0.050
Ⓑ~Ⓒ	16	0.11	25	0.41	13.985	8.1	0.113

续表19-28

管段编号	浴盆个数	秒流量 q_g/(L/s)	管径 DN/mm	流速 v/(m/s)	坡降 1000i	管段长度 L/m	沿程水损 h/mH$_2$O
©~Ⓓ	32	0.22	32	0.51	14.759	8.1	0.120
Ⓓ~Ⓔ	48	0.33	40	0.49	10.560	3.0	0.032
Ⓔ~Ⓕ	56	0.39	40	0.58	14.231	9.7	0.138
Ⓕ~Ⓖ	64	0.45	40	0.67	18.365	3.1	0.057
Ⓖ~Ⓗ	80	0.56	40	0.84	27.098	8.1	0.219
Ⓗ~Ⓘ	96	0.67	40	1.01	37.258	8.1	0.302
Ⓘ~Ⓙ	112	0.78	50	0.75	16.973	3.1	0.053
Ⓙ~Ⓚ	120	0.84	50	0.81	19.355	8.4	0.163
Ⓚ~Ⓛ	128	0.89	50	0.86	21.442	64.7	1.387

循环管道的总的沿程水头损失为：2.634 mH$_2$O。

中区循环管道计算草图如图19-18所示。

b. 选泵

中区管道水损为 $2.634 \times 1.3 = 3.424$ mH$_2$O，热水机组水损 1 mH$_2$O，水箱出水管到减压阀的高差为 $77.7 + 0.7 - 13.5 - 0.9 = 64$ mH$_2$O，到减压阀前的水损为 1.40 mH$_2$O，阀前压力为 $64 - 1.40 = 62.60$ mH$_2$O，考虑阀后压力为 39.01 mH$_2$O，出流水头 5 mH$_2$O，阀后水损为 3.47 mH$_2$O。

所需泵的扬程为：

减压阀到水箱顶的高差－（减压阀后压力－阀后水损）＋出流水头

$= (77.7 + 0.7 - 13.5 - 0.9) - (38 - 3.47) + 5 = 34.47$ mH$_2$O，流量为 0.89 L/s。

选用中区回水泵为 KQR20-160（流量 1.0 L/s，扬程 36 m H$_2$O）。

19.3.2.5　膨胀管计算

热水供水系统采用中央加热机组——开式水箱的供水方式，其膨胀管主要用来冷却的，从中央加热机组和开式水箱的膨胀管汇合后接入消防水箱，选择 DN80 的钢管。

19.3.3　消火栓给水系统

（1）消火栓栓口所需压力计算

查《建筑给排水设计手册》，选用 DN65 的消火栓，喷口直径 $d = 19$ mm，水龙带长度 $L_d = 20$ m，充实水柱长度 $H_m = 12$ m，喷口系数 $B = 1.577$，$\phi = 0.0097$，实验系数 $\alpha_f = 1.21$，麻织水龙带 $A_z = 0.0043$。

① 消火栓保护半径 $R_f = L_d + L_s = 0.8 \times 20 + 12 \times \cos 45° = 24.5$ m。

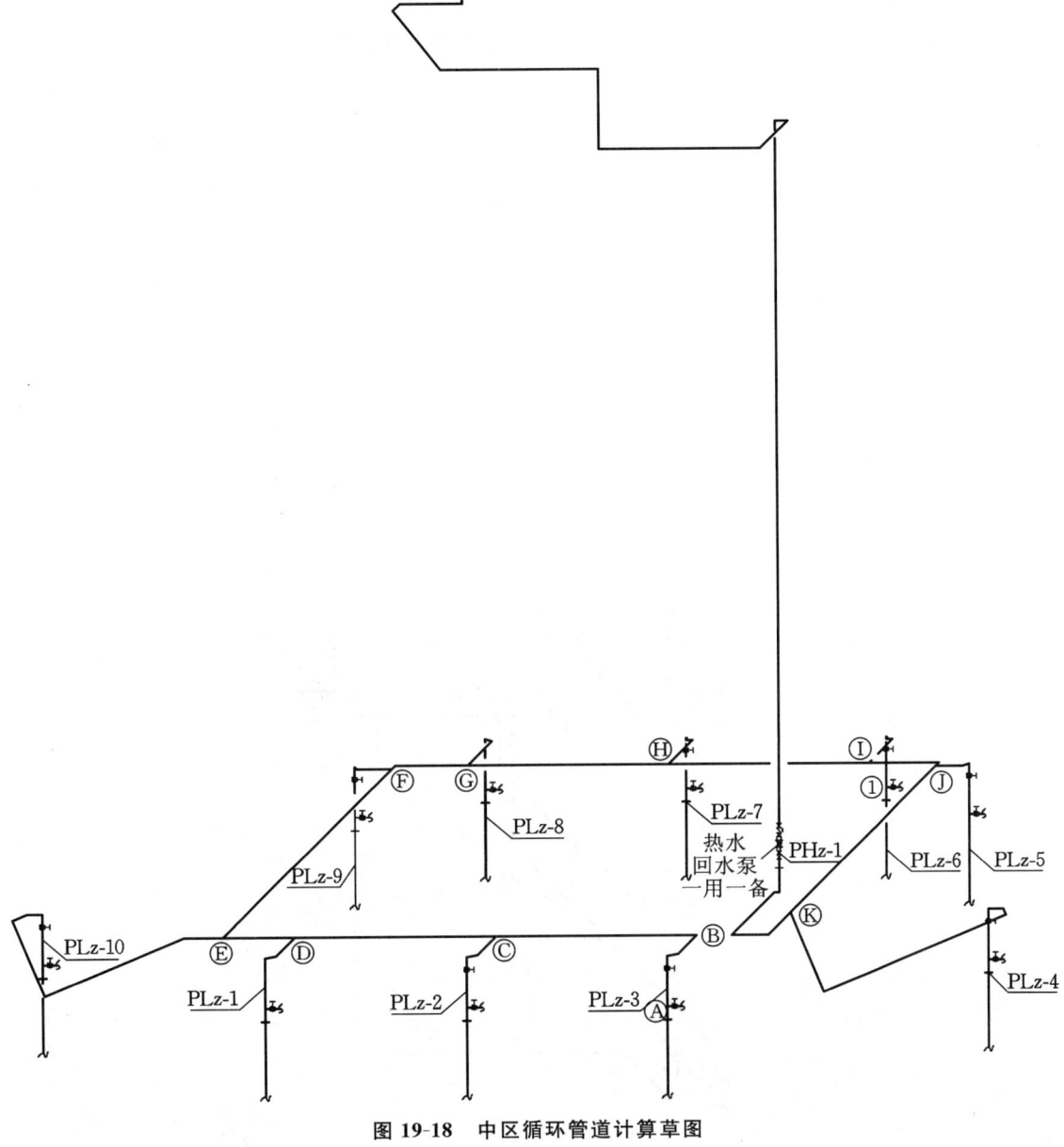

图 19-18 中区循环管道计算草图

② 查手册可知水枪实际喷射流量 $q_{xh}=5.2\ \text{L/s}>5\ \text{L/s}$,故消防流量采用 $5.2\ \text{L/s}$。

③ 水枪喷嘴压力

$$H_q=\alpha_f\times H_m\times 10/(1-\phi\times\alpha_f\times H_m)=1.21\times12\times10/(1-0.0097\times1.21\times12)=169K_p=16.9\ \text{m}$$

④ 水龙带的沿程水头损失:

$$h_d=Az\times L_d\times q_{xh}^2=0.0043\times20\times5.2^2=2.33\ \text{mH}_2\text{O}$$

⑤ 消火栓栓口处所需水压:

$$H_{xh}=h_d+H_q+H_k=2.33+16.90+2=21.23\ \text{mH}_2\text{O}$$

H_k 为消火栓栓口水头损失,取 2 mH$_2$O。

(2)消防系统计算

消防系统水力计算草图如图 19-19 所示,消火栓水力计算见表 19-29。

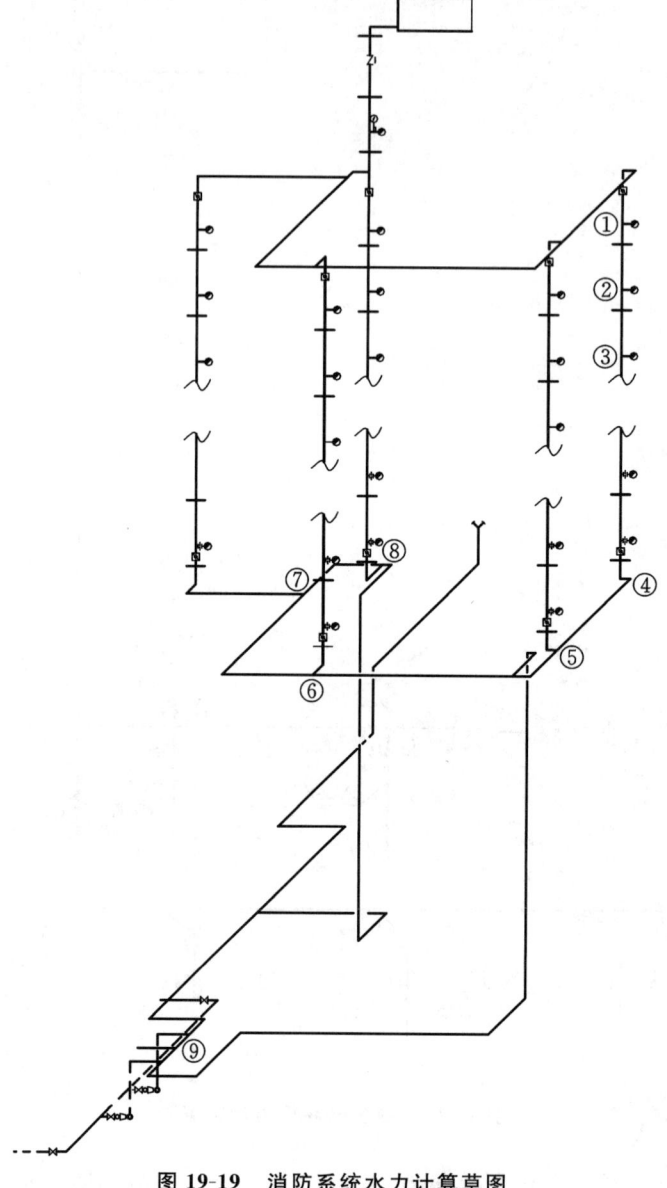

图 19-19　消防系统水力计算草图

表 19-29　消火栓水力计算表

计算管段	设计秒流量 q_g/(L/s)	管径 D_e/mm	流速 v/(m/s)	坡降 $1000i$	管长 L/m	沿程水损 h/mH$_2$O
①~②	5.20	100	0.60	7.29	3.6	0.026

计算管段	设计秒流量 $q_g/(\text{L/s})$	管径 D_e/mm	流速 $v/(\text{m/s})$	坡降 $1000i$	管长 L/m	沿程水损 $h/\text{mH}_2\text{O}$
②～③	10.85	100	1.25	28.40	3.6	0.102
③～④	16.93	100	1.96	64.73	49.4	3.200
④～⑤	16.93	150	0.90	9.71	5.5	0.054
⑤～⑥	33.86	150	1.79	35.02	13.8	0.483
⑥～⑦	44.71	150	2.37	58.55	11.1	0.648
⑦～⑧	44.71	150	2.37	58.55	4.9	0.285
⑧～⑨	44.71	150	2.37	58.55	43.7	2.556

说明:按照最不利点消火栓的流量分配要求,最不利消防立管为图中①～③立管,其上出水水枪为 3 支,相邻消防立管上出水枪为 3 支,第三根立管考虑 2 只水枪。

① ①点的水枪流量为 5.2 L/s

$H_{xh1} = h_d + H_q + H_k = 2.33 + 16.9 + 2 = 21.23 \text{ mH}_2\text{O}$

$H_{xh2} = H_{xh1} + \Delta H$(①、②点消火栓间距)$+ h$(1～2 管段水头损失)$= 21.33 + 3.6 + 0.03 = 24.96 \text{ mH}_2\text{O}$

② ②点的水枪流量为:

$q_{xh2} = \sqrt{BH_{q2}}$

$H_{xh2} = H_{q2} + h_d + 2 = q_{xh1}^2/B + A \times L_d \times q_{xh1}^2 + 2 = q_{xh1}^2(1/B + A \times L_d) + 2$

$q_{xh2} = \sqrt{(H_{xh2}-2)/(1/B+AL_d)} = \sqrt{(24.96-2)/(1/1.577+0.0043\times20)} = 5.65 \text{ L/s}$

$H_{xh3} = H_{xh2} + \Delta H + h = 24.96 + 3.6 + IL = 25.03 + 3.6 + 0.10 = 28.66 \text{ mH}_2\text{O}$

③ ③点的水枪流量为:

$q_{xh3} = \sqrt{(H_{xh3}-2)/(1/B+AL_d)} = \sqrt{(28.66-2)/(1/1.577+0.0043\times20)} = 6.08 \text{ L/s}$

④ ④点到消防水泵的总沿程水头损失为:4.026 mH$_2$O,消防管道最不利点到消防水泵的总沿程水头损失 $\sum h$ 为:7.355 mH$_2$O,管路总水头损失为 $H_w = 1.2 \times \sum h = 1.2 \times 7.355 = 8.826$ m。

(3)消防增压和贮水设备

① 消防高位水箱

消防水箱的容积按 5 min 的室内消防用水量计算,采用

$$V = Q_{xh} \times T_x \times 60/1000$$

式中 Q_{xh}——室内消防用水量,L/s;

T_x——消防用水时间,min。

a. 自动喷水系统计算流量 $Q_s=(1.15\sim1.3)Q_L=1.3\times6\times160/60=20.8$ L/s。

b. 消火栓室内消防用水量 $Q=40$ L/s。

则：$V=Q_{xh}\times T_x\times60/1000=(40+20.8)\times10\times60/1000=36.48$ m³＞36 m³

按《消防给水及消火栓系统技术规范》(GB 50974—2014),消防水箱的容积取为 36.48 m³。水箱尺寸为：$3.0\times4.0\times3.3=39.6$ m³,其中 0.3 m 为超高,水箱支墩 0.3 m。

② 消防水池

a. 由《消防给水及消火栓系统技术规范》(GB 50974—2014),对于大于 50 m 的高级宾馆,消火栓用水量为：室外 40 L/s,室内 40 L/s;消火栓灭火时间考虑为 3 h。

b. 由《自动喷水灭火系统设计规范》(GB 50084—2017),对于中危险Ⅰ级:喷水强度 6 L/min×m² 作用面积为 160 m²,而自动喷水系统设计水量为：

$$Q_s=(1.15\sim1.3)Q_L \tag{19-1}$$

式中 Q_s——系统设计流量,L/s;

Q_L——为喷水强度与作用面积的乘积,L/s。

$Q_s=(1.15\sim1.3)Q_L=1.3\times6\times160/60=20.8$ L/s;自动喷水灭火时间考虑为 1 h。

c. 消防水池容积：

$$V=(40+40)\times3\times3600/1000+20.8\times3600/1000=830.88 \text{ m}^3$$

③ 消防水泵

a. 消防水泵流量为：

$$Q_x=44.71 \text{ L/s}$$

b. 消防扬程：

$$H_b=H_z+\sum h+H_{xh} \tag{19-2}$$

式中 H_b——水泵扬程,m;

H_z——立管上最高的消火栓栓口与贮水池最低水位标高差,m;

$\sum h$——消防泵吸水管到实验消火栓的总水头损失,m;

H_{xh}——消火栓栓口处所需水压,21.23 mH₂O。

$$H_z=69.6+1.1-(-7.8+0.2)=78.3 \text{ mH}_2\text{O}$$

则水泵扬程为

$$H_b=H_z+\sum h+H_{xh}=69.6+1.1+8.83+21.33+2=110.66 \text{ mH}_2\text{O}$$

c. 按消火栓灭火总用水量,选得流量-扬程曲线平坦的消防泵为：XBD45-120-TB 型 2 台,一用一备,各项参数为：$Q_b=45$ L/s,$H_b=120$ mH₂O,电机功率 $N=90$ kW。

根据室内消防用水量,应设置六套水泵接合器,高区三套,低区三套。

19.3.4 自动喷淋给水系统

19.3.4.1 自动喷淋参数确定

查《建筑给排水设计手册》知本建筑属中危险级:①地下车库属于中危险级Ⅱ级,每只喷头最大保护面积为 11.5 m²,正方形布置的边长为 3.4 m,矩形布置时长边最大为 3.6 m,喷头与墙柱的最大间距 1.7 m,设计喷水强度 $q_b = 8$ L/(min·m²),最不利喷头出口压力 $P = 0.10$ MPa;②其他部分属于中危险级Ⅰ级,每只喷头最大保护面积为 12.5 m²,喷头最大水平间距 3.6 m,喷头与墙柱的最大间距 1.8 m,设计喷水强度 $q_b = 6$ L/(min·m²),最不利喷头出口压力 $P = 0.10$ MPa,喷头间距一般采用 3.6 m×3.6 m,按照设计中的实际情况可适当调整喷头间距;③标准层在标间中设快速反应水平侧墙式洒水头,其保护面积为 4.9 m×6.1 m,其最小压力为 $P = 0.13$ MPa,最小流量为 128.9 L/min=2.15 L/s,特性系数为 112.5,考虑采用特性系数 113。

19.3.4.2 计算公式

(1)喷头出水量

喷头出水量,按式(16-11)计算。

(2)调整流量的计算

交汇点不同方向的流量,应通过计算进行调整,其调整流量应通过式(16-14)进行计算。

19.3.4.3 自动喷淋系统水力计算

(1)低区喷淋系统计算

喷淋水力计算简图 1 如图 19-20 所示,管段 5~B 计算见表 19-30,管段 10~C 计算见表 19-31,管段 1~H 计算见表 19-32。

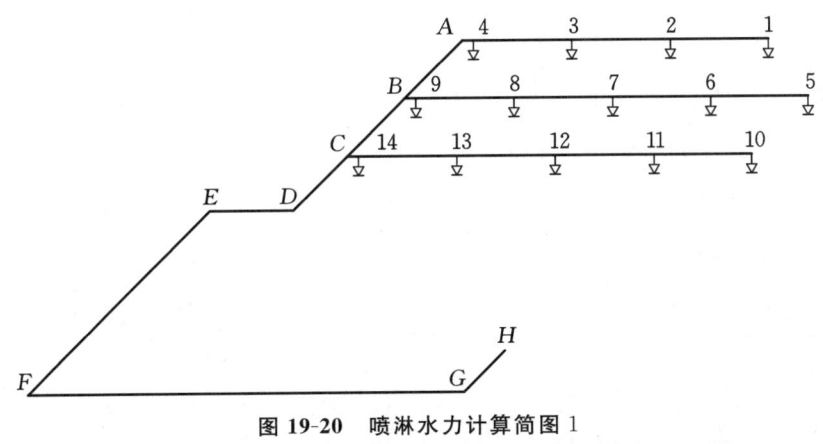

图 19-20 喷淋水力计算简图 1

表 19-30 管段 5～B 计算

节点编号	管段编号	流量系数	喷头处水压/mH₂O	喷头出流量/(L/s)	管段流量/(L/s)	管径DN/mm	流速/(m/s)	坡降1000i	长度/m	水头损失/mH₂O
5	—	80.00	10.00	1.33	—	—	—	—	—	—
—	5～6	—	—	—	1.33	32.00	1.40	165.90	3.60	0.60
6	—	80.00	10.60	1.37	—	—	—	—	—	—
—	6～7	—	—	—	2.70	32.00	2.97	745.83	3.60	2.69
7	—	80.00	13.28	1.53	—	—	—	—	—	—
—	7～8	—	—	—	4.23	50.00	1.99	198.18	3.60	0.71
8	—	80.00	14.00	1.57	—	—	—	—	—	—
—	8～9	—	—	—	5.80	50.00	2.73	372.60	3.60	1.34
9	—	80.00	15.34	1.64	—	—	—	—	—	—
—	9～B	—	—	—	7.44	70.00	2.09	157.44	0.40	0.06
B	—	—	15.40	1.65	—	—	—	—	—	—

表 19-31 管段 10～C 计算

节点编号	管段编号	流量系数	喷头处水压/mH₂O	喷头出流量/(L/s)	管段流量/(L/s)	管径DN/mm	流速/(m/s)	坡降1000i	长度/m	水头损失/mH₂O
10	—	80	10	1.33	—	—	—	—	—	—
—	10～11	—	—	—	1.33	32	1.4	165.9	3.6	0.597
11	—	80	10.597	1.37	—	—	—	—	—	—
—	11～12	—	—	—	2.7	32	2.97	745.833	3.6	2.685
12	—	80	13.282	1.53	—	—	—	—	—	—
—	12～13	—	—	—	4.23	50	1.99	198.183	3.6	0.713
13	—	80	13.996	1.57	—	—	—	—	—	—
—	13～14	—	—	—	5.8	50	2.73	372.6	3.6	1.341
14	—	80	15.337	1.64	—	—	—	—	—	—
—	14～C	—	—	—	7.44	70	2.09	157.442	0.4	0.063
C	—	—	15.4	—	—	—	—	—	—	—

表 19-32　管段 1～H 计算

节点编号	管段编号	流量系数	水压/mH₂O	出流量/(L/s)	流量/(L/s)	管径DN/mm	流速/(m/s)	坡降1000i	长度/m	水头损失/mH₂O
1	—	80	10	1.33	—	—	—	—	—	—
—	1～2	—	—	—	1.33	25	1.4	771.878	3.6	2.779
2	—	80	12.779	1.5	—	—	—	—	—	—
—	2～3	—	—	—	2.83	32	2.98	751.132	3.6	2.704
3	—	80	15.483	1.65	—	—	—	—	—	—
—	3～4	—	—	—	4.48	50	2.11	222.301	3.6	0.8
4	—	80	16.283	1.69	—	—	—	—	—	—
—	4～A	—	—	—	6.18	50	2.91	423.022	0.4	0.169
A	—	—	16.452	1.7	—	—	—	—	—	—
—	A～B	—	—	—	7.88	70	2.24	179.498	3	0.538
B	—	—	16.991	—	—	—	—	—	—	—
—	B～C	—	—	—	15.7	100	1.81	65.872	3	0.198
C	—	—	17.188	—	—	—	—	—	—	—
—	C～D	—	—	—	23.56	100	2.72	148.338	2.8	0.415
D	—	—	17.604	—	—	—	—	—	—	—
—	D～E	—	—	—	23.56	100	2.72	148.338	3	0.445
E	—	—	18.049	—	—	—	—	—	—	—
—	E～F	—	—	—	23.56	100	2.72	148.338	9.5	1.409
F	—	—	19.458	—	—	—	—	—	—	—
—	F～G	—	—	—	23.56	100	2.72	148.338	15.95	2.366
G	—	—	21.824	—	—	—	—	—	—	—
—	G～H	—	—	—	23.56	100	2.72	148.338	2.1	0.312
H	—	—	22.136	—	—	—	—	—	—	—

注:B 点右侧调整流量计算:$Q_2 = Q_1(H_1/H_2)^{1/2} = 7.44 \times (16.991/15.40)^{1/2} = 7.82$ L/s;

　　B～C 管段的流量为:$7.88 + 7.82 = 15.70$ L/s;

　　C 点右侧调整流量计算:$Q_2 = Q_1(H_1/H_2)^{1/2} = 7.44 \times (17.188/15.40)^{1/2} = 7.86$ L/s;

　　B～C 管段的流量为:$15.70 + 7.86 = 23.56$ L/s> 20.8 L/s。

（2）中区喷淋系统计算

A 点右侧调整流量计算:$Q_2 = Q_1(H_1/H_2)^{1/2} = 1.33 \times (15.358/10.182)^{1/2} = 1.63$ L/s

A～B 管段的流量为:$2.15 + 1.63 = 3.78$ L/s

B 点左侧调整流量计算:$Q_2 = Q_1(H_1/H_2)^{1/2} = 2.15 \times (16.022/13.889)^{1/2} = 2.31$ L/s

$B\sim C$ 管段的流量为：$3.78+2.38=6.16$ L/s

喷淋水力计算简图2如图19-21所示，中区水力计算见表19-33，中区干管水力计算见表19-34。

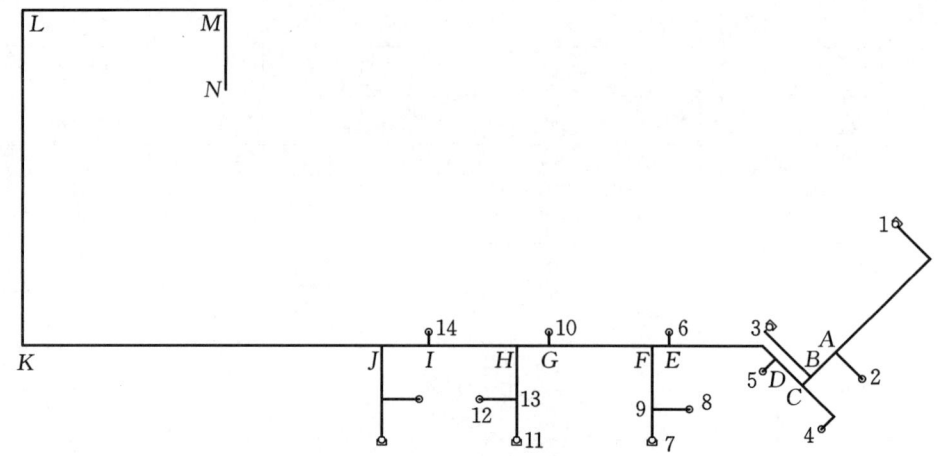

图 19-21 喷淋水力计算简图 2

表 19-33 中区水力计算表

节点编号	管段编号	流量系数	水压/mH₂O	出流量/(L/s)	流量/(L/s)	管径DN/mm	流速/(m/s)	坡降1000i	长度/m	水头损失/mH₂O
1	—	113	13	2.15	—	—	—	—	—	—
—	1~A	—	—	—	2.15	32	2.27	433.531	5.44	2.358
A	—	—	15.358	—	—	—	—	—	—	—
2	—	80	10	1.33	—	—	—	—	—	—
—	2~A	—	—	—	1.33	32	1.4	165.9	1.1	0.182
A	—	—	10.182	—	—	—	—	—	—	—
3	—	113	13	2.15	—	—	—	—	—	—
—	3~B	—	—	—	2.15	32	2.27	433.531	2.05	0.889
B	—	—	13.889	—	—	—	—	—	—	—
4	—	80	10	1.33	—	—	—	—	—	—
—	4~C	—	—	—	1.33	32	1.4	165.9	1.9	0.315

节点编号	管段编号	流量系数	水压/mH₂O	出流量/(L/s)	流量/(L/s)	管径DN/mm	流速/(m/s)	坡降1000i	长度/m	水头损失/mH₂O
C	—	—	10.315	—	—	—	—	—	—	—
—	—	—	—	—	—	—	—	—	—	—
5	—	80	10	1.33	—	—	—	—	—	—
—	5~D	—	—	—	1.33	32	1.4	165.9	0.54	0.09
D	—	—	10.09	—	—	—	—	—	—	—
—	—	—	—	—	—	—	—	—	—	—
6	—	80	10	1.33	—	—	—	—	—	—
—	6~E	—	—	—	1.33	32	1.4	165.9	0.4	0.066
E	—	—	10.066	—	—	—	—	—	—	—
—	—	—	—	—	—	—	—	—	—	—
7	—	113	13	2.15	—	—	—	—	—	—
—	7~9	—	—	—	2.15	32	2.27	433.531	0.95	0.412
9	—	—	13.412	—	—	—	—	—	—	—
—	—	—	—	—	—	—	—	—	—	—
8	—	80	10	1.33	—	—	—	—	—	—
—	8~9	—	—	—	1.33	32	1.4	165.9	1.13	0.187
9	—	—	10.187	—	—	—	—	—	—	—
—	—	—	—	—	—	—	—	—	—	—
9	—	—	13.412	—	—	—	—	—	—	—
—	9~F	—	—	—	3.68	40	2.93	602.534	1.93	1.163
F	—	—	14.575	—	—	—	—	—	—	—
—	—	—	—	—	—	—	—	—	—	—
10	—	80	10	1.33	—	—	—	—	—	—
—	10~G	—	—	—	1.33	32	1.4	165.9	0.4	0.066
G	—	—	10.066	—	—	—	—	—	—	—
—	—	—	—	—	—	—	—	—	—	—
14	—	—	10	1.33	—	—	—	—	—	—

续表19-33

节点编号	管段编号	流量系数	水压/mH₂O	出流量/(L/s)	流量/(L/s)	管径 DN/mm	流速/(m/s)	坡降 1000i	长度/m	水头损失/mH₂O
—	14～I	—	—	—	1.33	32	1.4	165.9	0.4	0.066
I	—	—	10.066	—	—	—	—	—	—	—

表 19-34 中区干管水力计算表

节点编号	管段编号	水压/mH₂O	分支调节流量/(L/s)	管段流量/(L/s)	管径 DN/mm	流速/(m/s)	坡降 1000i	长度/m	水头损失/mH₂O
1	—	13	2.15	—	—	—	—	—	—
—	1～A	—	—	2.15	32	2.27	433.531	5.44	2.358
A	—	15.358	1.63	—	—	—	—	—	—
—	A～B	—	—	3.78	50	1.78	158.26	1.06	0.168
B	—	15.526	2.31	—	—	—	—	—	—
—	B～C	—	—	6.09	50	2.87	410.791	0.36	0.148
C	—	15.674	1.64	—	—	—	—	—	—
—	C～D	—	—	7.73	70	2.19	172.73	1.14	0.197
D	—	15.871	1.67	—	—	—	—	—	—
—	D～E	—	—	9.4	70	2.67	255.425	3.4	0.868
E	—	16.739	1.72	—	—	—	—	—	—
—	E～F	—	—	11.12	80	2.24	144.367	0.5	0.072
F	—	16.812	3.95	—	—	—	—	—	—
—	F～G	—	—	15.07	100	1.74	60.691	3.1	0.188
G	—	17	1.73	—	—	—	—	—	—
—	G～H	—	—	16.8	100	1.86	69.099	1	0.069
H	—	17.069	3.98	—	—	—	—	—	—
—	H～I	—	—	20.78	100	2.4	115.396	2.6	0.3
I	—	17.369	1.75	—	—	—	—	—	—
—	I～J	—	—	22.53	100	2.6	135.651	1.4	0.19
J	—	17.559	—	—	—	—	—	—	—

节点编号	管段编号	水压/mH₂O	分支调节流量/(L/s)	管段流量/(L/s)	管径DN/mm	流速/(m/s)	坡降1000i	长度/m	水头损失/mH₂O
—	$J\sim K$	—	—	22.53	100	2.6	135.651	10.92	1.481
K	—	19.04	—	—	—	—	—	—	—
—	$K\sim L$	—	—	22.53	100	2.6	135.651	10.25	1.39
L	—	20.431	—	—	—	—	—	—	—
—	$L\sim M$	—	—	22.53	100	2.6	135.651	6.2	0.841
M	—	21.272	—	—	—	—	—	—	—
—	$M\sim N$	—	—	22.53	100	2.6	135.651	2.4	0.326
N	—	21.597	—	—	—	—	—	—	—

（3）高区喷淋系统计算

喷淋水力计算简图3如图19-22所示,高区水力计算见表19-35,高区自喷水力计算见表19-36。

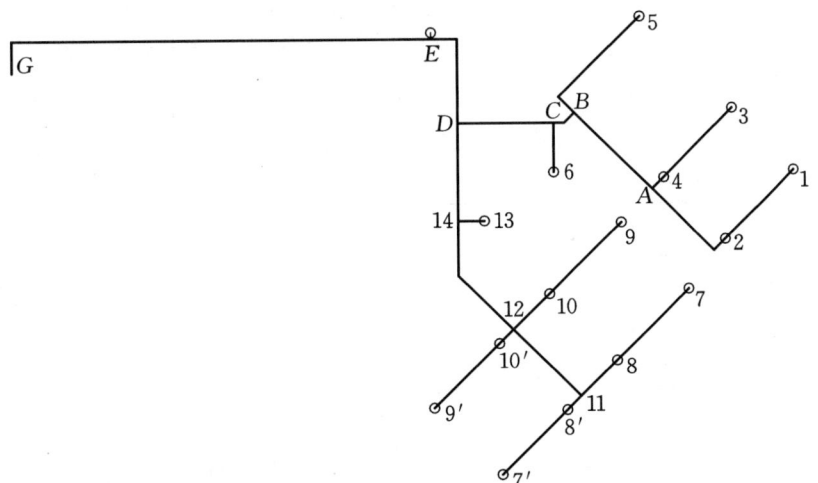

图 19-22 喷淋水力计算简图 3

表 19-35 高区水力计算表

节点编号	管段编号	流量系数	水压/mH₂O	喷头出流量/(L/s)	管段流量/(L/s)	管径DN/mm	流速/(m/s)	坡降1000i	长度/m	水头损失/mH₂O
7	—	80	10	1.33	—	—	—	—	—	—
—	$7\sim 8$	—	—	—	1.33	25	2.51	717.878	3	2.154

续表19-35

节点编号	管段编号	流量系数	水压/mH₂O	喷头出流量/(L/s)	管段流量/(L/s)	管径DN/mm	流速/(m/s)	坡降1000i	长度/m	水头损失/mH₂O
8	—	80	12.154	1.46	—	—	—	—	—	—
—	8～11	—	—	—	2.79	32	2.94	730.049	1.55	1.132
11	—	—	13.285	—	—	—	—	—	—	—
—	—	—	—	—	—	—	—	—	—	—
7′	—	80	10	1.33	—	—	—	—	—	—
—	7′～8′	—	—	—	1.33	25	2.51	717.878	2.8	2.01
8′	—	80	12.01	1.46	—	—	—	—	—	—
—	8′～11	—	—	—	2.79	32	2.94	730.049	0.6	0.438
11	—	—	12.448	—	—	—	—	—	—	—
—	—	—	—	—	—	—	—	—	—	—
9	—	80	10	1.33	—	—	—	—	—	—
—	9～10	—	—	—	1.33	25	2.51	717.878	3	2.154
10	—	80	12.154	1.46	—	—	—	—	—	—
—	10～12	—	—	—	2.79	32	2.94	730.049	1.55	1.132
12	—	—	13.285	—	—	—	—	—	—	—
—	—	—	—	—	—	—	—	—	—	—
9′	—	80	10	1.33	—	—	—	—	—	—
—	9′～10′	—	—	—	1.33	25	2.51	717.878	2.8	2.01
10′	—	80	12.01	1.46	—	—	—	—	—	—
—	10′～12	—	—	—	2.79	32	2.94	730.049	0.6	0.438
12	—	—	12.448	—	—	—	—	—	—	—
—	—	—	—	—	—	—	—	—	—	—
13	—	80	10	1.33	—	—	—	—	—	—
—	13～14	—	—	—	1.33	32	1.4	165.9	0.8	0.133
14	—	—	10.133	—	—	—	—	—	—	—
—	—	—	—	—	—	—	—	—	—	—
1	—	80	10	1.33	—	—	—	—	—	—

节点编号	管段编号	流量系数	水压/mH₂O	喷头出流量/(L/s)	管段流量/(L/s)	管径DN/mm	流速/(m/s)	坡降1000i	长度/m	水头损失/mH₂O
—	1~2	—	—	—	1.33	25	2.51	717.878	3	2.154
2	—	80	12.154	1.46	—	—	—	—	—	—
—	2~A	—	—	—	2.79	32	2.94	730.049	3.2	2.336
A	—		14.49		—	—	—	—	—	—
3	—	80	10	1.33	—	—	—	—	—	—
—	3~4	—	—	—	1.33	25	2.51	717.878	3	2.154
4	—	80	12.154	1.46	—	—	—	—		—
—	4~A	—	—	—	2.79	32	2.94	730.049	0.5	0.365
A	—	—	12.519	—	—	—	—	—	—	—
					—	—	—	—	—	—
5	—	80	10	1.33	—	—	—	—	—	—
—	5~B	—	—	—	1.33	32	1.4	165.9	4.2	0.697
B	—		10.697	—	—	—	—	—	—	—
					—	—	—	—	—	—
6	—	80	10	1.33	—	—	—	—	—	—
—	6~C	—	—	—	1.33	25	2.51	717.878	1.5	1.077
C	—	—	11.077	—	—	—	—	—	—	—

表 19-36 高区自喷水力计算表(干管)

节点编号	管段编号	喷头处水压/mH₂O	分支调节流量/(L/s)	管段流量/(L/s)	管径DN/mm	流速/(m/s)	坡降1000i	管段长度/m	水头损失/mH₂O
11	—	13.285	5.68	—	—	—	—	—	—
—	11~12	—	—	5.68	50	2.67	357.341	2.90	1.036
12	—	14.321	5.89	—	—	—	—	—	—
—	12~14	—	—	11.57	80	2.33	156.288	4.00	0.625
14	—	14.946	1.62	—	—	—	—	—	—

续表19-36

节点编号	管段编号	喷头处水压/mH$_2$O	分支调节流量/(L/s)	管段流量/(L/s)	管径DN/mm	流速/(m/s)	坡降1000i	管段长度/m	水头损失/mH$_2$O
—	14～D	—	—	13.19	70	2.66	203.118	3.00	0.609
D	—	15.556	—	—	—	—	—	—	—
—	—	—	—	—	—	—	—	—	—
A	—	14.490	5.80	—	—	—	—	—	—
—	A～B	—	—	5.80	50	2.73	372.600	3.30	1.230
B	—	15.719	1.61	—	—	—	—	—	—
—	B～C	—	—	7.41	70	2.10	158.725	0.75	0.119
C	—	15.838	1.59	—	—	—	—	—	—
—	C～D	—	—	9.00	70	2.55	234.149	2.90	0.679
D	—	16.517	13.59	—	—	—	—	—	—
—	D～E	—	—	22.59	100	2.61	136.375	3.40	0.464
E	—	16.981	—	—	—	—	—	—	—
—	E～G	—	—	22.59	100	2.61	136.375	13.75	1.875
G	—	18.856	—	—	—	—	—	—	—

19.3.4.4 自动喷淋泵的选择

① 流量 $Q=22.59$ L/s。

② 水泵扬程计算。水泵压水管采用DN150的镀锌钢管,到高区19层其管长为102.2 m,$Q=22.59$ L/s,$1000i=35.1$,$v=1.71$ m/s,管道水损为 $1.2\times102.2\times35.1/1000=4.31$ m,考虑水流指示器的水损 2 m,泵房损失 2 m,湿式报警阀的水损为 $H_{kp}=SQ^2=0.000869\times1036.20=0.90$ m,高差为 $69.6+3.8+7.8=81.2$,水泵扬程为 $81.2+4.31+0.90+2+2+18.856=109.266$ m。

③ 采用100DL-6两台,一备一用,当流量为27.80 L/s时,扬程 120 m,配套电机功率 55 kW。

④ 为了保证报警阀后配水管压力不超过 0.12 MPa,将报警阀放在转换层。

19.3.4.5 报警阀计算

(1)中区自动喷水报警阀计算

立管采用DN150的镀锌钢管,到11层其管长为87.6 m,$Q=22.53$ L/s,$1000i=23.25$,

$v=1.38$ m/s,管道水损 $1.2\times23.25\times87.6/1000=2.44$ m,考虑指示器的水损 2 m,泵房损失 2 m,湿式报警阀的水损为 $H_{kp}=SQ^2=0.000869\times685.39=0.60$ m,高差为 $40.8+2.5+7.8=51.1$ m,压力为 $51.1+0.6+2.44+35.36+2+2=93.5$ m,为了保证报警阀后配水管压力不超过 0.12 MPa,将报警阀放在转换层。

（2）低区自喷报警阀计算

① 立管采用 DN150 的镀锌钢管,到高区 3 层减压阀的管长为 47.1 m,$Q=23.56$ L/s。

$1000i=25.00$,$v=1.44$ m/s,到阀后的管道水损 $1.2\times47.1\times25.00/1000=1.41$ m,湿式报警阀的水损为 $H_{kp}=SQ^2=0.000869\times737.12=0.64$ m,考虑指示器的水损 2 m,泵房损失 2 m,高差为 $9+3.4+7.8-1.2=19$ m。阀后压力为 $19+1.41+0.64+35.12+2=58.17$ m,当流量为 23.56 L/s 时水泵扬程 130 m。

② 阀前压力 $=130-1.2\times26.2\times32.8/1000-2-1.2$（减压阀高度）$=125.8$ m。

③ 采用减压阀 2:1 时,则阀后压力为 $0.9\times125.8/2=56.61<58.17$,所以采用减压阀不满足要求,考虑采用在水流指示器前安装减压孔板,考虑孔板后压力 100 m,湿式报警阀后压力就小于 120 m,剩余压力为 $125.8-100=25.8$ m,修正压力为 $25.8/1.442=12.44$ m,孔径选用 47 mm$>150\times0.3=45$ mm,满足要求。

19.3.5 排水系统计算

（1）排水系统类型确定

客房:洗涤废水与粪便污水分别排放,且有专用通气立管,其中 4 层客房单独排出。

公共卫生间:采用合流制,仅设伸顶通气管。

厨房:所有废水经过隔油器处理后排出,设伸顶通气管。

泵房集水井废水由潜污泵提升排出。

（2）室内排水计算

主楼雨水立管计算见表 19-37,立管管径计算见表 19-38。

表 19-37 主楼雨水立管计算表

序号	卫生器具名称	排水流量/(L/s)	排水当量	管径/mm	标准坡度
1	洗脸盆	0.25	0.75	50	0.026
2	浴盆	1.00	3.00	50	0.026
3	大便器（低水箱）	1.50	4.50	110	0.026
4	大便器	1.50	4.5	110	0.026
5	小便器	0.10	0.30	50	0.026

表 19-38　立管管径计算

管段	卫生器具当量					当量总数	秒流量/(L/s)	管径/mm	备注
	蹲便	小便器	坐便器	洗脸盆	浴盆				
1/WL			135			135	3.59	110	有专用通气管
4/WL			67.5			67.5	2.98	110	有专用通气管
9/WL	22.5	0.90	67.5	2.25		93.15	3.24	110	有专用通气管
1/FL				22.5	90	112.5	2.91	110	有专用通气管
4/FL				11.25	45	56.25	2.35	75	有专用通气管
11/WL	40.5			2.25		42.75	2.44	110	有伸顶通气管
12/WL	40.5			2.25		42.75	2.44	110	有伸顶通气管
13/WL		3.6				3.6	0.44	75	有伸顶通气管
14/WL			厨房排水				1.34	110	有伸顶通气管

注:计算立管时,把4层单独排放的流量计入立管,对立管及横干管计算均安全。

根据厨房流量选 GY-P-900 不锈钢隔油器。

高区有公卫的横干管计算草图 1 如图 19-23 所示,高区有公卫的横干管计算草图 2 如图 19-24 所示。高区横干管水力计算 1 见表 19-39,高区横干管水力计算 2 见表 19-40。

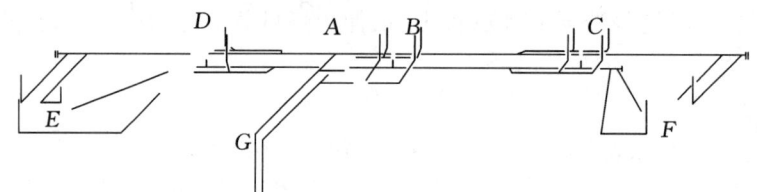

图 19-23　高区有公卫的横干管计算草图 1

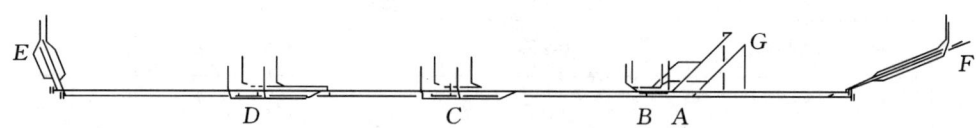

图 19-24　高区有公卫的横干管计算草图 2

污水(无公卫)横干管计算:有专用通气立管,底层单独排出。

α 值:1.5,最大的一个卫生洁具的排水流量:1.5 L/s。

表 19-39 高区横干管水力计算 1

管段	当量	流量/(L/s)	管径/mm	充满度 h/D	流速/(m/s)	坡度	管长/m	起点标高/m	终点标高/m
$E \sim D$	67.5	2.98	110	0.44	1.28	0.026	11.9	0.90	0.59
$D \sim C$	202.5	4.06	110	0.381	1.38	0.026	8.1	0.59	0.38
$C \sim B$	337.5	4.81	110	0.418	1.45	0.026	8.1	0.38	0.17
$B \sim A$	472.5	5.41	110	0.446	1.49	0.026	1.9	0.17	0.12
$A \sim G$	540	5.68	110	0.459	1.51	0.026	3.16	0.12	0.04
$G \sim H$	540	5.68	110						
$F \sim A$	67.5	2.98	110	0.44	1.28	0.026	10.4	0.39	0.12

污水(有公卫)横干管计算:有专用通气立管,底层单独排出。

α 值:1.5,管道材质:排水塑料管,最大的一个卫生洁具的排水流量:1.5 L/s。

表 19-40 高区横干管水力计算 2

管段	当量	流量/(L/s)	管径/mm	充满度 h/D	流速/(m/s)	坡度	管长/m	起点标高/m	终点标高/m
$E \sim D$	93.15	3.24	110	0.338	1.3	0.026	5.07	0.45	0.32
$D \sim A$	228.15	4.22	110	0.389	1.4	0.026	5.65	0.32	0.18
$F \sim C$	67.5	2.98	110	0.44	1.28	0.026	5.44	0.60	0.46
$C \sim B$	202.5	4.06	110	0.381	1.38	0.026	8.1	0.46	0.25
$B \sim A$	337.5	4.81	110	0.418	1.45	0.026	2.8	0.25	0.18
$A \sim G$	565.65	5.78	110	0.463	1.52	0.026	4.55	0.18	0.06
$G \sim H$	565.65								

污水总当量为1105.65,最大的一个卫生洁具的排水流量:1.5 L/s,总流量为 $0.2 \times 1.5 \times (1105.65)^{\frac{1}{2}} + 1 = 11.48$ L/s。当室外废水管道采用 300 mm 的管径时,坡度 0.008,充满度为 0.55 时,最大排水能力为 48 L/s,满足要求。

(3)化粪池的选择计算

化粪池的有效容积根据式(19-3)计算:

$$V = \alpha N \left(\frac{q \cdot t}{24} + 0.48 a \cdot T \right) \times 10^{-3} \tag{19-3}$$

式中 V——化粪池有效容积,m^3;

n——设计总人数(或床位数,座位数);

a——使用卫生器具人数占总人数的百分比,住宅、集体宿舍、旅馆取70%;

q——每人每日污泥量 L/(人·d);生活污水与生活废水分开排放时,生活污水量取 20～30 L/(人·d);本次采用 25 L/(人·d);

a——每人每日污泥量,分流排放采用 0.4 L/(人·d);

T——污水在化粪池内的停留时间,h,取 12～24 h;本次采用 18 h;

T——污泥清掏周期,d,取 3 个月。

N 计算:高区 $180+36+200+70+12=498$ 人;中区 $270+54=334$ 人;低区 $118+232+35+2865/6=863$(考虑 6 m³/人);$N=498+334+863=1695$ 人。

所以计算可得化粪池的有效容积为

$$V=0.7\times1695\times\left[25\times\frac{12}{24}+0.48\times0.4\times90\right]\times10^{-3}=35.33 \text{ m}^3$$

查标准图集,选 92S214(四)10-40A01 型化粪池,即为钢筋混凝土化粪池(有效容积 40 m³,可以过车,无地下水)。

参 考 文 献

[1] 华东建筑集团股份有限公司.建筑给水排水设计标准:GB 50015—2019[S].北京:中国计划出版社,2019.

[2] 中华人民共和国住房和城乡建设部.建筑设计防火规范:GB 50016—2014[S].2018年版.北京:中国计划出版社,2018.

[3] 中国中元国际工程公司.消防给水及消火栓系统技术规范:GB 50974—2014[S].北京:中国计划出版社,2014.

[4] 公安部天津消防研究所.自动喷水灭火系统设计规范:GB 50084—2017[S].北京:中国计划出版社,2017.

[5] 中国建筑标准设计研究院.建筑给水排水制图标准:GB/T 50106—2010[S].北京:中国建筑工业出版社,2010.

[6] 中国建筑设计研究院有限公司.建筑给水排水设计手册[M].3 版.北京:中国建筑工业出版社,2019.

[7] 李亚峰,张克峰.建筑给水排水工程[M].4 版.北京:机械工业出版社,2023.

[8] 刘德明.建筑给水排水工程课程设计与毕业设计[M].北京:中国建筑工业出版社,2012.

[9] 李亚峰,班福忱,蒋白懿,等.高层建筑给水排水工程[M].2 版.北京:化学工业出版社,2016.

[10] 李亚峰,唐婧,余海静,等.建筑消防工程[M].2 版.北京:机械工业出版社,2019.

[11] 张自杰.排水工程:下册[M].5 版.北京:中国建筑工业出版社,2015.

[12] 上海市政工程设计研究总院(集团)有限公司.室外排水设计标准:GB 50014—2021[S].北京:中国计划出版社,2021.

[13] 刘振江,崔玉川.城市污水厂处理设施设计计算[M].3 版.北京:化学工业出版社,2017.

[14] 上海勘测设计研究院有限公司.泵站设计标准:GB 50265—2022[S].北京:中国计划出版社,2022.

[15] 中国市政工程西南设计研究院.给水排水设计手册:第 1 册[M].2 版.北京中国建筑工业出版社,2000.

[16] 上海市政工程设计研究院(集团)有限公司.给水排水设计手册:第 10 册[M].3 版.北京中国建筑工业出版社,2012.

[17] 何圣兵.城市污水处理厂工程设计指导[M].2 版.北京:中国建筑工业出版社,2016.

[18] 李亚峰,李清雪,吴永强.水泵及水泵站[M].北京:机械工业出版社,2009.

［19］严煦世,高乃云.给水工程:上册［M］.5 版.北京:中国建筑工业出版社,2020.

［20］严煦世,高乃云.给水工程:下册［M］.5 版.北京:中国建筑工业出版社,2022.

［21］上海市政工程设计研究总院.给水排水设计手册:第 3 册［M］.3 版.北京:中国建筑工业出版社,2016.

［22］中华人民共和国国家卫生健康委员会.生活饮用水卫生标准:GB 5749—2022［S］.北京:中国标准出版社,2022.

［23］上海市政工程设计研究总院(集团)有限公司.室外给水设计标准:GB 50013—2018［S］.北京:中国计划出版社,2019.

［24］浙江省城乡规划设计研究院.城市给水工程规划规范:GB 50282—2016［S］.北京:中国计划出版社,2016.

［25］建设部城市建设司.城市居民生活用水量标准:GB/T 50331—2002［S］.北京:中国建筑工业出版社,2002.

［26］崔玉川,员建.给水厂处理设施设计计算［M］.3 版.北京:化学工业出版社,2019.

［27］北京市市政工程设计研究总院有限公司.给水排水设计手册:第 5 册［M］.3 版.北京:中国建筑工业出版社,2017.